普通高等院校应用型人才培养"十三五"规划教材

Java 程序设计
（慕课版）

焦　铬　王映龙　刘青云　主　编

蒋　劼　李　翔　范双南　副主编

中国铁道出版社有限公司

CHINA RAILWAY PUBLISHING HOUSE CO., LTD.

内 容 简 介

本书以面向对象的设计思想为主线，结合 Java 的最新特性，详细讲解了 Java 的基础语法，逐步引入面向对象思想，重点解释面向对象的三大特征、接口及应用和程序设计方法等重要知识点，并深入讲解字符串处理、标准类库、异常处理、输入/输出处理、图形化界面、多线程、JDBC 和网络编程等方面的编程方法。

本书注重可读性和实用性，内容全面、讲解细致，所有例题都经过精心的设计，既能帮助学生理解知识，又具有启发性。

本书适合作为普通高等院校计算机等相关专业 Java 语言程序设计教材，也可以作为全国计算机等级考试（二级）Java 程序设计的辅导用书，以及 Java 编程爱好者的自学参考书。

图书在版编目（CIP）数据

Java 程序设计：慕课版/焦铭，王映龙，刘青云主编. —
北京：中国铁道出版社有限公司，2019.9（2020.7重印）
普通高等院校应用型人才培养"十三五"规划教材
ISBN 978-7-113-25943-3

Ⅰ . ①J… Ⅱ . ①焦… ②王… ③刘… Ⅲ . ①JAVA 语言－
程序设计－高等学校－教材 Ⅳ . ①TP312.8

中国版本图书馆 CIP 数据核字（2019）第 171755 号

书　　名：**Java 程序设计（慕课版）**
作　　者：焦　铭　王映龙　刘青云

策　　划：曹莉群　　　　　　　　　编辑部电话：010-51873090
责任编辑：周海燕　彭立辉
封面设计：刘　颖
责任校对：张玉华
责任印制：樊启鹏

出版发行：中国铁道出版社有限公司（100054，北京市西城区右安门西街 8 号）
网　　址：http://www.tdpress.com/51eds/
印　　刷：北京铭成印刷有限公司
版　　次：2019 年 9 月第 1 版　　2020 年 7 月第 2 次印刷
开　　本：787 mm×1 092 mm　1/16　印张：18.5　字数：446 千
书　　号：ISBN 978-7-113-25943-3
定　　价：49.00 元

前　言

　　根据 2019 年 3 月 TOIBE 发布的编程语言排行榜，Java 语言仍是全球编程使用率最高的语言之一。市场调研机构 Gartner 公布了 2018 年第四季度智能手机市场报告，报告显示基于 Java 的 Android 操作系统占全球智能手机市场的 88%和平板计算机市场的 65%，Java 语言也广泛地应用于移动设备的编程。随着物联网和"互联网+"与传统行业的深度结合，社会需要大量精通 Java 的工程师，人才市场需求旺盛。

　　本书采用基础优先的方式，从编程基础开始，逐步引入面向对象思想，重点解释面向对象的三大特征和接口的编程方法，深入讲解 Java 输入/输出、异常处理、图形化界面、多线程、JDBC 和网络编程等知识点，注重教材的可读性和实用性，所有例题都经过精心的设计，既能帮助读者理解知识，又具有启发性。

　　本书的主要特点如下：

　　（1）紧跟设计开发的步伐，很多章节都涉及 Java 的最新特性，软件都使用当前流行的较新版本。

　　（2）每章都增加了一个综合案例设计，把本章及前面章节的知识点很好地串联起来，使读者能更好地理解和运用。

　　（3）多线程是 Java 语言的一大特点，占有很重要的地位，通过有针对性的例子使读者掌握多线程的概念，并使用多线程来解决实际问题。

　　（4）数据库的使用无处不在，本书中增加了深受中小企业欢迎的 MySQL 数据库的使用，重点讲解了 Java 使用 JDBC 操作 MySQL、SQL Server 数据库的方法。

　　（5）增加了网络编程的知识，在读者学完 Java 语言的基础知识后，为学生深入学习网络编程打下基础。

　　（6）开发了 MOOC 教学资源网站，方便线上线下学习。

　　本书由衡阳师范学院、江西农业大学、湖南交通工程学院的老师合作编写，由焦铬、王映龙、刘青云任主编，蒋劼、李翔、范双南任副主编。具体编写分工：第 1～3、12 章由焦铬和王映龙编写，第 6、7、9、11 章由蒋劼和范双南编写，第 4、5、8、13 章由刘青云编写，第 10 章由李翔编写。另外，林睦纲、雷天齐、赵军霞等老师参与了第 1、6、7 章的编写工作，全书由焦铬统稿。

　　在本书的编写过程中，编者根据多年的教学经验，结合 Java 的最新特性，整理出适于读者学习，并提供相应编程思路的源程序；开发了 MOOC 教学资源网站，方便线上线下学习，Java 语言程序设计优质课程建设网站网址 http://mooc1.chaoxing.com/course/201741979.html。

本书得到湖南省普通高等学校教学改革研究项目（湘教通〔2018〕436 号，No: 516）、教育部 2018 年第一批产学合作协同育人项目（201801193033）和衡阳师范学院优质课程"Java 语言程序设计"项目的支持，涉及的案例具有很强的实用性和代表性。

本书提供教学课件、源程序和习题答案，有教学需要的老师可以在中国铁道出版社有限公司的网站上下载，也可以发邮件向编者索取。编者的联系方式：jiaoge@126.com。

由于时间仓促，编者水平有限，书中疏漏和不妥之处在所难免，恳请广大读者批评指正。

编　者
2019 年 5 月

目　录

Java 开发入门 ≪

第 1 章

学习目标：

- 了解 Java 语言的发展及特点。
- 掌握 JDK 的安装与环境变量的配置。
- 掌握 Java 程序的编写、编译和运行，学会使用 javac 命令编译程序，使用 java 命令执行程序。
- 了解字节码与 Java 虚拟机，理解 Java 程序的运行机制。
- 掌握 Eclipse 创建 Java 程序的方法。
- 掌握 Eclipse 调试程序的方法。

Java 语言是目前十分流行的面向对象程序设计语言。它具有简单性、跨平台性、安全性和分布性等优点。Java 语言不但在网络编程和面向对象编程中占据主导地位，而且在移动设备和企业开发中也有广泛应用。本章将对 Java 语言的特点、开发运行环境、运行机制以及如何使用 Eclipse 创建、调试和运行 Java 程序等内容进行介绍。

1.1 Java 语言的发展

新技术的应用离不开编程语言，根据 2019 年 3 月 TOIBE 发布的编程语言排行榜。（见图 1-1），Java 程序设计语言以 16.904% 的占有率继续排名榜首，从 2002—2018 年编程语言 TOIBE 指数走势图（见图 1-2）可以看出，Java 语言仍是全球编程使用率最高的语言之一。市场调研机构 Gartner 公布了 2018 年第四季度智能手机市场报告，报告显示基于 Java 的 Android 操作系统占全球智能手机市场的 88% 和平板计算机市场的 65%，Java 语言也广泛应用于移动设备编程。

Java 语言是由 James Gosling 等人开发的一种面向对象的编程语言。Java 最早是在 1991 年的 GREEN 项目诞生的，但是其原本的名字不叫 Java，而是称为 OAK（橡树）。Sun 公司于 1995 年 5 月 23 日正式发布 Java 语言。2009 年 4 月 20 日，Oracle 公司收购 Sun 公司，之后由 Oracle 公司负责 Java 的维护和版本升级。Java 语言的发展历程如图 1-3 所示。

Java 不但可以用来开发网站后台、PC 客户端和 Android APP，还在大数据分析、网络爬虫、云计算等领域大显身手。Java 平台按应用领域可分为 Java SE、Java EE 和 Java ME 三大版本。

Jan 2019	Jan 2018	Change	Programming Language	Ratings	Change
1	1		Java	16.904%	+2.69%
2	2		C	13.337%	+2.30%
3	4	∧	Python	8.294%	+3.62%
4	3	∨	C++	8.158%	+2.55%
5	7	∧	Visual Basic .NET	6.459%	+3.20%
6	6		JavaScript	3.302%	-0.16%
7	5	∨	C#	3.284%	-0.47%
8	9	∧	PHP	2.680%	+0.15%
9	-	∧	SQL	2.277%	+2.28%
10	16	∧	Objective-C	1.781%	-0.08%

图 1-1　2019 年 1 月编程语言排行榜

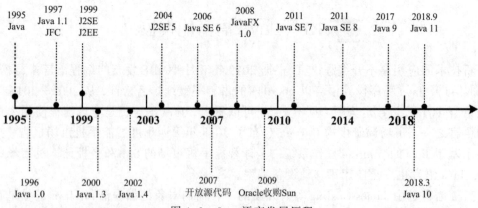

图 1-2　编程语言指数走势（2002—2018）

图 1-3　Java 语言发展历程

Java SE（Java Platform Standard Edition，Java 平台标准版）以前称为 J2SE，它允许开发和部署在桌面、服务器、嵌入式环境和实时环境中使用的 Java 应用程序。Java SE 包含了支持 Java Web 服务开发的类，并为 Java EE 提供基础，如 Java 语言基础、JDBC 操作、I/O 操作、网络通信以及多线程等技术。

Java EE（Java Platform Enterprise Edition，Java 平台企业版）以前称为 J2EE。企业版本帮助开发和部署可移植、健壮、可伸缩且安全的服务器端 Java 应用程序。Java EE 是在 Java SE 基础上构建的，它提供 Web 服务、组件模型、管理和通信 API，可以用来实现企业级的面向服务体系结构（Service Oriented Architecture，SOA）和 Web 2.0 应用程序。

Java ME（Java Platform Micro Edition，Java 平台微型版）以前称为 J2ME，也称 K-Java。Java ME 为在移动设备和嵌入式设备（手机、PDA、电视机顶盒和打印机）上运行的应用程序提供一个健壮且灵活的环境。

1.2 Java 语言的特点

1.2.1 Java 语言的优点

Java 是目前使用最广泛的网络编程语言之一，它具有语法简单、面向对象、平台无关性、多线程、分布式、健壮性和安全性等优点。

1. 简单性

Java 语言的语法与 C 语言和 C++ 语言很相近，使得很多程序员学起来很容易。Java 舍弃了很多 C++ 中难以理解的特性，如操作符的重载和多继承等，而且不使用指针，加入了垃圾回收机制，解决了程序员需要管理内存的问题，使编程变得更加简单。

2. 面向对象

Java 是一种面向对象的语言，它对面向对象中的类、对象、继承、封装、多态、接口、包等均有很好的支持。为了简便，Java 只支持类之间的单继承，但是可以使用接口来实现多继承。使用 Java 语言开发程序，需要采用面向对象的思想设计程序和编写代码。

3. 平台无关性

Java 是"一次编写，到处运行"的语言，它并不生成可执行文件（.exe），而是生成一种中间字节码文件（.class），任何操作系统，只要安装了 Java 虚拟机（Java Virtual Machine，JVM）就可以解释并执行中间字节码文件。Java 语言使用 Java 虚拟机机制屏蔽了具体平台的相关信息，使得 Java 语言编译的程序只需生成虚拟机上的目标代码，就可以在多种平台上不加修改地运行。因此，采用 Java 语言编写的程序具有很好的可移植性。

4. 多线程

Java 语言是多线程的，这也是 Java 语言的一大特性，它必须由 Thread 类和它的子类来创建。Java 支持多个线程同时执行，并提供多线程之间的同步机制。任何一个线程都有自己的 run() 方法，要执行的方法就写在 run() 方法体内。

5. 分布式

Java 包括一个支持 HTTP 和 FTP 等基于 TCP/IP 协议的子库。因此，Java 应用程序可凭借 URL 打开并访问网络上的对象，其访问方式与访问本地文件系统几乎完全相同。Java 的远程方法调用（Remote Method Invocation，RIM）机制也是开发分布式应用的重要手段。

6. 健壮性

Java 的强类型机制、异常处理、垃圾回收机制等都是 Java 健壮性的重要保证。对指针的丢弃是 Java 的一大进步。另外，Java 的异常机制也是健壮性的一大体现。

7. 安全性

Java 通常被用在网络环境中，为此，Java 提供了一个安全机制以防止恶意代码攻击。Java 语言除了具有许多安全特性以外，还对通过网络下载的类增加一个安全防范机制，分配不同的名字空间以防替代本地的同名类，并包含安全管理机制。

Java 语言的众多特性使其在众多的编程语言中占有较大的市场份额，Java 语言对对象的支持和强大的 API 使得编程工作变得更加容易和快捷，大大降低了程序的开发成本。

1.2.2 Java 与其他程序设计语言的异同

Java 语言是一种纯粹的面向对象语言，它继承了 C++语言面向对象的核心技术，使用了类似于 C/C++的语法，而去除了 C/C++中许多不合理的内容，以实现其简单、健壮、安全等特性。下面列出几点主要的区别：

1. 全局变量

Java 语言中不存在全局变量，只能通过类中的公用的静态变量实现全局变量，全局变量被封装在类中，这样更好地保证了安全性。而 C++兼具面向对象和面向过程变量的特点，可以定义全局变量。

2. 指针

与 C/C++语言相比，Java 语言中没有指针的概念，有效防止了 C/C++语言中操作指针可能引起的系统问题，从而使程序变得更加安全。同时，数组在 Java 中用类来实现，很好地解决了数组越界的问题。

3. 内存管理

Java 和 C++一样通过 new 创建一个对象分配内存空间，但与 C++不同的是 Java 并没有与 new 相对应的 delete 操作符，而是提供了垃圾回收器来实现垃圾的自动回收，不需要程序显式地管理内存的分配。在 C++语言中，通常都会把释放资源的代码放到析构函数中；Java 语言中虽然没有析构函数，但却引入了一个 finalize()方法，当垃圾回收器将要释放无用对象的内存时，会首先调用该对象的 finalize()方法，因此，开发人员不需要关心也不需要知道对象所占的内存空间何时会被释放，只需要停止对一个对象的引用，一段时间后垃圾回收器会自动收集这个对象所占的内存。

4. 类型转换

C++支持自动强制类型转换，这会导致程序不安全；Java 不支持自动强制类型转换，必须由开发人员进行显式的强制类型转换。C++同一个数据类型在不同的平台上会分配不同的字节数，Java 对每种数据类型都分配固定长度，例如，int 类型总是占据 32 位。

5. 结构和联合

C++中结构和联合的所有成员均为公有，这会导致安全性问题的发生，而 Java 根本就不包含结构和联合，所有的内容都封装在类中。

6. 预处理

C++语言支持预处理,而 Java 语言没有预处理器。Java 虽然不支持预处理功能(头文件、宏定义等),但它提供的 import 机制和 C++中的预处理器功能类似。

7. 编译方式

Java 为解释性语言,其运行过程为:程序源代码经过 Java 编译器编译成字节码,然后由 JVM 解释执行。而 C/C++为编译型语言,源代码经过编译和连接后生成可执行的二进制代码。因此,Java 的执行速度比 C/C++慢,但是 Java 能够跨平台执行,而 C/C++不能。

8. 面向对象

(1)Java 为纯面向对象语言,所有代码(包括函数、变量等)必须在类中实现,除基本数据类型(包括 int、float 等)外,所有类型都是类。

(2)与 C++语言相比,Java 语言不支持多重继承,但是 Java 引入了接口的概念,可以同时实现多个接口。由于接口也具有多态特性,因此在 Java 语言中可以通过实现多个接口来实现与 C++语言中多重继承类似的功能。

(3)C++语言支持运算符重载,而 Java 语言不支持运算符重载。

1.3 Java 的运行与开发环境

1.3.1 Java JDK 下载与安装

Java 提供了一个免费的 Java 开发工具集(Java Development Kits,JDK)。JDK 是一种用于构建在 Java 平台上发布的应用程序、Applet 和组件的开发环境,即编写 Java 程序必须使用 JDK,它提供了编译和运行 Java 程序的环境。本书中使用的是 JDK 8,读者在编译和运行本书的程序时,请使用 JDK 8 或更高版本。

可从 Oracle 官方网站 http://www.oracle.com/免费下载 JDK,根据计算机的操作系统不同下载相应的文件。JDK 安装包被集成在 Java SE 中,因此下载 Java SE 即可。假设下载的 64 位 JDK 8,文件名为 jdk-8u201-windows-x64.exe,要安装在 64 位的 Windows 7 上,双击该文件开始安装,默认路径是 C:\Program Files\Java\jdk1.8.0_201 目录,可以通过单击"更改"按钮指定新的位置,如图 1-4 所示。

图 1-4 选择安装组件及路径

安装完 JDK 后系统自动安装 JRE，安装过程可以采用默认的配置方式，所以可以连续单击"下一步"按钮直至安装完成。安装完成后，在安装位置打开 JDK 的文件夹，内容和目录结构如图 1-5 所示。

图 1-5　JDK 内容和目录结构

从图 1-5 可以看出，JDK 安装目录下具有多个子目录和一些网页文件，其中重要目录和文件的说明如下：

（1）bin：提供 JDK 工具程序，包括 javac、java、javadoc、appletviewer 等可执行程序。

（2）include：存放用于本地访问的文件。

（3）jre：存放 Java 运行环境文件。

（4）lib：存放 Java 的类库文件，工具程序实际上使用的是 Java 类库。JDK 中的工具程序，大多也由 Java 编写而成。

（5）src.zip：Java 提供的 API 类的源代码压缩文件。如果需要查看 API 的某些功能是如何实现的，可以查看这个文件中的源代码内容。

1.3.2　配置环境变量

JDK 环境变量的配置过程如下：

（1）右击桌面上的"计算机"图标，在弹出的快捷菜单中选择"属性"命令，单击"高级系统设置"，打开如图 1-6 所示"系统属性"对话框。

（2）在"系统属性"对话框中单击"环境变量"按钮，在打开的"环境变量"对话框（见图 1-7）中单击"系统变量"列表框下方的"新建"按钮。

（3）在打开的"新建系统变量"对话框的变量名中输入 JAVA_HOME，在变量值中输入 JDK 的根目录 C:\Program Files\Java\jdk1.8.0_201，然后单击"确定"按钮，返回"环境变量"对话框。再次单击"新建"按钮，分别输入 CLASSPATH 和".;%JAVA_HOME%\lib;"，如图 1-8 所示，然后单击"确定"按钮。

（4）在如图 1-7 所示的"系统变量"列表框中双击 Path 变量，打开"编辑系统变量"对话框。在"变量值"文本框的最后添加";%JAVA_HOME%\bin;%JAVA_HOME%\jre\bin"，最后单击"确定"按钮，如图 1-9 所示。

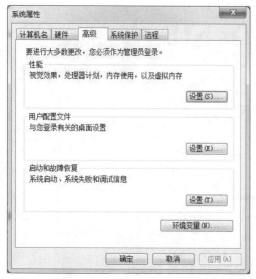

图 1-6 "系统属性"对话框

图 1-7 "环境变量"对话框

图 1-8 新建系统变量

（5）JDK 安装和配置完成后，可以测试其是否能够正常运行。选择"开始"→"运行"命令，在打开的"运行"对话框中输入 cmd 命令，按【Enter】键进入 DOS 环境。输入"java –version"，若显示如图 1-10 所示的版本信息，则说明安装和配置成功。

图 1-9 编辑 Path 系统变量

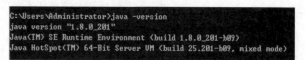

图 1-10 查看 JDK 版本

1.3.3 Java API 文档

API（Application Programming Interface）即应用程序编程接口，Java API 文档是每个 Java 开发程序员必备的编程词典，里面记录了 Java 语言中的海量 API，包括类的继承结构、成员变量和成员方法、构造方法、静态成员的详细说明和描述信息。API 的特点是查阅方便，通过在线 API 文档官方网站 https://docs.oracle.com/javase/8/docs/api/，就可以随时随地查看 JDK 文档（见图 1-11），为编程提供了极大便利，节省了大量的时间。

除了直接在线查看 Java API 文档之外，也可以将其下载到本地，如图 1-12 所示。

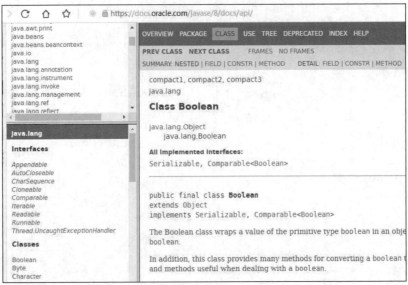

图 1-11　在线 Java API

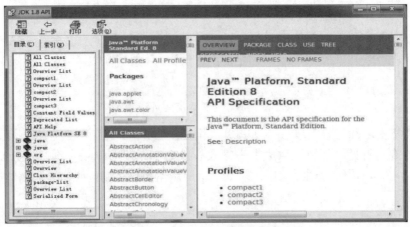

图 1-12　离线 Java API 文档

1.4　Java 程序举例

1.4.1　Java 程序开发步骤

开发 Java 程序通常经过编写源程序、编译源程序和运行程序 3 个步骤。

（1）编写源程序：指在 Java 开发环境中进行程序代码的输入，最终形成扩展名为.java 的 Java 源文件。

（2）编译源程序：指使用 Java 编译器对源文件进行错误排查的过程，编译后将生成扩展名为.class 的字节码文件，不像 C 语言那样生成可执行文件。

（3）运行程序：指使用 Java 解释器将字节码文件翻译成机器代码，执行并显示结果。

Java 程序运行流程如图 1-13 所示。

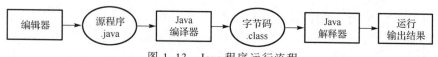

图 1-13 Java 程序运行流程

1.4.2 编写 Java 源程序

Java 源程序可以使用任何一个文本编辑器来编写，这里以 Windows 下的记事本为例进行说明。新建一个空白记事本，然后输入例 1-1 的内容，文件命名为 HelloWorld.java，保存在 C:\目录下，如图 1-14 所示。

【例 1-1】HelloWorld.java 程序。

```
public class HelloWorld{
    public static void main(String args[]){
        System.out.println("Hello World!");
    }
}
```

下面对源代码中的重要组成元素进行简单介绍。

（1）类定义：关键字 public 表示访问说明符，表明该类是一个公共类，可以控制其他对象对类成员的访问。关键字 class 用于声明一个类，其后所跟的字符串是类的名称。

（2）main()方法：关键字 static 表示该方

图 1-14 用记事本编辑源程序

法是一个静态方法，允许调用 main()方法，无须创建类的实例。关键字 void 表示 main()方法没有返回值。main()方法是所有程序的入口，最先开始执行。main()方法必须带一个字符串数组参数 String args[]（或者 String[] args），可以通过命令行向程序中传递参数。

（3）输出语句：

```
System.out.println("Hello World!");
```

这条语句实现与 C 语言中的 printf 语句和 C++中 cout<<语句相同的功能，本程序中该语句的功能是在标准输出设备上打印输出一个字符串。System 为系统类，out 为该类中定义的静态成员，是标准输出设备，通常是指显示器，println()是输出流 out 中定义的方法，功能是打印输出字符串并换行。

在 Java 语言中语句是以分号";"来结尾的。程序中的大括号形成了程序中的语句块。在 Java 中，每个块以大括号"{"开始，以大括号"}"结束。块可以嵌套，也就是说一个块可以放置在另一个块内，该段代码中的 main()方法块放置在了 HelloWorld 类的块中。

（4）源程序命名：在 Java 语言中，当编译单元中有 public 类时，主文件名必须与 public 类的类名相同，如例 1-1 源程序的文件名应为 HelloWorld.java。

1.4.3 编译和运行

程序的编译和运行过程如图 1-15 所示。具体步骤如下：

（1）选择"开始"→"运行"命令，打开"运行"对话框后输入 cmd 命令，按【Enter】键进入到 DOS 环境。

（2）输入 "cd\" 按【Enter】键，切换到 Java 源程序所在的 C 盘。

（3）对程序进行编译：

```
C:\>javac HelloWorld.java
```

按【Enter】键，此时如果没有任何其他信息，表示该源程序通过了编译；反之说明程序中存在错误，用记事本打开 HelloWorld.java 文件进行修改，再次保存此文件后回到命令提示符窗口重新编译，直到编译通过为止。编译的结果是生成字节码文件HelloWorld.class。

（4）用 Java 解释器运行该字节码文件：

```
C:\>java HelloWorld
```

结果在命令行窗口中显示"Hello World!"，说明程序执行成功。

图 1-15　程序的编译运行过程

1.5　Eclipse 开发工具

1.5.1　Eclipse 的安装

Eclipse 是目前最流行的 Java 语言开发工具，其强大的代码辅助功能可以帮助开发人员自动完成语法修正、补全文字、代码修复、API 提示等编码工作，大量节省程序开发所需的时间。本书使用 Eclipse 开发工具，下面介绍它的安装过程。

（1）Eclipse 是一个开放源代码的项目，用户可以直接登录其官方网站 www.eclipse.org，下载 Eclipse 的最新版。图 1-16 所示为 Eclipse 官方网站的首页。

图 1-16　Eclipse 官网首页

（2）从首页中单击 Download 按钮，进入图 1-17 所示的页面。

图 1-17　跳转页面

（3）单击 Download 64bit 按钮，进入 Eclipse 下载页面。从 Eclipse IDE for Java Developers 后面选择 Windows 64-bit 版本，如图 1-18 所示。然后，单击 Download 按钮下载安装包，如图 1-19 所示。

图 1-18　选择版本

图 1-19　下载 Eclipse

（4）Eclipse 只需将下载好的 ZIP 包解压保存到指定目录下（如 D:\ProgramFiles\eclipse）就可以使用，不再需要单独安装，是一个纯粹的绿色版。

注意：虽然 Eclipse 本身是用 Java 语言编写，但下载的压缩包中并不包含 Java 运行环境，安装 Eclipse 前，应首先安装 JDK，并设置相应的环境变量。

（5）双击解压目录下 eclipse.exe 文件即可。Eclipse 第一次启动时会要求用户选择一个工作空间（Workspace），如图 1-20 所示。

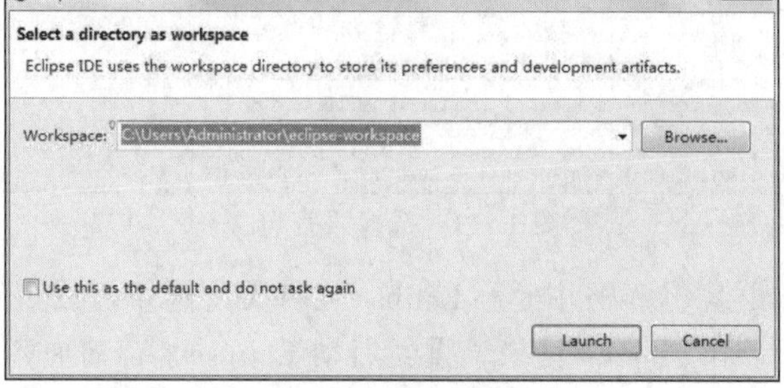

图 1-20　选择工作空间

1.5.2　Eclipse 的汉化

Eclipse 默认是英文版，下面介绍为 Eclipse 安装汉化包的方法。

（1）Eclipse 有一个子项目 Babel，是专门负责 Eclipse 程序的多国语言包，其官方网站是 www.eclipse.org/babel，进入后的 Babel 项目首页如图 1-21 所示。

（2）从页面导航中单击 Downloads 链接进入下载页面。在下载页面的 Babel Language Pack Zips 标题下选择对应 Eclipse 版本的超链接下载语言包。根据前面下载 Eclipse 版本（Eclipse IDE for Java Developers Version: 2018-12 4.10.0），这里单击"2018-12"链接，如图 1-22 所示。

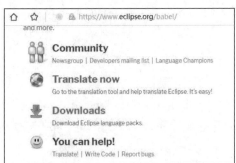

图 1-21　Babel 项目首页

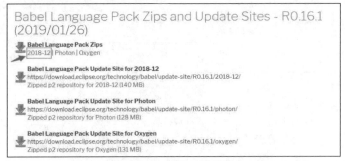

图 1-22　选择下载版本

（3）在进入的语言选择页面中列出了当前支持的所有语言列表，从中单击 Chinese (Simplified)链接进入简体中文的下载列表，在这里又针对不同插件和功能分为多个 ZIP 压缩包。从列表中单击"BabelLanguagePack-eclipse-zh_4.10.0.v20190126060001.zip"链接，下载完整版语言包，如图 1-23 所示。

```
BabelLanguagePack-webtools-ca_4.10.0.v20190126060001.zip [6.01%]
Language: Chinese (Simplified)
• BabelLanguagePack-datatools-zh_4.10.0.v20190126060001.zip (75.49%)
• BabelLanguagePack-eclipse-zh_4.10.0.v20190126060001.zip (85.21%)
• BabelLanguagePack-modeling.emf-zh_4.10.0.v20190126060001.zip (60.15%)
• BabelLanguagePack-modeling.graphiti-zh_4.10.0.v20190126060001.zip (23.97%)
• BabelLanguagePack-modeling.mdt.bpmn2-zh_4.10.0.v20190126060001.zip (30.66%)
• BabelLanguagePack-mylyn-zh_4.10.0.v20190126060001.zip (45.64%)
• BabelLanguagePack-rt.rap-zh_4.10.0.v20190126060001.zip (88.87%)
• BabelLanguagePack-soa.bpmn2-modeler-zh_4.10.0.v20190126060001.zip (20.39%)
• BabelLanguagePack-technology.egit-zh_4.10.0.v20190126060001.zip (21.67%)
• BabelLanguagePack-technology.jgit-zh_4.10.0.v20190126060001.zip (3.83%)
• BabelLanguagePack-technology.packaging-zh_4.10.0.v20190126060001.zip (19.72%)
• BabelLanguagePack-technology.packaging.mpc-zh_4.10.0.v20190126060001.zip (9.57%)
• BabelLanguagePack-technology.recommenders-zh_4.10.0.v20190126060001.zip (9.43%)
• BabelLanguagePack-tools.cdt-zh_4.10.0.v20190126060001.zip (56.93%)
• BabelLanguagePack-tools.gef-zh_4.10.0.v20190126060001.zip (2.08%)
• BabelLanguagePack-tools.tm-zh_4.10.0.v20190126060001.zip (21.11%)
• BabelLanguagePack-tools.tracecompass-zh_4.10.0.v20190126060001.zip (20.4%)
• BabelLanguagePack-webtools-zh_4.10.0.v20190126060001.zip (68.32%)
```

图 1-23　选择语言包

（4）将下载后的语言包解压并覆盖 Eclipse 文件夹（例如，D:\ProgramFiles\eclipse）中同名的 features 目录和 plugins 目录，重新启动 Eclipse，自动加载简体中文语言包，工作界面如图 1-24 所示。

图 1-24　简体中文工作界面

1.5.3　Eclipse 进行程序开发

1. Eclipse 创建项目

在 Eclipse 中编写程序，必须先创建项目。Eclipse 中有很多项目，其中 Java 项目用于管理和编写 Java 程序。具体步骤如下：

（1）在图 1-25 所示的界面中选择"文件"→"新建"→"Java 项目"命令，打开"新建 Java 项目"对话框。设置项目名为 Chapter01，选中"使用缺省位置"复选框，将项目保存到工作空间，其他暂时不用设置。

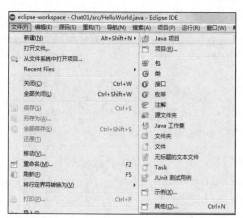

图 1-25　新建 Java 项目

（2）单击"下一步"按钮，在打开的对话框中更改项目的"源码"选项，如图 1-26 所示。同时还可以设置"项目""库""排序和导出"选项，如图 1-27～图 1-29 所示。

（3）单击"完成"按钮，创建名为 Chapter01 的项目，Eclipse 会自动生成相关代码和布局结构。在 Eclipse 左侧"项目资源管理器"窗格中会显示整个 Java 项目的目录结构，默认为空项目。

（4）右击 src 目录，选择"新建"→"类"命令，打开"新建 Java 类"对话框。

设置类的名称为 HelloWorld，并选中 public static void main(String[] args)复选框为新类生成 main()方法，如图 1-30 所示。

图 1-26 设置"源码"选项

图 1-27 设置"项目"选项

图 1-28 设置"库"选项

图 1-29 设置"排序和导出"选项

（5）单击"完成"按钮，会看到生成的 HelloWorld.java 文件的内容，并处于编辑状态，如图 1-31 所示。

（6）将例 1-1 的代码输入，编写完成之后保存。在工具栏中单击"运行"按钮后，如果程序没有编译错误，在底部的"控制台"窗格中会看到输出"Hello World!"，程序的运行效果如图 1-32 所示。

图 1-30 新建 Java 类

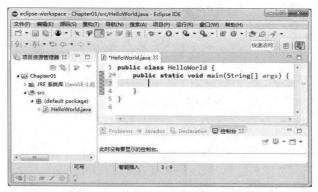

图 1-31 编辑 HelloWorld.java 文件

图 1-32 程序的运行效果

2. Eclipse 设置编辑器/控制台字体大小

在第一次使用 Eclipse 编写程序时，由于 Eclipse 默认使用的是 Consolas 字体，字号为 10，所以编辑器中的字体非常小，不方便查看。此时，可以通过下面所示的方法来修改编辑器/控制台的字体大小。具体修改方法如下：

（1）选择"窗口"→"首选项"命令，打开"首选项"对话框，从左侧窗格依次展开"常规"→"外观"→"颜色和字体"选项。

（2）从右侧选择 Java 下的"Java 编辑器文本字体"选项，如图 1-33 所示。从右侧选择"调试"下的"控制台字体"选项，如图 1-34 所示。单击"编辑"按钮，在打开的"字体"对话框中设置字体的样式和大小。

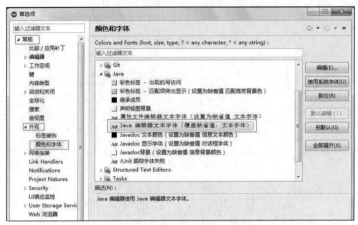

图 1-33　设置编辑器字体

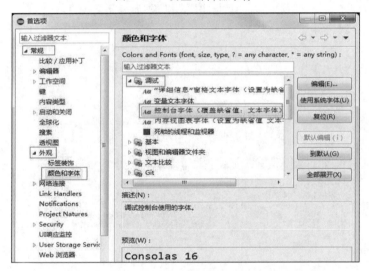

图 1-34　设置控制台字体

（3）设置完成后，依次单击"确定"按钮返回 Eclipse，此时即可看到修改效果。

3．Eclipse 常用快捷键

通过 Eclipse 快捷键可以快速生成代码，能够大大提高开发效率。以下列出 Eclipse 的常用快捷键：

（1）Alt+/：代码自动补充提示。

例如：读者想编写代码"System.out.println();"，只需输入 syso，然后按【Alt+/】快捷键，Eclipse 就会自动生成。想编写一个 switch 代码块，只需输入 switch，然后使用【Alt + /】快捷键，Eclipse 就会生成如下代码：

```
switch (key){
        case value:
        break;
    default:
        break;
    }
```

（2）Ctrl+1：进行错误代码纠正提示。

（3）Ctrl+D：删除当前行代码。

（4）Ctrl+/：注释或者取消注释当前行代码。

（5）Ctrl+H：全局搜索和局部搜索。

（6）Ctrl+W：关闭当前文件，按【Ctrl+Shift+W】快捷键关闭所有文件。

（7）Ctrl+Shift+O：导入所需要的"包.类"。

（8）Ctrl+Shift+F：格式化代码显示。

（9）Ctrl+Shift+G：找出调用某个方法的所有类。

（10）Ctrl+Shift+P：根据左大括号找到右大括号。

（11）Ctrl+Shift+L：所有快捷键列表。

（12）Ctrl+Alt+↓：复制一行。

（13）Alt+Shift+R：修改名字。

假设要修改方法的参数名字或者类变量、方法变量，同时这些变量又被很多代码引用着，那么可以直接使用【Alt+Shift+R】快捷键统一修改一次即可。把焦点定在变量名上，然后按【Alt+Shift+R】快捷键，此时 Eclipse 会提示输入新的变量名，按【Enter】键就可以修改成功。此快捷键同样也适用于修改类名和方法名。

1.5.4 Eclipse 程序调试

程序开发中避免不了各种各样的错误，为了尽快找到出现错误的原因，在 Eclipse 中提供了 Java 程序调试功能，这是 Eclipse 最强大的特性之一，通过 Eclipse 的调试器，可以检查不同位置变量或表达式的值，从而很容易分析代码的运行情况以及定位代码出错的原因。

下面通过一个简单的例子了解一下 Eclipse 调试程序的方法。

【例 1-2】求 1～10 之间所有奇数之和。

```
public class DebugTest{
        public static void main(String[] args){
            //求1～10之间所有奇数之和
            int sum=0;
            for(int i=1;i<10;i++{
                if(i%2!=0)
                    sum=sum+i;
            }
            System.out.println("1～10之间所有奇数之和="+sum);
        }
}
```

在调试程序时常用的方法就是设置断点，跟踪调试，查看变量值的变化。调试上述代码的方法如下：

（1）设置断点。在代码中需要调试的地方，双击代码行号的左边，这时该行最前面会出现一个蓝色的圆点，本例在第 7 行处添加了断点，如图 1-35 所示，再次双击即可取消断点。

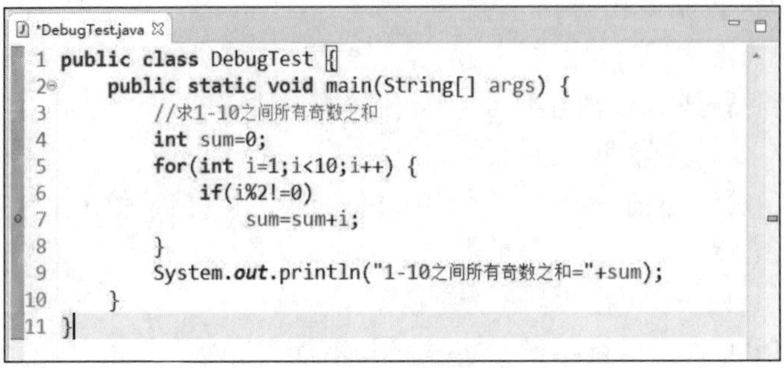

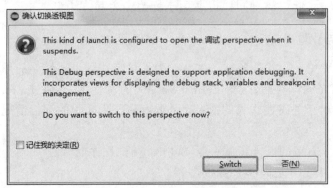

图 1-35　添加断点

（2）启动服务开始调试。方法一：右击代码编辑区，选择"调试方式"→"Java 应用程序"开始代码调试；方法二：直接单击"调试"按钮，即单击 🐞▾ 按钮，选择"调试方式"→"Java 应用程序"；方法三：快捷键【F11】；方法四：选择"运行"→"调试"命令，还有其他方法此处不再赘述。开发工具首次调试会弹出提示，如图 1-36 所示，需要切换到 Debug 工作区，选中"记住我的决定"复选框，下次便不再提示，单击 Switch 按钮进入调试模式，如图 1-37 所示。

图 1-36　是否进入调试模式对话框

（3）进入到 debug 视图之后，程序会运行到断点处，这时可以看到"变量"窗格中 i=1，sum=0，可以通过以下的命令进行操作：

- 单步跳过【F6】：在本代码中执行。
- 单步跳入【F5】：进到指定操作的内部观察执行过程。
- 恢复执行【F8】：代码正常执行完毕。

直接按【F6】键或单击 🕛 按钮，程序开始单步执行。这时可以看到"变量"窗格中 i=1，sum=1，且"变量"窗格中显示 sum 值的行变为了黄色，程序重新回到 for 循环开始的位置，准备开始下一次的执行，如图 1-38 所示。

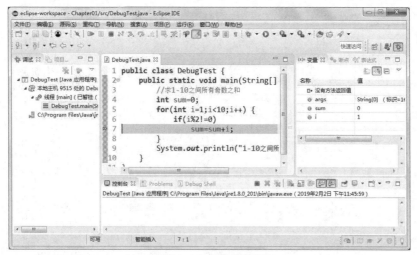

图 1-37　调试模式

图 1-38　单步调试

（4）继续一直按【F6】键或单击 按钮，直到程序执行完毕。在这个过程中，可以看到 i 值又从 1 依次变化到 10，当 i 为奇数时累加到 sum 变量中，sum 的值从 1 变化到 25，然后程序执行结束，控制台输出运行结果为"1～10 之间所有奇数之和=25"。

在上述调试过程中，通过查看程序中变量值的变化，可以更好地理解程序的执行流程。

1.6　综合案例

【例 1-3】输入成年人相应的信息，包括性别、身高和体重，计算体重指数，根据性别及计算出的体重指数给出相应的健康报告，在命令行窗口和 Eclipse 中分别编译和运行体重指数计算程序。（BMIComputer.java）

标准体重的计算方法如下：男，身高(cm)-105=标准体重(kg)；女，身高(cm)-115=标准体重(kg)。如果-15%≤ (体重-标准体重)/标准体重≤15%，体重正常；如果(体重-标准体重)/标准体重>15%，体重偏胖；如果(体重-标准体重)/标准体重<-15%，体重偏瘦。

```java
import java.util.Scanner;
public class BMIComputer {
    public static void main(String[] args) {
        System.out.println("成年人体重指数计算: ");
```

```
System.out.print("请输入您的性别（男/女）: ");
Scanner scan=new Scanner(System.in);
String sex=scan.next();
System.out.print("请输入您的身高（cm）: ");
double h=scan.nextDouble();
System.out.print("请输入您的体重（kg）: ");
double w=scan.nextDouble();
double w_m=0;  //标准体重
int flag=1;
if(sex.equals("男")){
    w_m=h-105; }  //得到标准体重, -15%<(w-wm)/wm<15%正常,
                        >15%偏胖, <-15%偏瘦
else if(sex.equals("女")){
    w_m=h-115; }
else{
    System.out.println("您输入的性别有误,要继续测试请重新启动程序!");
    flag=0; }
if(flag==1) {
    double bmi=(w-w_m)/w_m;
    if(bmi>0.15) {
        System.out.println("您的标准体重为: "+w_m+" kg, 你超重为:
            "+(w-w_m)+" kg, 属于偏胖，请适当减肥! ");}
    else{
        if(bmi<-0.15) {
            System.out.println("您的标准体重为: "+w_m+" kg, 你超
                重为: "+(w-w_m)+" kg, 属于偏瘦，请适当增肥! ");}
        else{
            System.out.println("您的标准体重为: "+w_m+" kg, 你超
                重为: "+(w-w_m)+" kg, 属于正常范围，请保持! ");
            }
        }
    }
}
```

程序运行结果:

```
成年人体重指数计算:
请输入您的性别（男/女）: 男
请输入您的身高（cm）: 172
请输入您的体重（kg）: 72
您的标准体重为: 67.0 kg, 你超重为: 5.0 kg, 属于正常范围，请保持!
```

小　结

本章首先介绍了 Java 语言的概念及其相关特性，Java 语言是面向对象编程语言，编写的软件与平台无关，特别适合于 Internet 应用的开发；然后介绍了在 Windows 系统平台中搭建 Java 开发环境和配置环境变量的方法、API 文档的下载方法；并演示了编写一个简单 Java 程序的步骤：编写源程序、编译源程序和运行程序；最后介绍了

Eclipse 的安装、汉化、程序开发和调试方法。通过本章的学习，初学者能够对 Java 语言及其相关特性有一个概念上的认识，重点要掌握的是 Java 开发环境的搭建、Java 的运行机制以及 Eclipse 的使用，对于 Java 程序的编写可以通过后面章节的学习逐渐掌握。

习　题

一、选择题

1. 编译 Java 源程序文件产生的字节码文件的扩展名为（　　）。
　　A．java　　　　　　　　　　B．class
　　C．html　　　　　　　　　　D．exe

2. 安装好 JDK 后，在其 bin 目录下有许多 exe 可执行文件，其中 java.exe 命令的作用是（　　）。
　　A．Java 文档制作工具　　　　B．Java 解释器
　　C．Java 编译器　　　　　　　D．Java 启动器

3. 如果 JDK 的安装路径为 d:\jdk，若想在命令窗口中任何当前路径下，都可以直接使用 javac 和 java 命令，需要将环境变量 path 设置为（　　）。
　　A．d:\jdk　　　　　　　　　B．d:\jdk\bin
　　C．d:\jre\bin　　　　　　　D．d:\jre

二、填空题

1. 编译 Java 程序需要使用_____命令。

2. 开发与运行 Java 程序需要经过的 3 个主要步骤为_____、_____和_____。

3. Eclipse 中删除当前行代码的快捷键_____、注释或者取消注释当前行代码的快捷键_____、代码自动补充提示的快捷键_____。

三、思考题

1. 简述 Java 语言的特点。
2. 简述 JDK 与 JRE 的区别。
3. 简述 path 和 classpath 的区别。
4. 谈谈你对 Java 平台无关性的理解。
5. 关于 Java 程序的 main()方法，回答下面问题。
（1）说明 main()方法声明中各部分的含义。
（2）public static void main(String[] args)写成 static public void main(String[] args)会怎样？
（3）public static void main(String[] args)写成 public void main(String args)会怎样？

Java 程序设计基础 〈〈〈

第 2 章

学习目标：

- 掌握 Java 标识符的命名规则，识别 Java 语言的关键字。
- 熟悉常量的声明，掌握变量的声明和赋值。
- 列出 Java 语言的 8 种基本数据类型，了解 Java 语言的引用数据类型。
- 掌握 Java 语言的各种运算符，了解运算符的优先级。
- 熟悉数据类型的自动转换和强制转换。
- 掌握 if 的单条件、多条件和嵌套用法。
- 掌握 switch 语句的使用。
- 掌握 while 和 do…while 的使用。
- 掌握 for 语句的使用。
- 熟悉 break、continue、return 语句的用法。

要掌握并熟练使用 Java 语言，必须充分了解 Java 语言的基础知识。本章将针对 Java 的基本语法、常量、变量、基本数据类型、运算符、表达式和程序控制语句进行详细讲解。

2.1　标识符和关键字

2.1.1　标识符

Java 中用来标识包名、类名、方法名、参数名、变量名、数组名和文件名的有效字符序列称为标识符。标识符可以由任意顺序的大小写字母、数字、下画线（_）和美元符号（$）组成（各符号之间没有空格），但标识符不能以数字开头，也不能使用任何 Java 关键字作为标识符，长度没有限制。

另外，Java 标识符是区分大小写的，因此 myClass 和 MyClass 是两个不同的标识符。

例如，合法与不合法的标识符如下：

（1）合法的标识符：sum、$123456、_total、$const 等。

（2）不合法的标识符：2var、my.name、user name、int、if、const、true 等。

为了增加代码的可读性，建议在定义标识符时还应该遵循以下规则：

（1）尽量使用有意义的英文单词来定义标识符，使程序便于阅读。例如，使用

userName 表示用户名，使用 password 或者 pwd 表示密码。

（2）包名所有字母一律小写，例如 com.user.test。

（3）类名和接口名每个单词的首字母都要大写，例如 MyInfo、Iterator。

（4）变量名和方法名的第一个单词首字母小写，从第二个单词开始每个单词首字母大写，例如 myValue、getUserName。

（5）常量名所有字母都大写，单词之间用下画线连接，例如：MAX_RUN_TIME。

2.1.2 关键字

关键字是对编译器有特殊意义的固定单词，不能在程序中做其他目的使用。关键字具有专门的意义和用途，不能当作标识符来使用。例如：

```java
public class MyTest{
    public static void main(String args[]){

    }
}
```

class 就是一个关键字，它用来声明一个类，其类名称为 MyTest。public 也是关键字，它用来表示公共类。另外，static 和 void 也是关键字。

Java 语言所有的关键字都是小写，目前定义了 51 个关键字，以下对这些关键字进行了分类。

（1）数据类型：boolean、int、long、short、byte、float、double、char、class、interface。

（2）流程控制：if、else、do、while、for、switch、case、default、break、continue、return、try、catch、finally。

（3）修饰符：public、protected、private、final、void、static、strict、abstract、transient、synchronized、volatile、native。

（4）动作：package、import、throw、throws、extends、implements、this、supper、instanceof、new。

（5）保留字：true、false、null、goto、const。

2.1.3 注释

注释是对程序语言的说明，有助于开发者和用户之间的交流，方便理解程序。注释不是编程语句，因此被编译器忽略。Java 中的注释有 3 种类型：

1. 单行注释

在 Java 中，单行注释通常用于对程序中的某一行代码进行解释，用符号"//"表示，"//"后面为被注释的内容。例如：

```java
double s=2.16;        //定义一个双精度浮点型变量
```

一行注释以双斜杠"//"标识。

2. 多行注释

注释的内容可以为多行，包含在"/*"和"*/"之间。例如：

```
/* int s=0;
 s=s+10; */
```

多行注释中可以嵌套单行注释。例如：

```
/* int s=0;      //定义一个整型变量s
 s=s+10; */
```

多行注释"/*…*/"中不可以嵌套多行注释"/*…*/"，因为第一个"/*"会和第一个"*/"进行配对，而第二个"*/"则找不到匹配。

3．文档注释

文档注释包含在"/**"和"*/"之间。文档注释是对一段代码概括的解释说明，可以使用 javadoc 命令将文档注释提取出来生成帮助文档。

2.2　常量和变量

2.2.1　常量

常量是指在程序的整个运行过程中值保持不变的量。在这里要注意常量和常量值是不同的概念，常量值是常量的具体和直观的表现形式，常量是形式化的表现。通常在程序中既可以直接使用常量值，也可以使用常量。

1．常量值

常量值又称字面常量，它是通过数据直接表示的，因此有很多种数据类型。例如，整型常量 100、实型常量 12.345、布尔型常量 false 和 true、字符型常量'a'、字符串常量"china"。

注意：这里表示字符和字符串的单引号和双引号都必须是英语输入环境下输入的符号。

2．定义常量

常量不同于常量值，它可以在程序中用符号来代替常量值使用，因此在使用前必须先定义。Java 语言使用 final 关键字来定义一个常量，其语法如下：

```
final datatype CONST_NAME=value;
```

其中，final 是定义常量的关键字，datatype 指明常量的数据类型，CONST_NAME 是常量的名称，value 指明常量值。Java 约定常量名全部用大写，如果由多个单词组成，每个单词大写，单词之间用下画线连接。在定义常量时需要对该常量进行初始化。

例如，以下语句使用 final 关键字声明常量。

```
final int MAX=100;
final float OBJECT_HEIGHT=16.3f;
```

当常量被设置后，不允许再进行更改，如果更改其值将提示错误。例如：

```
final int MAX_LOOP=100;
MAX_LOOP=500;
```

语句定义常量 MAX_LOOP 并赋予初值, 如果更改 MAX_LOOP 的值, 在编译时将提示错误。

2.2.2 变量与赋值

常量和变量是 Java 程序中最基础的两个元素。常量的值是不能被修改的, 而变量的值在程序运行期间可以被修改。一个变量通常由 3 个要素组成, 即数据类型、变量名和变量值。Java 有两种类型的变量: 基本类型的变量和引用类型的变量。基本类型的变量包括数值型 (整型和浮点型)、布尔型和字符型。引用类型的变量包括类、接口、枚举和数组等。

变量在使用之前必须先定义, 变量的定义包括变量的声明和赋值。变量声明的一般格式如下:

```
type varName[=value][,varName [=value]…];
```

其中, type 为变量数据类型、varName 为变量名、value 为变量值。下面声明了几个不同类型的变量:

```
float score;
int i, j, k;
boolean flag;
```

初始化变量是指为变量指定一个明确的初始值。使用赋值运算符 "=" 给变量赋值, 初始化变量有两种方式: 一种是先声明、后赋值; 另一种是声明时直接赋值。如下代码分别使用两种方式对变量进行了初始化。

```
score=90.5;               //先声明后赋值, 前面已声明
flag=true;
i=j=k=66;                 //可以一次给多个变量赋值
char userSex='男';         //声明时直接赋值
```

另外, 多个同类型的变量可以同时定义或者初始化, 但是多个变量中间要使用逗号分隔, 声明结束时用分号分隔。

```
String id, name, address, tel;     //声明多个变量
int i=0, j=1, sum=35;              //声明并初始化多个变量
```

注意: 多个同类型的变量在声明时赋相同的值, 下面的代码是错误的。

```
int i=j=k=0;
```

应改为:

```
int i=0, j=0, k=0;
```

2.2.3 变量的作用域

变量的作用域规定了变量所能使用的范围, 只有在作用域范围内变量才能被使用。根据变量声明地点的不同, 变量的作用域也不同。根据作用域的不同, 一般将变量分为不同的类型: 局部变量、方法参数变量、类变量及异常处理参数变量。

1. 局部变量

局部变量是指在方法或者方法代码块中定义的变量，其作用域是其所在的代码块。

【例 2-1】局部变量的作用域。

```java
public class LocalVariableScopeTest {
    public static void main(String[] args){
        int x=10;                               //声明变量 x
        {
            int y=20;                           //声明变量 y
            System.out.println("x="+x);         //访问变量 x
            System.out.println("y="+y);         //访问变量 y
        }
        System.out.println("y="+y);             //访问变量 y
    }
}
```

编译程序报错，如图 2-1 所示。上述实例中声明了 x 和 y 两个局部变量，x 的作用域是整个 main()方法，而 y 的作用域是 main()方法中{}代码块内，出错的原因在于读取变量 y 时超出了它的作用域。

图 2-1　局部变量访问出错

2. 方法参数变量

作为方法参数声明的变量的作用域是整个方法。

【例 2-2】方法参数变量的作用域。

声明两个方法参数变量，实现代码如下：

```java
public class MethodParmVarScopeTest{
    public static void  computerArea(double l, double w){
        System.out.println("长方形的面积="+l*w);
    }
    public static void main(String[] args){
        double length=6.6,width=9.8;
        computerArea(length,width);
    }
}
```

在上述实例中定义了一个 computerArea()方法，用来计算长方形的面积，该方法中包含两个 double 类型的参数变量 l 和 w，分别表示长方形的长和宽，其作用域是 computerArea()方法体内。当在 main()方法中调用 computerArea()方法时传递进了两个参数 6.6 和 9.8。

程序运行结果：

```
长方形的面积=64.68
```

3．类变量

类变量也称成员变量，声明在类中，不属于任何一个方法，作用域是整个类。

【例 2-3】类成员变量的作用域。

变量声明代码如下：

```
class Student{
    String name;               //声明类变量
    char sex='男';
    int age=20;
}
```

测试类代码如下：

```
public class ClassVariableScopeTest{
    public static void main(String[] args){
        Student st=new Student();
        System.out.println("name="+st.name);
        System.out.println("sex="+st.sex);
        System.out.println("age="+st.age);
    }
}
```

程序运行结果：

```
name=null
sex=男
age=20
```

在本例的第一段代码中声明了 3 个成员变量，并对其中 sex、age 变量进行了初始化，而第一个 name 变量没有进行初始化。由输出结果可以看出，name 变量的值为系统默认初始化的值，sex、age 变量的值则为初始化的值。

4．异常处理参数变量

异常处理参数变量的作用域是在异常处理模块中，该变量是将异常处理参数传递给异常处理模块，与方法参数变量类似。

【例 2-4】异常处理参数变量的作用域。

声明一个异常处理语句，实现代码如下：

```
public class ExceptionVarScopeTest{
    public static int divide(int x, int y){
        return x/y;
    }
    public static void main(String[] args){
    try {
        int result=divide(62,0);
        System.out.println(result);
    } catch (Exception e){
```

```
        System.out.println("捕获的异常信息为: "+e.getMessage());
    }
    }
}
```

在上述实例中定义了异常处理语句，异常处理模块 catch 的参数为 Exception 类型的变量 e，作用域是整个 catch 模块。

程序运行结果：

```
捕获的异常信息为: / by zero
```

2.3 基本数据类型

2.3.1 数据类型的分类

Java 语言的数据类型分为两种：基本数据类型和引用数据类型。引用数据类型在后面的章节介绍。Java 数据类型的结构如图 2-2 所示。基本数据类型包括 byte（字节型）、int（整型）、short（短整型）、long（长整型）、float（单精度浮点型）、double（双精度浮点型）、char（字符型）和 boolean（布尔型）共 8 种。

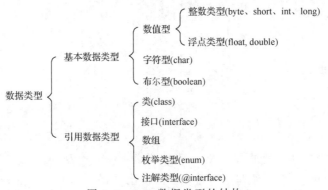

图 2-2 Java 数据类型的结构

Java 的数据类型主要以数值的方式进行定义，这些基本数据类型的保存数据范围与默认值如表 2-1 所示。

表 2-1 Java 基本数据类型的大小、范围和默认值

类型名称	关键字	占用内存	取值范围	默认值
字节型	byte	1 字节	$-2^{7} \sim 2^{7}-1$（$-128 \sim 127$）	0
短整型	short	2 字节	$-2^{15} \sim 2^{15}-1$（$-32\,768 \sim 32\,767$）	0
整型	int	4 字节	$-2^{31} \sim 2^{31}-1$（$-2\,147\,483\,648 \sim 2\,147\,483\,647$）	0
长整型	long	8 字节	$-2^{63} \sim 2^{63}-1$ （$-9\,223\,372\,036\,854\,775\,808L \sim 9\,223\,372\,036\,854\,775\,807L$）	0
单精度浮点型	float	4 字节	-3.4E38（-3.4×10^{38}）～3.4E38（3.4×10^{38}）	0.0
双精度浮点型	double	8 字节	-1.7E308（-1.7×10^{308}）～1.7E308（1.7×10^{308}）	0.0
字符型	char	2 字节	0～65 535	'\u0000'
布尔型	boolean	1 字节	true 或 false	false

2.3.2 整数类型

Java 定义了 4 种整数类型变量：字节型（byte）、短整型（short）、整型（int）和长整型（long）。这些都是有符号的值，正数或负数。

1. 字节型

byte 类型是最小的整数类型。当用户从网络或文件中处理数据流时，或者处理可能与 Java 的其他内置类型不直接兼容的未加工的二进制数据时，该类型非常有用。

2. 短整型

short 类型限制数据的存储为先高字节，后低字节，这样在某些机器中会出错，因此该类型很少被使用。

3. 整型

int 类型是最常使用的一种整数类型。

4. 长整型

对于大型程序常会遇到很大的整数，当超出 int 类型所表示的范围时就要使用 long 类型。

Java 整型字面量有 4 种表示方法：

（1）十进制：默认的进制，如 -123、0、678。

（2）二进制：以 0b 或 0B 开头的数，如 0B100101 表示十进制的 37。

（3）八进制：以 0 开头的数，如 0123 表示十进制的 83。

（4）十六进制：以 0x 或 0X 开头的数，如 0XAF 表示十进制的 175。

每一个变量都有它的数据类型，确定类型后，数据的范围和操作集合也就确定。例如：int x=15，其实也可以写为 int x=017（八进制），int x=0xf（十六进制，不区分大小写），int x=0b1111（二进制）。

【例 2-5】整数类型的错误操作。

```
public class IntErrorTest{
    public static void main(String[] args){
        int i;           //按照表 2-1，i 是 int 型，没有赋值，结果应该是 0
        System.out.println(i);
    }
}
```

上述程序编译时出错，因为变量 i 只声明了而未被初始化。

注意：所有的变量一定要在其声明时直接赋值。

修改程序：

```
public class IntErrorTest{
    public static void main(String[] args){
        int i=100;         //声明变量给出默认值
        System.out.println(i);
    }
}
```

注意：在变量赋值时，不能超出该数据类型所允许的范围，否则会发生编译错误。

```
byte x=166;              //byte 数据类型的范围-128～127
int y=9876543210;        //int 数据类型的范围-2 147 483 648～2 147 483 647
```

2.3.3 浮点类型

浮点类型是带有小数部分的数据类型，也称实型。浮点型数据包括单精度浮点型（float）和双精度浮点型（double）。单精度浮点型（float）和双精度浮点型（double）之间的区别主要是所占用的内存大小不同，float 类型占用 4 字节的内存空间，double 类型占用 8 字节的内存空间。双精度类型 double 比单精度类型 float 具有更高的精度和更大的表示范围。

Java 默认的浮点型为 double，例如，123.45 和 1.2345 都是 double 型数值。如果要声明一个 float 类型数值，就需要在其后追加字母 f 或 F，如 123.45f 和 1.2345F 都是 float 类型的常数。

例如，可以使用如下方式声明 float 类型的变量并赋予初值。

```
float score=11.1;        //编译出错，类型不匹配，因为 11.1 是 double 类型
float speed=12.2f;       //声明 float 类型 speed 并赋初值
double price=88.23;      //声明 double 类型变量 price 并赋初值
```

2.3.4 字符类型

在 Java 之中使用单引号"'"定义的内容就表示一个字符，例如'A'、'B'，定义字符时类型使用 char 完成。Java 语言中的字符类型（char）使用两个字节的 Unicode 编码表示，Unicode 字符通常用十六进制表示，例如，"\u0000"～"\u00ff"表示 ASCII 码集。"\u"表示转义字符，它用来表示其后 4 个十六进制数字是 Unicode 码。对于不能用单引号直接括起来的符号，需要使用转义序列来表示。表示方法是用反斜杠（\）表示转义，如'\n'表示换行、'\t'表示水平制表符，常用的转义序列如表 2-2 所示。

Unicode 编码可以表示出任意的文字，这就包含了中文定义。

【例 2-6】Unicode 编码操作。

```
public class UnicodeTest{
    public static void main(String[] args){
        char c='中';                 //声明一个字符变量
        int x=c;                     //char 类型转 int 类型
        System.out.println(x);     //输出"中"字的 Unicode 编码值 20013
    }
}
```

表 2-2　常用的转义字符序列

转 义 字 符	描　　　述
\ddd	1～3 位八进制数所表示的字符（ddd）
\uxxxx	1～4 位十六进制数所表示的字符（xxxx）
\'	单引号字符
\"	双引号字符

续表

转 义 字 符	描 述
\\	反斜杠
\r	回车
\n	换行
\f	走纸换页
\t	水平制表符
\b	退格

2.3.5 布尔类型

布尔类型主要表示的是一种逻辑的判断，其中布尔是一个数学家的名字，而布尔型数据只有两种取值：true、false。但是需要提醒的是，在许多语言之中，布尔型也使用 0（false）或非 0（true）来表示，不过此概念在 Java 之中无效，Java 中只有 true 和 false 两种取值。

【例 2-7】布尔类型举例。

```java
public class BooleanTest{
    public static void main(String[] args){
        boolean flag=false;                 //声明布尔型变量 flag
        if (flag==true)                     //if 语句判断的就是布尔型数据
            System.out.println("Yes");
        else
            System.out.println("No");
    }
}
```

2.3.6 字符串类型

在 Java 程序中，经常要使用字符串类型。字符串是字符序列，不属于基本数据类型，是一种引用类型。字符串在 Java 中是通过 String 类实现的，可以使用 String 声明和创建一个字符串对象。String 类使用起来可以像基本数据类型那样方便地操作，字符串是使用双引号（""）声明的一串数据，例如："Program is running"。

一个字符串字面值不能分成多行来写。例如，下面的代码会产生编译错误：

```java
String s="Program is
    running";
```

在字符串之中可以使用 "+" 进行字符串的连接操作。所有的数据类型只要是碰到了 String 的连接操作（+），那么所有的类型都会先自动向 String 转型，之后再进行字符串的连接操作。

【例 2-8】字符串类型举例。

```java
public class StringTest{
    public static void main(String[] args){
        String s1="Java program";       //声明字符串对象 s1 并赋值
        String s2=" is running, " ,s3;   //声明字符串对象 s2 并赋值，
                                         //声明字符串对象 s3
```

```
        s3=s1+s2+"please wait!";          //字符串连接
        System.out.println(s3);
    }
}
```

程序运行结果：

```
Java program is running, please wait!
```

2.3.7 数据类型转换

数据类型的转换是在所赋值的数值类型和被变量接收的数据类型不一致时发生的，它需要从一种数据类型转换成另一种数据类型。Java 语言是强类型的语言，程序在编译阶段，编译器要对类型进行严格的检查，任何不匹配的类型都不能通过编译器。数据类型的转换可以分为自动类型转换（隐式转换）和强制类型转换（显式转换）两种。

1. 自动类型转换

自动类型转换的实现需要同时满足两个条件：

（1）两种数据类型彼此兼容。

（2）目标类型的取值范围大于源数据类型（即低级类型数据转换成高级类型数据）。

例如，byte 类型向 short 类型转换时，由于 short 类型的取值范围较大，会自动将 byte 转换为 short 类型。

在运算过程中，由于不同的数据类型会转换成同一种数据类型，所以整型、浮点型以及字符型都可以参与混合运算。自动转换的规则是从低级类型数据转换成高级类型数据。转换规则如下：

- 自动转型（由小到大）：byte→short→int→long→float→double；
- 字符型转换为整型：char→int。

以上数据类型的转换遵循从左到右的转换顺序，最终转换成表达式中表示范围最大的变量的数据类型。

以后声明变量时，是整型就使用 int 声明，是小数就使用 double 进行声明。

【例 2-9】顾客到水果店购买水果，购买苹果 5 斤（6.8 元/斤），橘子 4 斤（4.5 元/斤），香蕉 3 斤（3.6 元/斤），求应付金额。实现代码如下：

```
public class FruitCost{
    public static void main(String[] args){
        float apple_p=6.85f;        //声明苹果的价格变量为 float 类型
        float orange_p=4.58f;       //声明橘子的价格变量为 float 类型
        double banana_p=3.69;       //声明香蕉的价格变量为 double 类型
        int apple_w=5, orange_w=4;  //声明苹果、橘子的重量为 int 类型
        long banana_w=3;            //声明香蕉的重量为 long 类型
        //计算总价，int、long、float 类型自动转换为 double 类型
        double cost=apple_p*apple_w+orange_p*orange_w+banana_p*banana_w;
        System.out.println("应付金额："+cost+"元");    //输出应付金额
    }
}
```

程序运行结果：

```
应付金额: 63.63999969482422 元
```

从运行结果看出，int、long、float 和 double 四种数据类型参与运算，最后输出的结果为 double 类型的数据。

2. 强制类型转换

当两种数据类型不兼容，或目标类型的取值范围小于源类型时，自动转换将无法进行，这时就需要进行强制类型转换。其语法是在括号中给出要转换的目标类型，随后是待转换的表达式。

【例 2-10】强制类型转换。

```java
public class ForcedTypeConversion{
    public static void main(String[] args){
        int x=11;
        double y=1.0;
        x=(int)y;                        //将 double 类型强制转换成 int 类型
        System.out.println("x="+x);      //输出结果: x=1
        System.out.println("y="+y);      //输出结果: y=1.0
    }
}
```

上述代码中首先将 double 类型变量 y 的值强制转换成 int 类型，然后将值赋给 x，但是变量 y 本身的值并没有发生变化。在强制类型转换中，如果是将浮点类型的值转换为整数类型，直接去掉小数点后边的所有数字；而如果是整数类型强制转换为浮点类型时，将在小数点后面补零。

强制转型规则如下（由大到小）：double→float→long→int→short→byte。

注意：布尔型数据不能与其他任何类型的数据相互转换。

思考：例 2-9 在计算应付金额时采用 int 类型的数据进行存储，如何实现？

2.4 运算符和表达式

运算符和表达式是 Java 程序的基本组成要素。把表示各种不同运算的符号称为运算符，最基本的运算符包括算术运算符、赋值运算符、关系运算符、逻辑运算符、条件运算符和位运算符。表达式是由操作数和运算符按一定的语法形式组成的符号序列。一个常量或一个变量名字是最简单的表达式，其值即该常量或变量的值；表达式的值还可以用作其他运算的操作数，形成更复杂的表达式。

2.4.1 算术运算符与算术表达式

Java 语言中算术运算符的功能是进行算术运算，其包括正（+）、负（−）、自增（++）、自减（−−）4 个一元运算符和加（+）、减（−）、乘（*）、除（/）、取模（%）5 个二元运算符。

1．自增和自减运算符

在对一个变量做加 1 或减 1 处理时，可以使用自增运算符++或自减运算--。++或--是一元运算符，放在操作数的前面或后面都是允许的。++与--的作用是使变量的值增 1 或减 1。自增/自减运算可以用于整数类型 byte、short、int、long，浮点类型 float、double，以及字符串类型 char。自增、自减运算的含义及其使用实例如表 2-3 所示。

2．二元运算符

加（+）、减（-）、乘（*）、除（/）、取模（%）都是二元运算符，即连接两个操作数的运算符。优先级上，*、/、%具有相同运算级别，并高于+、-（+、-具有相同级别）。

表 2-3　自增、自减运算的含义及其使用实例

运　算　符	含　　义	实　　例	结　　果

i++	将 i 的值先使用，再加 1 赋值给 i 变量本身	int i=1;
		int j=i++;
		double k=1.23;
		k++;
			i=2
			j=1
			
			k=2.23

++i	将 i 的值先加 1，赋值给变量 i 本身后再使用	int i=1;
		int j=++i;
		char c='A';
		char d=++c;
			i=2
			j=2
			c='A'
			d='B'

i--	将 i 的值先使用，再减 1 赋值给变量 i 本身	int i=1; int j=i--;	i=0 j=1
--i	将 i 的值先减 1，后赋值给变量 i 本身再使用	int i=1; int j=--i;	i=0 j=0

进行算术运算时应注意以下两点：

（1）两个整数进行除法运算，其结果仍为整数。如果整数与实数进行除法运算，则结果为实数。例如,7/2 的结果是 3 而不 3.5，而 7/2.0、7.0/2、7.0/2.0 的结果 3.5。

（2）求余运算（%）是指连接两个变量或常量以进行除法运算，结果取它们的余数。求余（%）运算要求参与运算的两个操作数均为整型，不能为其他类型。

在操作数涉及负数求余运算中，按以下规则计算：先去掉负号，再计算结果，结果的符号取被除数的符号。例如：

```
7%4=3
-7%4=-3
7%-4=3
-7%-4=-3
```

用算术运算符和括号连接起来的符合 Java 语法规则的式子，称为算术表达式。例如：

```
a*x+b/2-y*(3+4*c)
```

2.4.2　赋值运算符与赋值表达式

赋值运算符用来为变量指定新值。赋值运算符主要有两类：一类是使用等号（=）赋值，它把一个表达式的值赋给一个变量或对象；另一类是复合的赋值运算符。

1．赋值运算符

赋值运算符的符号为"="，它是二元运算符，左边的操作数必须是变量，不能是常量或表达式。赋值运算符的优先级低于算术运算符，结合方向是自右向左；不是数学中的等号，它表示一个动作，即将其右侧的值送到左侧的变量中。

赋值表达式的值就是"="左侧变量的值。例如：

```
int a,b;         //声明两个整型变量
a=10;            //a 的值为 12
b=a=20;          //a 和 b 的值都为 20
```

注意：不要将赋值运算符与相等运算符"=="混淆。例如：

```
System.out.println(16=16);      //编译出错，提示："赋值的左边必须是变量"
System.out.println(16==16);     //输出结果: true
```

2．复合赋值运算符

可以结合算术运算符，以及后面要学习的位运算符，组合成复合的赋值运算符。赋值运算符和算数运算符组成的复合赋值运算的含义及其使用实例如表 2-4 所示。

表 2-4　复合赋值运算的含义及其使用实例

运算符	含　义	实　例	结　果
+=	将该运算符左边的数值加上右边的数值，其结果赋值给左边变量	int a=5; a+=2;	a=7
-=	将该运算符左边的数值减去右边的数值，其结果赋值给左边变量	int a=5; a-=2;	a=3
*=	将该运算符左边的数值乘以右边的数值，其结果赋值给左边变量	int a=5; a*=2;	a=10
/=	将该运算符左边的数值整除右边的数值，其结果赋值给左边变量	int a=5; a/=2;	a=2
%=	将该运算符左边的数值除以右边的数值后取余，其结果赋值给左边变量	int a=5; a%=2;	a=1

2.4.3　关系运算符与关系表达式

关系运算符是二元运算符，用来比较两个值的关系，运算结果是 boolean 型。当运算符对应的关系成立时，运算结果是 true，否则是 false。表 2-5 所示为关系运算符的含义及其实例应用。

表 2-5　关系运算符的含义及其实例应用

运　算　符	优　先　级	含　义	结　合　方　向	实　例	结　果
>	6	大于	自左向右	5>2	true
>=	6	大于或等于	自左向右	7>=5	true
<	6	小于	自左向右	6<9	true
<=	6	小于或等于	自左向右	4<=1	false
==	7	等于	自左向右	5==5	true
!=	7	不等于	自左向右	2!=8	true

关系表达式通常用于 Java 程序的逻辑判断语句的条件表达式中。使用关系表达式要注意以下几点：

（1）运算符>=、==、! =、<=是两个字符构成的一个运算符，用空格从中分开写就会产生语法错误。例如，"x> =y;"是错误的，但是可以在运算符的两侧增加空格提高可读性，如"x >= y;"。同样将运算符写反，例如=>、=<、=!等形式会产生语法错误。

（2）由于计算机内存放的实数与实际的实数存在着一定的误差，如果对浮点数进行==（相等）或!=（不相等）的比较，容易产生错误结果，应该尽量避免。

（3）不要将"=="写成"="。

2.4.4 逻辑运算符与逻辑表达式

逻辑运算符的运算对象只能是布尔型数据，并且运算结果也是布尔型数据。逻辑运算符包括逻辑非（!）逻辑与（&）、逻辑或（|）、逻辑异或（^）、短路与（&&）和短路或（||）。假设op1、op2是两个布尔型数据，表2-6所示为逻辑运算的规则。

表 2-6 用逻辑运算符进行逻辑运算

op1	op2	!op1	op1&op2	op1|op2	op1^op2	op1&&op2	op1||op2
true	true	false	true	true	false	true	true
false	true	true	false	true	true	false	true
true	false	false	false	true	true	false	true
false	false	true	false	false	false	false	false

短路与进行如下运算：op1&&op2&&...&&opn，若op1为false时，就可以判断整个表达式的值为false，不再继续求解余下表达式的值。例如：2== 3 && 10 / 0 == 0，因为前面的条件（2 == 3）的结果是false，那么后面的就没有必要再继续进行判断，最终的结果就是false。

短路或进行如下运算：op1||op2||...||opn，若op1为true，就可以判断整个表达式的值为true，不再继续求解余下表达式的值。例如：5 == 5 || 10 / 0 == 0，前面的条件（5 == 5）满足了就会返回true，那么不管后面是何条件最终的结果都是true。

对于非短路运算符（&和|），将对运算符左右的表达式求解，最后计算整个表达式的结果。

逻辑运算符可以用来连接关系表达式。表2-7所示为逻辑运算符的用法、含义及实例。

表 2-7 逻辑运算符的用法、含义及实例

运 算 符	优 先 级	用 法	含 义	结 合 方 向	实 例	结 果
!	2	!op	逻辑非	自右到左	!(5>6)	true
&	8	op1&op2	逻辑与	自左向右	3>2&3<5	true
^	9	op1^op2	逻辑异或	自左向右	3>2^5<3	true
|	10	op1|op2	逻辑或	自左向右	5>8|5<2	false
&&	11	op1&&op2	短路与	自左到右	3>2&&5<3	false
||	12	op1||op2	短路或	自左到右	8<5||5>2	true

2.4.5 条件运算符

条件运算符的符号表示为"?:"，使用该运算符时需要有3个操作数，因此称其

为三元运算符。使用条件运算符的一般语法结构如下：

```
DataType result=<booleanexpression> ? <statement1>:<statement2>;
```

DataType 表示数据类型，当 booleanexpression（布尔表达式）为真时，执行 statement1，否则就执行 statement2。此三元运算符要求返回一个结果，因此要实现简单的二分支程序，即可使用该条件运算符。

【例 2-11】条件运算符举例。

```
public class ConditionalOperator{
    public static void main(String[] args){
        int x=10;
        int y=20;
        int result=x>y?x:y;
        System.out.println(result);
    }
}
```

程序运行结果：

```
20
```

2.4.6 位运算符

整型数据在内存中以二进制的形式表示，Java 用补码表示二进制数。左边最高位为符号位，0 表示正数，1 表示负数。例如，一个 int 型变量在内存中占 4 个字节共32 位。int 型数据 15 的二进制表示如下：

```
00000000 00000000 00000000 00001111
```

–15 的补码是：

```
11111111 11111111 11111111 11110001
```

位运算有两类：位逻辑运算和移位运算。位逻辑运算符包括按位取反（～）、按位与（＆）、按位或（|）和按位异或（^）4 种。移位运算符包括左移（<<）、右移（>>）和无符号右移（>>>）3 种。位运算符只能用于整型数据，包括 byte、short、int、long 和 char 类型。

1. 位逻辑运算符

位逻辑运算是对一个整数的二进制位进行运算。设 A、B 表示操作数中的一位，位逻辑运算的规则如表 2-8 所示。

表 2-8　位逻辑运算的规则

A	B	$\sim A$	$A\&B$	$A|B$	A^B
0	0	1	0	0	0
0	1	1	0	1	1
1	0	0	0	1	1
1	1	0	1	1	0

设 $a=8$，$b=-5$，表 2-9 所示为位逻辑运算的示例。

表 2-9　位逻辑运算示例

运　算　符	功　　能	示　　例	运算过程（二进制）	结　　果
~	按位取反	~a	~（00000000 00000000 00000000 00001000） =　11111111 11111111 11111111 11110111	-9
&	按位与	a&b	00000000 00000000 00000000 00001000 &11111111 11111111 11111111 11111011 =00000000 00000000 00000000 00001000	8
|	按位或	a|b	00000000 00000000 00000000 00001000 |11111111 11111111 11111111 11111011 =11111111 11111111 11111111 11111011	-5
^	按位异或	a^b	00000000 00000000 00000000 00001000 ^11111111 11111111 11111111 11111011 =11111111 11111111 11111111 11110011	-13

在 Integer 类中有静态方法 toBinaryString(int i)方法，此方法返回 int 变量的二进制表示的字符串。

```
int a=8,b=-5;
System.out.println(Integer.toBinaryString(a^b));
System.out.println(a^b);
```

程序运行结果：

```
11111111111111111111111111110011
-13
```

如果两个操作数宽度（位数）不同，在进行按位运算时要进行扩展。例如，一个 int 型数据与一个 long 型数据按位运算，先将 int 型数据扩展到 64 位，若为正，高位用 0 扩展；若为负，高位用 1 扩展，然后再进行位运算。

2．移位运算符

Java 语言提供了 3 个移位运算符：左移运算符（<<）、右移（>>）运算符和无符号右移运算符（>>>）。

（1）左移运算符<<，其运算规则是：将运算符左边的对象按二进制形式向左移动运算符右边指定的位数，高位移出（舍弃），低位的空位补零。在没有溢出的情况下，左移一位相当于乘以 2。

（2）右移运算符>>，其运算规则是：将运算符左边的对象向右移动运算符右边指定的位数。使用符号扩展机制，也就是说，如果值为正，则在高位补 0；如果值为负，则在高位补 1。

（3）无符号右移运算符>>>，其运算规则是：将运算符左边的对象向右移动运算符右边指定的位数。采用 0 扩展机制，也就是说，无论值的正负，都在高位补 0。

设 a=-10，b=3，表 2-10 列出了移位运算的示例。

3<<32 的结果是什么?答案是 3，为什么?

3<<34 的结果是什么? 答案是 12，为什么?

3>>32 的结果是什么？答案是 3，为什么？

3>>33 的结果是什么？答案是 1，为什么？

6L>>64 的结果是什么？答案是 6，为什么？

分析：在移位运算中，对于 int 类型，第二个操作数先对 32 取模，余数是实际移动的位数。对于 long 类型，第二个操作数先对 64 取模，余数是实际移动的位数。

表 2-10　移位运算示例

运算符	功　　能	示　　例	运算过程（二进制）	结　　果
<<	按位左移	a<<b	11111111 11111111 11111111 11110110<<3 =11111111 11111111 11111111 10110000	-80
>>	按位右移	a>>b	11111111 11111111 11111111 11110110>>3 =11111111 11111111 11111111 11111110	-2
>>>	按位无符号右移	a>>>b	11111111 11111111 11111111 11110110>>>3 =00011111 11111111 11111111 11111110	536870910

2.4.7　运算符的优先级

一般而言，一元运算符优先级较高，赋值运算符优先级较低。算术运算符优先级较高，关系和逻辑运算符优先级较低。多数运算符具有左结合性，一元运算符、三元运算符、赋值运算符具有右结合性。

Java 语言中运算符的优先级共分为 14 级，其中 1 级最高，14 级最低。在同一个表达式中运算符优先级高的先执行。表 2-11 所示为所有运算符的优先级以及结合性。

表 2-11　运算符的优先级

优　先　级	运　算　符	结　合　性
1	[] (). , ;	自左向右
2	! + - ~ ++ --	自右向左
3	* / %	自左向右
4	+ -	自左向右
5	<< >> >>>	自左向右
6	< <= > >= instanceof	自左向右
7	== !=	自左向右
8	&	自左向右
9	^	自左向右
10	|	自左向右
11	&&	自左向右
12	||	自左向右
13	?:	自右向左
14	= += -= *= /= &= |= ^= ~= <<= >>= >>>=	自右向左

要记住这么多运算符的优先级是比较困难的，因此在编写程序时，尽量使用括号()来实现想要的运算顺序，以免产生歧义。例如：

```
x>y&&i++||y>0&x<z|z<10;
```

加上括号并在运算符的两侧增加空格使表达式结构更清晰。

```
((x>y&& (i++)||(((y>0&(x<z)|(z<10));
```

2.5 程序控制语句

2.5.1 语句概述

Java 中的语句可以分为以下 6 类：

1．空语句
一个分号 ";" 也是一条语句，称作空语句。

2．表达式语句
由一个表达式构成一条语句，即表达式尾加上分号。例如：

```
x=2*a+b;
```

3．复合语句
可以用{}把多条语句括起来构成复合语句。例如：

```
{   int a=1,b=2;
    System.out.println(a<<b);
}
```

4．方法调用语句
例如：

```
System.out.println("Hello World!");
```

5．package 和 import 语句
package 和 import 语句与类、对象有关，将在后续章节讲解。

6．控制语句
结构化程序设计有 3 种基本结构：顺序结构、选择结构和循环结构。顺序结构比较简单，程序按语句的顺序依次执行。本节主要对选择语句、循环语句和跳转语句进行详细讲解。

2.5.2 选择语句

Java 有几种类型的选择语句：单分支 if 语句、双分支 if...else 语句、多分支 if...else if...else 语句和 switch 语句。

1．if 语句
if 语句是单条件单分支语句，其语法格式如下：

```
if (布尔表达式){
    条件满足时执行的程序；
}
```

if 语句的流程图如图 2-3 所示。程序执行的流程：首先计算布尔表达式的值，若其值为 true，则执行条件满足时的

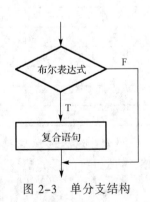

图 2-3 单分支结构

程序，否则转去执行 if 结构后面的语句。

【例 2-12】从键盘输入一个整数，判断是奇数还是偶数。

```
import java.util.Scanner;
public class IfTest{
    public static void main(String[] args){
        System.out.print("请输入一个整数: ");
        //Scanner 类可以从控制台读取键盘输入的值
        Scanner sc=new Scanner(System.in);       //等待控制台输入
        int input=sc.nextInt();                  //读取输入内容
        sc.close();                              //关闭输入流，释放内存
        if(input%2==0){                          //能被 2 整除的是偶数
            System.out.println(input+"是偶数");
        }
        if(input%2!=0){                          //不能被 2 整除的是奇数
            System.out.println(input+"是奇数");
        }
    }
}
```

2. If...else 语句

If...else 语句是单条件双分支语句，表示"如果条件正确则执行一个操作，否则执行另一个操作"，在程序中使用得更加常见。其语法格式如下：

```
if (布尔表达式){
    条件满足时执行的程序;
} else{
    条件不满足时执行的程序;
}
```

If...else 语句的流程图如图 2-4 所示。执行顺序：如果条件成立，则执行 if 语句中的复合语句 1，否则执行 else 中的复合语句 2。需要注意的是，在 if...else 语句中，如果复合语句只有一条语句，{}可以省略，但是为了增强程序的可读性最好不要省略。

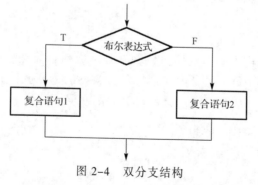

图 2-4 双分支结构

【例 2-13】将例 2-12 改成用 if...else 语句实现。

```
if(input%2==0){                      //能被 2 整除的是偶数
    System.out.println(input+"是偶数");
}
```

```
else{                              //不能被 2 整除的是奇数
    System.out.println(input+"是奇数");
}
```

3. If...else if...else 语句

if...else if...else 语句是多条件多分支语句，其语法格式如下：

```
if (布尔表达式 1){
    复合语句 1;
} else if (布尔表达式 2){
    复合语句 2;
}
 …
 else if (布尔表达式 n){
    复合语句 n;
}
else{
    复合语句 n+1;
}
```

If...else if...else 语句的流程图如图 2-5 所示。执行顺序：当布尔表达式 1 为 true 时，if 后面{}中的复合语句 1 会执行；当判断条件 1 为 false 时，会继续执行布尔表达式 2，如果为 true 则执行复合语句 2；依次类推，如果所有的判断条件都为 false，则意味着所有条件均未满足，else 后面{}中的复合语句 n+1 会执行。

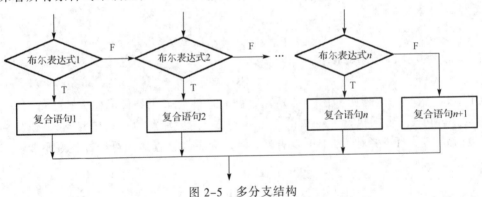

图 2-5　多分支结构

【例 2-14】从键盘输入学生的考试分数，判断成绩等级。假设某学校对成绩的判断标准是：90≤分数≤100，评为优秀；80≤分数<90，评为良好；70≤分数<80，评为中等；60≤分数<70，评为及格；分数<60，评为不及格。

```
import java.util.Scanner;
public class IfMutiBranchTest{
    public static void main(String[] args){
        System.out.println("请输入考试分数: ");
        Scanner sc=new Scanner(System.in);
        float score=sc.nextFloat();      //接收键盘输入数据
        sc.close();
        if(score>=90 && score<=100)
        {    //90<=考试分数<=100
```

```
        System.out.println("优秀");
    }
    else if(score>=80)
    {    //90>考试成绩>=80
        System.out.println("良好");
    }
    else if(score>=70)
    {    //80>考试成绩>=70
     System.out.println("中等");
    }
    else if(score>=60)
    {    //70>考试成绩>=60
        System.out.println("及格");
    }
    else
    {    //考试成绩<60
     System.out.println("不及格");
    }
    }
}
```

4. switch 语句

switch 语句主要实现多分支结构，switch 语句能解决 if 分支过多的情况，提供一种简洁的方法来处理对应给定表达式的多种情况。switch 语句的一般格式如下：

```
switch(expression){
    case value1:
        statements    [break;]
    case value 2:
        statements    [break;]
        ...
    case valueN:
        statements    [break;]
        [default:
        statements]
}
```

其中，expression 是一个表达式，必须为 byte、short、int、char、enum、String 类型；每个 case 语句后面的值必须是与表达式类型兼容的一个常量，case 值不允许重复。程序进入 switch 结构，首先计算 expression 的值，然后用该值依次与每个 case 中的常量或常量表达式的值进行比较，如果等于某个值则执行该 case 语句后的代码，直到遇到 break 语句为止。

break 语句的功能是退出 switch 结构。如果在某种情况处理结束后就离开 switch 结构，则必须在该 case 语句块的后面加上 break 语句。

default 语句是可选的，如果没有一个 case 常量与表达式的值相匹配，则执行 default 后的语句。如果没有相匹配的 case 语句，也没有 default 语句，则程序不执行任何操作，直接跳出 switch 结构。

【例 2-15】从键盘输入一个月份，打印该月份所属的季节。3、4、5 为春季，6、7、8 为夏季，9、10、11 为秋季，12、1、2 为冬季。

```java
import java.util.Scanner;
public class JudgeSeasonSwitch{
    public static void main(String[] args)
    {
        Scanner sc=new Scanner(System.in);
        System.out.println("请输入一个月份: ");
        int month=sc.nextInt();
        sc.close();
        if(month < 1 || month > 12){
            System.out.println("您输入的月份有误，别输入正确的月份！ ");
        }else{
            switch(month){
                case 3:
                case 4:
                case 5:
                        System.out.println("春季");
                        break;
                case 6:
                case 7:
                case 8:
                        System.out.println("夏季");
                        break;
                case 9:
                case 10:
                case 11:
                        System.out.println("秋季");
                        break;
                default:
                        System.out.println("冬季");
                        break;
            }
        }
    }
}
```

2.5.3 循环语句

循环也是程序中的重要流程结构之一，适用于需要重复一段代码直到满足特定条件为止的情况。Java 中采用的循环语句与 C 中的循环语句相似，主要有 while、do…while 和 for。

1. while 循环

while 循环语句的语法结构如下：

```
while(循环条件)
{
    语句块;
}
```

while 循环语句的执行规则如下：

（1）计算循环条件的值，如果该条件为真，就进行（2），否则执行（3）。

（2）执行循环体，再进行（1）。

（3）结束 while 语句。

while 语句执行流程如图 2-6 所示。

【例 2-16】使用 while 语句计算 $1+1/2!+1/3!+1/4!+\cdots+1/20!$。

```java
public class FactorialSum{
    public static void main(String[] args){
        double sum=0,f=1;
        int i=1;
        while(i<=20){
            f=f*i;                    //求阶乘
            sum=sum+1.0/f;
            i+=1;
        }
        System.out.println("1+1/2!+1/3!+1/4!+…+1/20!="+sum);
    }
}
```

程序运行结果：

```
1+1/2!+1/3!+1/4!+…+1/20!=1.7182818284590455
```

2. do while 循环

do...while 循环语句的语法结构如下：

```
do{
    语句块;
}while(循环条件);
```

do...while 循环和 while 循环的区别是 do...while 的循环体至少被执行一次，执行流程如图 2-7 所示。

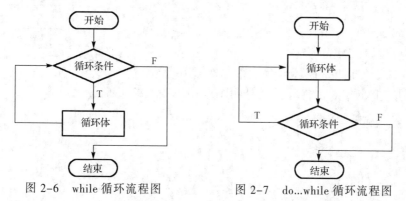

图 2-6　while 循环流程图　　　　图 2-7　do...while 循环流程图

【例 2-17】使用 do...while 语句计算 $201+202+203+\cdots+499=$？

```java
public class DoWhileExample{
    public static void main(String[] args){
        int sum=0,i=200;
```

```
        do{
            i++;
            sum+=i;
        }while(i<500);
        System.out.println("201+202+203+…+499="+sum);
    }
}
```

程序运行结果：

```
201+202+203+…+499=105150
```

3. for 循环

for 循环语句是最常用的循环语句，通常用在循环次数已知的情况下，执行流程如图 2-8 所示。for 语句语法格式如下：

```
for(初始化表达式；循环条件；迭代语句)
{
    语句块;
}
```

初始化表达式是循环结构的初始部分，为循环变量赋初值；循环条件是一个 boolean 型的表达式；迭代语句通常用来修改循环变量的值。for 语句的执行规则如下：

（1）执行初始化表达式，为循环变量赋初值。

（2）判断循环条件的值，如果该条件为真，就进行（3），否则执行（4）。

（3）执行循环体，然后执行迭代语句，修改循环变量的值，改变循环条件，进行（2）。

（4）结束 for 语句。

for 循环的初始化和迭代部分可以为空。如果 for 循环的 3 个部分全为空，for(;;){…}就是一个无限循环，因为没有退出循环的终止条件。

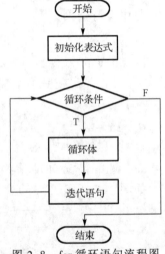

图 2-8　for 循环语句流程图

【例 2-18】使用 for 循环编写程序实现以下功能：统计某便利店上半年的销售额，每月的销量额由用户输入。

```
import java.util.Scanner;
public class StoreSales{
    public static void main(String[] args){
        float sum=0,sale=0;
        Scanner sc=new Scanner(System.in);
        for(int i=1;i<=6;i++)
        {
            System.out.println("请输入第"+i+"个月的销售额: ");
            sale=sc.nextFloat();
            sum+=sale;
```

```
        }
        sc.close();
        System.out.println("上半年的销售额为: "+sum);
    }
}
```

程序运行结果：

```
请输入第 1 个月的销售额: 12356.65
请输入第 2 个月的销售额: 14563.26
请输入第 3 个月的销售额: 15654.72
请输入第 4 个月的销售额: 11123.76
请输入第 5 个月的销售额: 16342.93
请输入第 6 个月的销售额: 10235.28
上半年的销售额为: 80276.6
```

2.5.4　跳转语句

1. break

在 switch 条件语句和循环语句中都可以使用 break 语句。在 switch 条件语句中出现 break 时，它的作用是在某种情况处理结束后离开 switch 结构。在循环语句中出现 break 时，它的作用是终止循环语句，执行循环后面的语句。

2. continue

continue 语句是结束本次循环，即跳过循环体中 continue 语句后面的语句，转入进行下一次循环。

3. return

return 语句用于从当前的方法中退出，并把控制权返回该方法的调用者。如果这个方法带有返回类型，return 语句就必须返回相同类型的值；如果这个方法没有返回值，可以使用没有表达式的 return 语句。return 语句的一般语法格式如下：

```
return [返回值];
```

【例 2-19】break、continue 和 return 语句的综合运用。

```
public class BCRTest{
    public static void main(String args[]){
        BCRTest test=new BCRTest();
        test.testBreak();
        test.testContinue();
        System.out.println("i 的返回值="+testReturn());  //静态方法直接调用
    }
    //continue 用来结束本次循环
    public void testContinue(){
        System.out.println("---测试 continue---");
        for(int i=1; i<=5; i++){
            if (i==3) continue;
            System.out.println("i="+i);
        }
```

```
    }
//break 用来结束整个循环体
   public void testBreak(){
       System.out.println("---测试 break---");
       for (int i=1; i <=5; i++){
           if (i==3) break;
           System.out.println("i="+i);
       }
    }
   //return 退出类的方法，返回一个值
   public static int testReturn(){
     System.out.println("---测试 return---");
     for (int i=1; i <=5; i++){
           if (i==3) return i;
           System.out.println("i="+i);
       }
     return 0;
    }
}
```

程序运行结果：

```
---测试 break---
i=1
i=2
---测试 continue---
i=1
i=2
i=4
i=5
---测试 return---
i=1
i=2
i 的返回值=3
```

2.6 综合案例

【例 2-20】在控制台打印输出一个三角形。

```
public class PrintTriangle{
    public static void main(String[] args){
        int line=9;                       //打印 9 行
        for (int x=0; x<9; x++){          //循环次数，控制行
            for (int y=0; y<line-x; y++){
                System.out.print(" ");     //控制输出空格的数量
            }
            for (int y=0; y <=x; y++){
                System.out.print("* ");    //打印输出星号和空格
            }
```

```
            System.out.println();                    //换行
        }
    }
}
```

程序运行结果：

【例 2-21】下面综合本章学习的知识来编写一个判断闰年的案例，其主要功能如下：

（1）判断用户输入的年份是否为闰年。

（2）根据年份和月份输出某年某月的天数。

所谓闰年，就是指 2 月有 29 天的那一年。闰年须满足以下条件：年份能被 4 整除且不能被 100 整除；或者能被 400 整除。例如，1900 年能被 4 整除，但是因为其是 100 的整数倍，也不能被 400 整除，所以是平年；而 2000 年就是闰年；1904 年和 2004 年、2020 年等直接能被 4 整除且不能被 100 整除，都是闰年。

实现步骤分为以下几步：

（1）新建一个类 JudgeLeapYear，并在该类中导入需要的 java.util.Scanner 类，同时需要创建该类的入口方法 main()。其实现代码如下：

```
import java.util.Scanner;
public class JudgeLeapYear{
    public static void main(String[] args){
    }
}
```

（2）在 main()方法中编写 Java 代码，获取用户输入的年份和月份，其实现代码如下：

```
Scanner sc=new Scanner(System.in);
System.out.println("请输入年份(注：必须大于 1990 年):");
int year=sc.nextInt();
System.out.println("请输入月份:");
int month=sc.nextInt();
```

（3）根据用户输入的年份，判断该年份是闰年还是平年，其实现代码如下：

```
boolean isLeapYear;
if((year%4==0&&year%100!=0)||(year%400==0))
{
    System.out.println(year+"闰年");
    isLeapYear=true;
}
```

```
else
{
    System.out.println(year+"平年");
    isLeapYear=false;
}
```

（4）根据用户输入的月份，判断该月的天数，其实现代码如下：

```
int day=0;
switch(month)
{
    case 1:
    case 3:
    case 5:
    case 7:
    case 8:
    case 10:
    case 12:
        day=31;
        break;
    case 4:
    case 6:
    case 9:
    case 11:
        day=30;
        break;
    default:
        if(isLeapYear)
        {
            day=29;
        }
        else
        {
            day=28;
        }
        break;
}
System.out.println(year+"年"+month+"月共有"+day+"天");
```

（5）程序运行结果如下：

```
请输入年份(注：必须大于1990年)：
2020
请输入月份：
2
2020 闰年
2020 年 2 月共有 29 天
```

小　　结

要想编写规范、可读性高的 Java 程序，就必须对 Java 基本语法有所了解。基本语法是所有编程语言都必须掌握的基础知识，也是整个程序代码不可缺少的重要部分。本章详细介绍 Java 程序中的标识符、关键字、变量、常量、基本数据类型、运算符、表达式和程序控制语句等相关知识。

（1）标识符由字母、下画线、美元符号和数字组成，并且第一个字符不能是数字字符。

（2）变量是用来存储指定类型的数据，其值在程序运行期间是可变的；与变量对应的是常量，其值是固定的。

（3）Java 语言有 8 种基本数据类型：byte、int、short、long、float、double、char 和 boolean。

（4）Java 提供了丰富的运算符，如算术运算符、赋值运算符、关系运算符、逻辑运算符、条件运算符、位运算符等。

（5）Java 语言常用的控制语句和 C 语言的很类似，从结构化程序设计角度出发，程序有 3 种结构：顺序结构、选择结构和循环结构。

通过本章的学习，能够掌握 Java 程序的基本语法、格式以及变量各运算符的使用；能够掌握几种流程控制语句的使用。

习 题

一、选择题

1. 下列（　　）是合法的 Java 标识符。
   A. Tree&Glasses
   B. FirstJavaApplet
   C. _$theLastOne
   D. 273.5
2. 下面正确的表达式是（　　）。
   A. float f=1/3;
   B. int i=1/3;
   C. float f=1.01;
   D. double d=999d;
3. 以下（　　）不是 Java 的原始数据类型。
   A. int
   B. Boolean
   C. float
   D. char
4. 若 a 的值为 3 时，下列程序段被执行后，c 的值是（　　）。

```
int c=1;
if( a>0
    if( a>3  c=2;
    else  c=3;
else  c=4;
```

   A. 1
   B. 2
   C. 3
   D. 4

二、填空题

1. 设 x = 2，则表达式(x+ +)*3 的值是_____。
2. 若 x= 5，y=10，则 x > y 和 x <= y 的逻辑值分别为_____和_____。

三、思考题

1. 表达式 25/4 的结果是多少？如果希望得到浮点数结果，如何重写表达式？

2. 请解释&和&&、|和||的区别。

3. 简述 if 语句和 switch 语句的区别。

4. 简述 break 语句和 continue 语句的作用和区别。

四、阅读和编写程序

1. 写出下列程序的输出结果。

```
int i=9;
switch (i){
    default:
    System.out.println("default");
case 0:
    System.out.println("zero");
    break;
case 1:
    System.out.println("one");
case 2:
    System.out.println("two");
}
```

2. 请写出 testing()被调用时的输出结果。

```
static void testing(){
one:
  for (int i=0; i<3; i++){
two:
    for(int j=10; j<30; j+=10){
        System.out.println(i+j);
        if(i>2)
            continue one;
    }
  }
}
```

3. 编写程序，计算斐波那契（Fibonacci）数列，输出前 50 项。该数列的前两项都是 1，从第 3 项开始，其后的每一个数据项都是前面的两个数据项之和。

第 3 章

数组 ‹‹‹

学习目标：

- 掌握一维数组的创建、初始化和访问方法。
- 熟练掌握一维数组的应用。
- 掌握二维数组的创建、初始化方法。
- 熟练掌握二维数组元素的访问方式。
- 掌握 Arrays 类对数组的排序、比较、复制和查找等操作方法。

数组是一种最简单的复合数据类型，它是有序数据的集合，数组中的每个元素具有相同的数据类型，可以用一个统一的数组名和不同的下标来唯一确定数组中的元素。根据数组的维度，可以将其分为一维数组、二维数组和多维数组等。

3.1 一 维 数 组

3.1.1 一维数组的声明

为了在程序中使用一个数组，必须声明一个引用该数组的变量，并指明整个变量可以引用的数组类型。声明一维数组的语法格式如下：

```
数据类型 数组名[];
```

或者

```
数据类型[] 数组名;
```

以上两种格式都可以声明一个数组，其中的数据类型既可以是基本数据类型，也可以是引用数据类型。数组名可以是任意合法的变量名。声明数组就是要告诉计算机该数组中数据的类型是什么。例如：

```
int[] a;            //声明了一个数组名为 a 的 int 类型的数组
```

这里只有数组变量的声明，没有为数组元素分配空间，只为数组的引用分配了空间，a 目前为一个空的引用，如图 3-1 所示。

a | null

图 3-1 空的一维数组存储

```
String[] name;      //声明了一个数组名为 name 的字符串数组
double price[];     //声明了一个数组名为 price 的浮点型数组
```

可以一次声明多个数组，例如：

```
int a[], b[];
```

等价的声明是：

```
int[] a, b;
```

需要特别注意的是：

```
int[] a, b[];
```

是声明了一个 int 型一维数组 a 和一个 int 型二维数组 b，等价的声明是：

```
int a[], b[][];
```

与 C/C++ 不同，Java 不允许在声明数组中的方括号内指定数组的长度，例如下面的声明是错误的：

```
int score[10];
```

或

```
int[10] score;
```

3.1.2 一维数组分配空间

声明了数组，只是得到了一个存放数组的变量，并没有为数组元素分配内存空间，不能使用。因此要为数组分配内存空间，这样数组的每一个元素才有一个空间进行存储。简单地说，分配空间就是要告诉计算机在内存中为它分配几个连续的位置来存储数据。在 Java 中可以使用 new 关键字来给数组分配空间。分配空间的语法格式如下：

数组名=new 数据类型[数组长度];

其中，数组长度就是数组中能存放的元素个数，显然应该为大于 0 的整数。例如：

```
String[] name;                    //先声明
name=new String[10];              //然后分配空间
double price[];
price=new double[6];
```

也可以在声明数组时就给它分配空间，语法格式如下：

数据类型[] 数组名=new 数据类型[数组长度];

例如，声明并分配一个长度为 5 的 int 类型数组 b，代码如下：

```
int b[]=new int[5];
```

执行后 b 数组在内存中的格式如图 3-2 所示。b 为数组名称，方括号 "[]" 中的值为数组的下标。数组通过下标来区分数组中不同的元素，并且下标是从 0 开始的。因此，这里包含 5 个元素的 b 数组最大下标为 4。

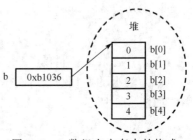

图 3-2　b 数组在内存中的格式

一旦声明了数组的大小，就不能再修改。这里的数组长度也是必需的，不能少。

3.1.3 一维数组的初始化

数组可以进行初始化操作，在初始化数组的同时，可以指定数组的大小，也可以分别初始化数组中的每一个元素。在 Java 语言中，初始化数组有以下 3 种方式：

（1）使用 new 创建数组之后，它还只是一个引用，直接将值赋给引用，初始化过程才算结束。

```
int arr[]=new int[5];
arr[0]=1;
arr[1]=2;
arr[2]=3;
arr[3]=4;
arr[4]=5;
```

（2）使用 new 直接指定数组元素的值，等价于方式一。例如：

```
int arr[]=new int[]{1,2,3,4,5};
```

（3）直接指定数组元素的值。例如：

```
int arr[]={1,2,3,4,5};
```

使用这种方式时，数组的声明和初始化操作要同步，如下代码就是错误的：

```
int[] arr;
arr={1,2,3,4,5};
```

针对不同的数据类型，自动初始化的值也不同，如表 3-1 所示。

表 3-1 变量的自动初始化的值

数组元素的类型	初 始 值
byte、short、int、long	0
float、double	0.0
char	'\0'
boolean	false
引用类型	null

3.1.4 一维数组的访问

1. 单个数组元素的访问

获取单个数组元素是指获取数组中的一个元素，如第一个元素或最后一个元素。获取单个元素的方法非常简单，指定元素所在数组的下标即可。语法如下：

```
数组名 [index]
```

其中，index 为数组元素下标或索引，下标从 0 开始到数组的长度减 1。数组作为对象提供了一个 length 成员变量，它表示数组元素的个数，访问该成员变量的方法为"数组名.length"。

```
int arr[]=new int[]{1,2,3,4,5};
System.out.println("数组的第一个元素的值为: "+arr[0]);  //arr[0]=1
System.out.println(" 数组的最后一个元素的值为: "+arr[arr.length-1]);
//arr[4]=5
```

2．使用循环访问多个数组元素

当数组中的元素数量不多时，要获取数组中的全部元素，可以使用下标逐个获取元素。但是，如果数组中的元素过多，再使用单个下标则显得烦琐，此时使用一种简单的方法可以获取全部元素——使用循环语句。

下面利用 for 循环语句遍历 arr 数组中的全部元素，并将元素的值输出。代码如下：

```
int[] arr={1,2,3,4,5};
for (int i=0; i<arr.length; i++)
{
    System.out.println("第"+(i+1)+"个元素的值是: "+arr[i]);
}
```

除了使用 for 语句，还可以使用 foreach 遍历数组中的元素，并将元素的值输出。

【例 3-1】使用 for…each 语句遍历数组中的元素，并输出元素的和。

```
public class ForEachTest{
    public static void main(String[] args){
        int sum=0;
        int arr[]=new int[100];
        for (int i=0; i<100; i++)
            arr[i]=i+1;
        //for...each 语句的使用
        for (int a : arr)
            sum=sum+a;
        System.out.println("the sum is"+sum);
    }
}
```

程序运行结果：

```
the sum is 5050
```

3.1.5 一维数组的应用举例

【例 3-2】随机抽取扑克牌。

从一副扑克牌中随机抽取 5 张，打印抽取的是哪几张牌。

解题思路：一副扑克牌有 54 张，可以定义一个包含 54 个元素的整型数组 poker，数组元素的值分别为 0～53。

```
int poker[]=new int[54];
for(int i=0; i<poker.length-1; i++)
poker[i]=i;
```

设元素的值 0～12 为黑桃，13～25 为红桃，26～38 为梅花，39～51 为方块，52 为小王，53 为大王。然后洗牌（打乱每个元素的牌号值），之后从中取出前 5 张牌，最后用 cardNumber/13 确定花色，用 cardNumber%13 确定哪一张牌。

```
public class PlayingCards{
    public static void main(String[] args){
        int[] poker=new int[54];
        String[] suits={"黑桃","红桃","梅花","方块"};
            String[] ranks={"A","2","3","4","5","6","7","8","9",
                            "10","J","Q","K"};
                    //初始化每一张牌
                for(int i=0; i<poker.length;i++)
                    poker[i]=i;
    //打乱牌的次序
        for(int i=0; i<poker.length;i++){
        //随机产生一个元素下标 0～53
            int index=(int)(Math.random()*poker.length);
            int temp=poker[i]; //将当前元素与产生的元素交换
            poker[i]=poker[index];
            poker[index]=temp;
    }
    //显示输出前 5 张牌
        for(int i=0; i < 5; i++){
            if(poker[i]==52)
            {  System.out.println( "小王");
               continue; }
            if(poker[i]==53)
            {  System.out.println( "大王");
               continue; }
            String suit=suits[poker[i]/13];    //确定花色
            String rank=ranks[poker[i]%13];    //确定次序
            System.out.println(suit+"   "+rank);
        }
    }
}
```

程序运行结果：

方块	2
红桃	8
黑桃	9
黑桃	J
大王	

3.2 二维数组

3.2.1 二维数组的声明

声明二维数组有下列两种格式：

```
数据类型 数组名[][];
数据类型[][] 数组名;
```

例如：

```
int[][] price;              //声明了一个数组名为 price 的整型二维数组
String stuName[][];         //声明了一个数组名为 stuName 的字符串二维数组
```

3.2.2 创建二维数组

创建二维数组就是为二维数组的每个元素分配存储空间。系统先为高维分配引用空间，然后再顺次为低维分配空间。二维数组的创建也使用 new 运算符，分配空间有两种方法：

```
int [][] arr=new int[3][4]; //直接为每一维分配空间，arr 是一个 3 行 4 列的数组
```

这种方法适用于数组的低维具有相同个数的数组元素。在 Java 中，二维数组是数组的数组，即数组元素也是一个数组。上述语句执行后创建的数组如图 3-3 所示，二维数组 arr 有 arr[0]、arr[1] 和 arr[2]三个元素，它们又都是数组，各有 4 个元素。在图 3-3 中，共有 arr、arr[0]、arr[1] 和 arr[2]四个对象。

创建了二维数组后，它的每个元素被指定为默认值。上述语句执行后，数组 arr 的 12 个元素值都被初始化为 0。

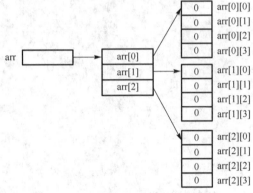

图 3-3　二维数组元素空间的分配

在创建二维数组时，也可以先给第一维分配空间，然后再为第二维分配空间。这种方法适用于数组的低维具有不同个数的数组元素。例如：

```
int[][] arr=new int[3][];        //先给第一维分配空间
arr[0]=new int[2];               //再给第二维分配 2 个元素空间
arr[1]=new int[3];               //再给第二维分配 3 个元素空间
arr[2]=new int[4];               //再给第二维分配 4 个元素空间
```

3.2.3 二维数组的初始化

二维数组的初始化和一维数组一样，可以通过 3 种方式来指定元素的初始值。
（1）第一种方式的语法：

```
array=new type[][]{值1,值2,值3,…,值n};
```

例如：

```
int[][] arr;
arr=new int[][]{{1,2},{3,4},{5,6}};
```

（2）第二种方式的语法：

```
array=new type[][]{new 构造方法(参数列),…};
```

例如：

```
int[][] arr;
arr=new int [][]{{new int(1),new int(2)},{new int(3),new int(4)},{new int(5),new int(6)}};
```

（3）第三种方式的语法：

```
type[][] array={{第 1 行第 1 列的值,第 1 行第 2 列的值,…},{第 2 行第 1 列的值,第
2 行第 2 列的值,…},…};
```

对于二维数组可以在声明时为数组元素初始化。例如：

```
int[][] arr={{1,2,3,4},{5,6,7,8},{9,10,11,12}};
```

arr 数组是 3 行 4 列的数组，二维数组每一维也都有一个 length 成员表示数组的长度。arr.length 的值是 3，arr[0].length 的值是 4。

3.2.4　二维数组的访问

1. 单个数组元素的访问

当需要获取二维数组中元素的值时，也可以使用下标来表示。语法如下：

```
数组名 [index1] [index2]
```

其中，index 为数组元素下标或索引，下标从 0 开始到数组的长度减 1。其中，array 表示数组名称，index1 表示数组的行数，index2 表示数组的列数。例如：

```
double[][] stu_score={{68.0,85.5,90},{92.5,90,96},{93,90,86.5},
                      {88.5,87.5,90}};
System.out.println("第二行第二列元素的值: "+stu_score[1][1]);
        //stu_score[1][1]=90.0
System.out.println("第四行第一列元素的值: "+stu_score[3][0]);
        //stu_score[3][0]=88.5
```

要获取第二行第二列元素的值，应该使用 stu_score[1][1]来表示。这是由于数组的下标起始值为 0，因此行和列的下标需要减 1。

2. 使用循环访问多个数组元素

在一维数组中直接使用数组的 length 属性获取数组元素的个数。而在二维数组中，直接使用 length 属性获取的是数组的行数，在指定的索引后加上 length（如 array[0].length）表示的是该行拥有的列数。

如果要获取二维数组中的全部元素，最简单、最常用的办法就是使用 for 语句。

【例 3-3】使用 for 循环语句遍历数组的元素，并输出每一行每一列元素的值。

```
public class TwoDimenArray{
  public static void main(String args)[]{
    int arr[][]=new int [][]{{1,2,3},{11,12},{20,26,36,16}};
    for (int i=0; i<arr.length; i++){           //遍历行
       for (int j=0; j<arr[i].length; j++){     //遍历列
          System.out.print(arr[i][j]+" ");
       }
       System.out.println();
    }
  }
}
```

程序运行结果：

```
1 2 3
11 12
20 26 36 16
```

上述代码使用嵌套 for 循环语句输出二维数组。在输出二维数组时，第一个 for 循环语句表示以行进行循环，第二个 for 循环语句表示以列进行循环，这样就实现了获取二维数组中每个元素的值的功能。

3.2.5　二维数组的应用举例

【例 3-4】编写程序，使用二维数组计算两个矩阵的乘积。

如果矩阵 *A* 乘以矩阵 *B* 得到矩阵 *C*，则必须满足如下要求：

（1）矩阵 *A* 的列数与矩阵 *B* 的行数相等。

（2）矩阵 *C* 的行数等于矩阵 *A* 的行数，矩阵 *C* 的列数等于矩阵 *B* 的列数。

（3）计算公式：$c_{ij} = \sum_{k=1}^{n} a_{ik} \times b_{kj}$，$c_{ij}$ 是矩阵 *C* 的第 *i* 行第 *j* 列元素。

```java
public class MatrixMultiply{
  public static void main(String [] args){
    int a[][]={{1,2,3},
         {4,5,6}};
    int b[][]={{1,-2,3,0},
         {0,-1,6,3},
         {-3,1,5,-2}};
    int c[][]=new int[3][5];
    //计算矩阵乘法
    for(int i=0; i < 2; i++)
      for(int j=0; j < 4; j++)
        for(int k=0; k < 3; k++)
          c[i][j]=c[i][j]+a[i][k] * b[k][j];
    //输出矩阵结果
    for(int i=0; i < 2; i++){
      for(int j=0; j < 4; j++)
        System.out.print(c[i][j]+"  ");
      System.out.println();
    }
  }
}
```

程序运行结果：

```
-8  -1  30  0
-14 -7  72  3
```

3.3　Arrays 类

Arrays 类是定义在 java.util 包下的一个操作类，在这个类之中定义了若干静态方法对数组操作：排序、填充、相等判断、复制和二分查找等。

3.3.1　数组的排序

在 Arrays 类之中定义了一个 sort()方法对数组元素排序。使用 java.util.Arrays 类中的 sort()方法对数组进行排序分为以下两步：

（1）导入 java.util.Arrays 包。

（2）使用 Arrays.sort(数组名)语法对数组进行排序，排序规则是从小到大，即升序。对字符串排序是按字符的 Unicode 码排序。

注意：不能对布尔型数组排序。

【例 3-5】数组的排序。

```
public class ArraysSortTest{
    public static void main(String args[]){
        int arr[]=new int[]{7,1,5,20,15,6,0,9};
        java.util.Arrays.sort(arr);          //排序
        print(arr);
    }
    public static void print(int temp []){
        for (int x=0; x < temp.length; x++){
            System.out.print(temp[x]+"、");
        }
        System.out.println(temp.length-1);
    }
}
```

程序运行结果：

```
0、1、5、6、7、9、15、20
```

3.3.2　填充数据元素

调用 Arrays 类的 fill()方法可以在指定位置进行数值填充。fill()方法虽然可以填充数组，但是它的功能有限制，只能使用同一个数值进行填充。语法如下：

```
Arrays.fill(array,value);
```

其中，array 表示数组，value 表示填充的值。

【例 3-6】使用 fill()方法为数组每个元素填充三位数的随机整数。

```
public class ArraysFillTest{
    public static void main(String args[]){
        int[] intArr=new int[16];
        for(int i=0;i<intArr.length;i++){
            int n=(int)(Math.random()*900)+100;
            Arrays.fill(intArr,i,i+1,n);
        }
        for(int i:intArr)
            System.out.print(i+" ");
    }
}
```

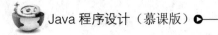

程序运行结果：

```
481 823 725 330 528 892 415 344 838 753 618 947 509 149 325 611
```

3.3.3　数组的比较

数组相等的条件不仅要求数组元素的个数必须相等，而且要求对应位置的元素也相等。Arrays 类提供了 equals()方法比较整个数组。语法如下：

```
Arrays.equals(arrayA,arrayB);
```

其中，arrayA 是用于比较的第一个数组，arrayB 是用于比较的第二个数组。

【例 3-7】Arrays 类的 equals()方法的使用。

```
import java.util.Arrays;
public class EqualsTest{
    public static void main(String[] args)throws Exception{
        int[] arrA=new int[]{ 1, 2, 3 };
        int[] arrB=new int[]{ 1, 2, 3 };
        System.out.println(Arrays.equals(arrA, arrB));
                                    //判断两个数组是否相等
        Arrays.fill(arrA, 3);        //填充数组
        System.out.println(Arrays.toString(arrA));
    }
}
```

程序运行结果：

```
true
[3, 3, 3]
```

3.3.4　数组的复制

Arrays 类的 copyOf()方法与 copyOfRange()方法都可实现对数组的复制。copyOf()方法是复制数组至指定长度，copyOfRange()方法则将指定数组的指定长度复制到一个新数组中。

1. 使用 copyOf()方法对数组进行复制

Arrays 类的 copyOf()方法的语法格式如下：

```
Arrays.copyOf(dataType[] srcArray,int length);
```

其中，srcArray 表示要进行复制的数组，length 表示复制后的新数组的长度。

使用这种方法复制数组时，默认从源数组的第一个元素（索引值为 0）开始复制，目标数组的长度将为 length。如果 length 大于 srcArray.length，则目标数组中采用默认值填充；如果 length 小于 srcArray.length，则复制到第 length 个元素（索引值为 length−1）即止。

【例 3-8】Arrays.copyOf 的使用。

```
import java.util.Arrays;
public class ArraysCopyOfTest{
```

```
public static void main(String [] args){
    int arrA[]=new int[]{1,2,3,4,5,6,7,8,9};
    int arrB[]=new int[]{11,22,33,44,55,66,77,88,99};
    arrB=Arrays.copyOf(arrA,12);   //大于源数据的长度，采用默认值填充
    for (int i=0; i<arrB.length-1; i++){
        System.out.print(arrB[i]+"、");
    }
    System.out.println(arrB[arrB.length-1]);
}
}
```

程序运行结果：

```
1、2、3、4、5、6、7、8、9、0、0、0
```

2. 使用 CopyOfRange()方法对数组进行复制

Arrays 类的 CopyOfRange()方法是另一种复制数组的方法，其语法形式如下：

```
Arrays.copyOfRange(dataType[] srcArray,int startIndex,int endIndex)
```

其中，srcArray 表示源数组；startIndex 表示开始复制的起始索引，目标数组中将包含起始索引对应的元素，另外，startIndex 必须在 0 到 srcArray.length 之间；endIndex 表示终止索引，目标数组中将不包含终止索引对应的元素，endIndex 必须大于等于startIndex，可以大于源数组的长度，如果大于源数组的长度，则目标数组中使用默认值填充。

【例 3-9】假设有一个名称为 arr 的数组其元素为 10 个，现在需要定义一个名称为 newarr 的新数组。新数组的元素为 arr 数组的前 6 个元素，并且顺序不变。

```
import java.util.Arrays;
public class CopyOfRangeTest{
    public static void main(String[] args){
        //定义长度为 10 的数组
        int arr[]=new int[]{32,76,45,23,88,33,59,13,25,66};
        System.out.println("源数组内容如下: ");
        //循环遍历源数组
        for(int i=0;i<arr.length;i++)
        {
            System.out.print(arr[i]+"\t");
        }
        //复制源数组的前 6 个元素到 newarr 数组中
        int newarr[]=(int[])Arrays.copyOfRange(arr,0,6);
        System.out.println("\n复制的新数组内容如下: ");
        //循环遍历目标数组，即复制后的新数组
        for(int j=0;j<newarr.length;j++)
        {
            System.out.print(newarr[j]+"\t");
        }
    }
}
```

程序运行结果：

```
源数组内容如下:
32  76  45  23  88  33  59  13  25  66
复制的新数组内容如下:
32  76  45  23  88  33
```

在上述代码中，源数组 arr 中包含有 10 个元素，使用 Arrays.copyOfRange()方法可以将该数组复制到长度为 6 的 newarr 数组中，截取 arr 数组的前 6 个元素即可。

3.3.5 数组的查找

查找数组是指从数组中查询指定位置的元素，或者查询某元素在指定数组中的位置。使用 Arrays 类的 binarySearch()方法可以实现数组的查找，该方法可使用二分搜索法来搜索指定数组，以获得指定对象，该方法返回要搜索元素的索引值。binarySearch()方法有多种重载形式来满足不同类型数组的查找需要，常用的重载形式有两种：

（1）binarySearch()方法重载形式一。语法如下：

```
binarySearch(Object[] arr,Object key);
```

其中，arr 表示要搜索的数组，key 表示要搜索的值。如果 key 包含在数组中，则返回搜索值的索引；否则返回–1 或 "–插入点"。插入点指搜索键将要插入数组的位置，即第一个大于此键的元素索引。在进行数组查询之前，必须对数组进行排序。如果没有对数组进行排序，则结果是不确定的。如果数组包含多个带有指定值的元素，则无法确认找到的是哪一个。

【例 3-10】binarySearch()方法的使用。

```
import java.util.Arrays;
public class BinarySearchTest1{
    public static void main(String[] args){
    double[] score={60.5,89,70.5,88.5,96,100,92.5,100,56};
    Arrays.sort(score);          //查找前先排序
    System.out.println("数组排序后: "+Arrays.toString(score));
                            //输出排序后的数组
    int index1=Arrays.binarySearch(score,100);
    int index2=Arrays.binarySearch(score,80);
    System.out.println("查找到 100 的位置是: "+index1);
    System.out.println("查找到 80 的位置是: "+index2);
    }
}
```

程序运行结果：

```
数组排序后: [56.0, 60.5, 70.5, 88.5, 89.0, 92.5, 96.0, 100.0, 100.0]
查找到 100 的位置是: 7
查找到 80 的位置是: -4
```

（2）binarySearch()还有另一种常用的形式用于在指定的范围内查找某一元素。语法如下：

```
binarySearch(Object[] arr,int fromIndex,int toIndex,Object key);
```

其中，arr 表示要进行查找的数组，fromIndex 指定范围的开始处索引（包含开始位置），toIndex 指定范围的结束处索引（不包含结束位置），key 表示要搜索的元素。在使用 binarySearch()方法的上述重载形式时，也需要对数组进行排序，以便获取准确的索引值。如果要查找的元素 key 在指定的范围内，则返回搜索键的索引；否则返回–1 或 "–插入点"。插入点指要将键插入数组的位置，即范围内第一个大于此键的元素索引。

【例 3–11】对例 3–10 中创建的数组进行元素查找，指定开始位置为 3，结束位置为 8。

```java
import java.util.Arrays;
public class BinarySearchTest2{
    public static void main(String[] args){
    double[] score={60.5,89,70.5,88.5,96,100,92.5,100,56};
    Arrays.sort(score);          //查找前先排序
    System.out.println("数组排序后: "+Arrays.toString(score));
                              //输出排序后的数组
    int index1=Arrays.binarySearch(score,3,8,100);//指定位置查找
    int index2=Arrays.binarySearch(score,3,8,90);
    System.out.println("查找到 100 的位置是: "+index1);
    System.out.println("查找到 90 的位置是: "+index2);
    }
}
```

程序运行结果：

```
数组排序后: [56.0, 60.5, 70.5, 88.5, 89.0, 92.5, 96.0, 100.0, 100.0]
查找到 100 的位置是: 7
查找到 90 的位置是: -6
```

3.4 综合案例

【例 3–12】综合一维数组和二维数组的相关知识，以及数组排序的多种算法来实现商品信息查询的功能。假设在仓库系统中，每件商品都有 3 个库存信息，分别是入库量、出库量和当前库存量。定义一个一维数组来存储 5 件商品的名称，并定义一个二维数组来存储这 5 件商品的 3 个库存信息。用户可以根据商品名称查询该商品的所有库存，也可以查看某个类别库存下数量小于 100 的商品名单，并将该类别的所有库存量按从低到高的顺序排列。

```java
import java.util.Arrays;
import java.util.Scanner;
public class ProductInfoInquiry
{
    public static void main(String[] args)
    {
        Scanner input=new Scanner(System.in);
        String[] products={"洗发水","纸巾","水杯","牙膏","香皂"};
        int[][] amounts={{50,80,90},{40,80,78},{50,45,789},
```

```
                    {100,685,55},{898,754,63},{99,478,685}};
System.out.println("**** 库存系统 ****");
System.out.println("请输入要查询库存信息的商品名称: ");
String name=input.next();
for(int i=0;i<products.length;i++)
{
    if(products[i].equals(name))
    {
        System.out.println("商品【"+products[i]+"】的库存信息
                    如下: ");
        System.out.println("入库 \t出库 \t库存");
        for(int j=0;j<3;j++)
        {
            System.out.print(amounts[i][j]+"\t");
        }
        break;
    }
}
System.out.println("\n****查询库存不足 100 的商品 ****");
System.out.println("1.入库 \t2.出库 \t3.库存");
System.out.println("请输入序号: ");
int no=input.nextInt();
int[] temp=new int[5];                //定义数组, 存储该类别的所有商品
System.out.println("该类别下数量较少的商品有: ");
for(int i=0;i<5;i++)
{
    temp[i]=amounts[i][no-1];    //将指定类别的所有商品名称存储
                                //到 temp 数组中
    if(amounts[i][no-1]<60)
    {
        System.out.print(products[i]+"\t");
    }
}
//使用冒泡排序, 将商品的库存量以从低到高的顺序排列
for(int i=1;i<temp.length;i++)
{
    for(int j=0;j<temp.length-i;j++)
    {
        if(temp[j]>temp[j+1])
        {
            int x=temp[j];
            temp[j]=temp[j+1];
            temp[j+1]=x;
        }
    }
}
```

```
        System.out.println("\n 该类别的商品库存信息从低到高的排列如下: ");
        for(int i=0;i<temp.length;i++)
        {
            System.out.print(temp[i]+"\t");
        }
    }
}
```

在本案例中,分别定义了一个一维数组和一个二维数组,用于存储商品的名称和对应的 3 个库存信息。接着根据名称可以查看该商品的库存信息,也可以查找某个库存中数量小于 100 的商品名称。最后,对指定的库存进行冒泡排序并输出。

程序运行结果:

```
*************** 库存系统 ***************
请输入要查询库存信息的商品名称:
洗发水
商品【洗发水】的库存信息如下:
入库      出库      库存
50  80  90
*************** 查询库存不足 100 的商品 ***************
1.入库   2.出库   3.库存
请输入序号:
1
该类别下数量较少的商品有:
洗发水      纸巾      水杯
该类别的商品库存信息从低到高的排列如下:
40  50  50  100 898
```

小　结

数组用来存储一系列的数据项,其中的每一项具有相同的基本数据类型、类或相同的父类。通过使用数组,可以在很大程度上缩短和简化程序代码,从而提高应用程序的效率。

总的来说,数组具有以下特点:

(1)数组可以是一维数组、二维数组或多维数组。

(2)数组类型是从抽象基类 Array 派生的引用类型。

(3)数值数组元素的默认值为 0,而引用元素的默认值为 null。

(4)数组的索引从 0 开始,如果数组有 n 个元素,那么数组的索引是从 0 到 $(n-1)$。

(5)数组元素可以是任何类型,包括数组类型。

(6)交错数组是数组的数组,因此,它的元素是引用类型,初始化为 null。交错数组元素的维度和大小可以不同。

(7)可以使用 for 循环访问数组的每个元素。

(8)Arrays 类是定义在 java.util 包下的一个操作类,在这个类之中定义了若干静态方法对数组操作:排序、填充、相等判断、复制和二分查找等。

习　题

一、选择题

1. 下面对数组的声明并初始化，（　　）是正确的。

　　A．int arr[];　　　　　　　　　　B．int arr[5];

　　C．int arr[5]={1,2,3,4,5} ;　　　　D．int arr[]={1,2,3,4,5} ;

2. 给出下面代码：

```
public class Person{
    public static void main(String args[]){
        int arr[]=new int[10];
        System.out.println(arr[1]);
    }
}
```

（　　）语句是正确的。

　　A．编译时将产生错误　　　　　　B．编译时正确，运行时将产生错误

　　C．输出零　　　　　　　　　　　D．输出空

3. 当声明一个数组 int arr[]=new int[5];时，代表这个数组所保存的变量类型是_____，数组名是_____，数组的大小是_____，数组元素下标的使用范围是_____。以下选项正确的是（　　）。

　　A．int arr 5 0-4　　　　　　　　B．int arr 5 1-5

　　C．int new 5 1-5　　　　　　　　D．int arr 5 0-5

4. 有整型数组：int[] x={12,35,8,7,2};，则调用方法 Arrays.sort(x)后，数组 x 中的元素值依次是（　　）。

　　A．2　　7　　8　　12　　35　　　B．12　　35　　8　　　7　　　2

　　C．35　　12　　8　　　7　　　2　　D．8　　7　　12　　35　　2

5. 定义如下的二维数组 b，下面的说法正确的是（　　）。

```
int b[][]={{1, 2, 3},{4, 5},{6, 7, 8}}};
```

　　A．b.length 的值是 3　　　　　　B．b[1].length 的值是 3

　　C．b[1][1]的值是 5　　　　　　　D．二维数组 b 的第一行有 3 个元素

二、填空题

下面程序对数组中每个元素赋值，然后按逆序输出。请在横线处填入适当内容，使程序能正常运行。

```
public class ArrayTest{
    public static void main(String args[]){
        int i;
        int a[]=new int[5];
        for(i=0;i<5;i++)
            a[i]=i;
        for(____;i>=0;i--)
        System.out.println("a["+i+"]="a[i]);
    }
}
```

三、阅读和编写程序

1. 写出下列程序的运行结果。

```
Public class ABC
{
    public static void main(String args[ ]){
        int i,j;
        int a[]={12,67,8,98,23,56,124,55,99,100};
        for (i=0;i<a.length-1;i++){
            int k=i;
            for (j=i; j< a.length;j++)
                if(a[j]<a[k])k=j;
            int temp=a[i];
            a[i]=a[k];
            a[k]=temp;
        }
        for(i=0; i<a.length; i++)
            System.out.print(a[i]+"  ");
        System.out.println();
    }
}
```

2. 下面两行的声明是否等价？怎样声明更好些？

```
int[] j,k[];
int j[],k[][];
```

3. 写出下列程序的输出结果。

```
public class ArrayTest{
    public static void main(String[] args){
        float f1[], f2[];
        f1=new float[10];
        f2=f1;
        System.out.print ("f2[0]="+f2[0]);
    }
}
```

4. 写出下列程序的输出结果。

```
public static void main(String[] args){
    int MyIntArray[ ]={ 10 , 20 , 30 , 40 , 50 , 60 , 70 , 80 , 90 , 100 };
    int s=0;
    for ( int i=0; i<MyIntArray.length; i++)
        s+=MyIntArray[i];
    System.out.println(s);
}
```

5. 编写程序，从键盘上输入 10 个整数，并存到 1 个数组中，然后计算所有元素的和、最大值、最小值和平均值。

6. 请编写一个数组排序操作。

第 4 章

面向对象程序设计 《《

学习目标：

- 熟练掌握定义类、成员变量和方法。
- 熟练掌握对象的创建和使用。
- 掌握 Java 方法的传递机制。
- 熟练掌握类的封装、继承和多态。
- 掌握 this 和 super 关键字的使用。
- 掌握 package 和 import 的使用。
- 掌握 instanceof 关键字和强制类型转换。

本章主要讲解 Java 面向对象程序设计的基础知识，包括 Java 程序设计从工程宏观角度来看具有的结构概览、类的设计及类与对象的使用、类中基本成员（构造器、成员变量和成员方法）的定义与使用、面向对象的三大特性（封装、继承和多态性）的设计与使用等。

4.1 Java 程序结构

为了让 Java 初学者从系统整体上对 Java 程序有大体认识，本节将对 Java 程序层次结构进行讲解，并给出一个较典型的 Java 工程结构和 Java 源文件，以方便读者在之后的阅读中进行对照学习。

4.1.1 Java 程序层次结构

Java 语言设计的程序中具有多种不同层次的元素，例如包、类、接口、方法、变量、表达式、运算符、常量等，从整体上来看，Java 程序中各元素具有如图 4-1 所示的层次关系。

图 4-1 中，一个 Java 程序对应于一个 Java 工程项目，在这个项目中，可能存在 1 至多个包，如果程序未定义任何包，系统会指定所有成员都位于默认包中。在每个包中可以存在 1 至多个 Java 文件，每个 Java 文件中可以存在 0 至多个类和 0 至多个接口，以及 package 语句和 import 语句。接口中具有变量定义语句和抽象方法，类中具有成员变量定义语句、构造器、初始化块、成员方法 4 种基本成员。初始化块、构造器和成员方法中具有 0 至多条执行语句，以及 0 至多个代码块。代码块中仍然可以

存在代码块和普通执行语句。另外，类和成员方法中也可以具有内部类和内部接口，依次类推。执行语句主要由变量、常量、运算符、关键字和 Java 分隔符构成，比这些元素更小的粒度为字符，也是 Java 程序的原子成分。

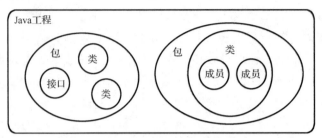

图 4-1　Java 程序中各元素层次关系图

4.1.2　Java 工程结构及源码示例

在上一小节中已经介绍过 Java 程序的整体结构，下面以 eclipse 创建的 Java 工程为例对其层次结构进行简要分析。

图 4-2 所示为由 eclipse 构建的 Java 工程及对应的文件层次结构关系，左图 JavaPrj 工程中包含了 MyBao 和（缺省包）两个包，每个包中都存在若干 Java 文件，每个 Java 文件中包含 0 至多个类。Eclipse 工程中包与类的层次关系和资源管理器中文件夹与文件的关系是完全对应的。

图 4-2　Java 工程结构及文件层次图

例 4-1 所示为一个简单的 Java 源码文件，文件名为 Person.java，展示了 MyBao 包中一个 Java 文件的内部结构。

【例 4-1】Person.java 源代码。

```java
package MyBao;
import java.lang.Math;
class Head{
}
class Father{
    public void Work();
}
public class Person extends Father implements Serializable{
    private int age;
    static int eyeNum=2;
}
```

4.2 类 和 对 象

Java 是一种以类和对象作为基本程序结构单位的面向对象程序设计语言。类和对象是程序对客观事物的抽象与模拟，类与对象的关系类似于人类与人（如：张三）的关系，类是拥有相同行为特征对象的一个抽象概念，对象则为这个概念在程序运行中具体存在的个体。在 Java 程序设计中，类是一种自定义数据类型，该类型既可用于定义变量（均为引用变量），也可用于创建实例（也称为对象）。

4.2.1 类的定义

类作为 Java 程序中同一类对象的共同特征和行为的抽象概念，可理解为同类对象的模板。对类的定义，则直接决定了由该类创建的所有对象具有的特征和行为方式。类是 Java 程序的基本单元，因此要编写一个可执行的 Java 程序，则必须先定义一个类，Java 语言规定类的定义具有如下语法结构：

```
[修饰符] class 类名 [extends 父类名] [implements 接口名列表]
{
    [0～N个成员变量]
    [0～N个初始化块]
    [0～N个构造器]
    [0～N个成员方法]
    [0～N个内部类、接口等]
}
```

在上述类的定义的语法结构中，加方括号"[]"的部分（如修饰符）均为可选项，花括号"{}"部分为类体，类体中可包括构造器等多种可选成员，各种成员均可具有 0 至多个成员，各成员的定义并无严格先后顺序，但通常建议将同种类的成员放在一起，便于阅读。

1. 类的修饰符

class 关键字前的修饰符为类的修饰符，为可选项，其修饰符及组合关系为 [public][abstract|final]。

注意：public 修饰符将该类设置为公开访问权限，用 public 修饰的类必须位于以该类类名命名的 ".java" 文件中；final 修饰符限定该类不能被继承，即不能有子类；abstract 修饰符表明该类为抽象类，并且 abstract 和 final 不能同时作为一个类的修饰符。

2. 类名

"类名"为必选项，从语法上讲，只要为 Java 合法的标识符即可，但类名通常用于直观而简单地描述客观事物，因此经常以对象的属性、行为特征，以及对象代表的客观事物名称来进行命名。在 Java 程序语言中，类作为一种自定义的数据类型，类名即为这种自定义数据类型的类型名称，主要用于定义引用变量和创建该类的对象。

3. extends 继承父类

"extends 父类名"为可选项，表示该新定义的类显式继承由"父类名"指定的类。

当然，该父类必须是一个已存在、可访问且可被继承的类。如果该 extends 选项不存在，那么该新类默认继承 java.lang.Object 类。

4．implements 接口名列表

"implements 接口名列表"为可选项，表示该新类需要通过 implements 实现某个接口或多个接口完成定义，多个接口名之间以英文逗号","分隔。当然，该可选项限定了该新类必须实现的功能和具有的行为特征，关于接口的概念及使用这部分内容将在后续章节进行详细讲解。

5．成员变量的定义

成员变量主要用于描述类和对象的属性状态，定义成员变量的语法如下：

```
[修饰符] 数据类型 成员变量名 [=初始值];
```

其中，成员变量的修饰符为可选项，其修饰符及组合关系为[public | protected | private] [static] [final] [transient] [volatile]；数据类型可为基本数据类型和引用数据类型；成员变量名从语法上来讲只要是 Java 合法的标识符即可，用于记录类和对象具有的属性状态；初始值为可选项，用于设置该成员变量在定义后具有的默认值。

6．初始化块

初始化块主要在类和对象创建时对其进行初始化，定义初始化块的语法规则结构如下：

```
[修饰符]{
    [初始化块的执行语句]
}
```

初始化块从语法结构上与普通的代码块类似，以花括号"{}"包含所有执行语句，作为类的一种成员，位于类体中，主要在类或对象的初始化阶段执行。代码块前的修饰符为可选项，可为 static 或者缺省。

7．成员方法

成员方法主要用于描述类和对象具有的行为方式，其语法结构如下：

```
[修饰符] 返回值类型 方法名([形参列表])[throws 异常列表]{
    [方法体的执行语句]
}
```

其中，成员方法"修饰符"为可选项，各修饰符及组合关系为[public | protected | private] [static][final | abstract] [native] [synchronized]；"返回值类型"可以是 Java 语言允许的任何数据类型，包括基本类型和引用类型，如果该成员方法没有返回值，则用 void 表示该类型；"形参列表"为可选项，其语法结构为[[数据类型 变量名 1][, 数据类型 变量名 2]|...|[, 数据类型 变量名 N]]，用来表示方法可以接受的参数；"throws 异常列表"为可选项，用来指定该方法抛弃的异常类型；方法体中包含 0 至多条可执行语句，各执行语句按照书写顺序先后执行。

8．构造器

构造器是一种特殊的方法，构造器定义的语法结构与方法定义类似，具体规则如下：

```
[修饰符] 构造器名([[形参列表]])[throws 异常列表]
{
    [构造器的可执行语句]
}
```

其中，构造器的修饰符为可选项，其语法描述为[public|protected|private]，修饰符可以省略，也可以是上面三者之一，用来设置构造器的访问权限；构造器名必须与类名相同；构造器可以有多个，即构造器重载，形参列表与成员方法形参列表语法规则相同；构造器的方法体与成员方法类似。

注意：构造器的定义没有返回值类型，也不能用 void 修饰。

9．内部类和内部接口等

类的成员中也可以具有内部类和内部接口等高级成员，即在类中再定义类和接口，这部分内容将在第 5 章进行详细讲解。

类体作为类的定义中的主体部分，主要用于对由该类创建的所有对象共同的属性特征和行为方式进行统一描述。类体中各种成员的使用规则将在 4.3 和第 5 章进行详细讲解。

【例 4-2】一个简单的类的定义。

```
public class Human extends Animal implements Serializable{
    int age;
    {this.age=0;}
    Human(int i){ age=i;}
    public int getAge(){ return this.age;}
}
```

例 4-2 中定义了一个 public 公开访问权限的 Human 类，该类继承了 Animal 父类，并实现了 Serializable 接口，在类体中定义了一个成员变量 age、一个初始化块、一个带一个 int 类型参数的构造器和一个获取 age 属性的成员方法 getAge()，并且该类必须存放在以 Human.java 命名的文件中。

4.2.2　对象的创建和使用

类定义完成后，即可使用该类来创建引用变量、创建对象和使用对象。使用类创建引用变量的语法如下：

```
[修饰符] 类名 变量名 [=初始值];
```

从上述变量定义语法结构来看，使用类创建变量与使用其他数据类型创建变量没有任何区别，因此可以将类理解成自定义的数据类型。使用类创建的变量均为引用变量，因此可以通过赋值语句指向内存中实质的对象或指向 null。

定义类的核心作用为创建对象，Java 语言规定使用类创建对象的根本途径为类的构造器，创建对象的语法如下：

```
new 构造器名([[实参列表]])
```

使用 new 运算符调用类的构造器来创建类的对象，并在内存中分配相应内存空间用来保存该对象的相关数据。通过上述语法创建类的对象后，可以通过赋值语句将该对象赋值给由该类（或该类的父类，或该类实现的接口）创建引用变量，其语法规则如下：

[类名|接口名] 变量名=new 构造器名([实参列表])；

上述变量的数据类型必须与该对象的数据类型相同或者系统支持自动类型转换，具体规则将在多态性一节中进行讲解，类的变量和对象创建完成后即可使用该对象。使用对象可以分为直接使用和间接使用 2 种方式，直接使用是使用 new 运算符调用构造器创建后直接访问对象中的成员，间接使用是将对象赋值给引用变量，通过引用变量间接访问对象中的成员。

直接使用对象的语法格式如下：

new 构造器名([实参列表]).成员变量|成员方法|其他成员

间接使用对象的语法格式如下：

[类名|接口名] 变量名=new 构造器名([实参列表])；
变量名.成员变量|成员方法|其他成员

直接使用对象通常在对象只需要使用一次的场合中使用，间接使用对象通常在对象需要使用多次的场合中使用，关于引用变量和对象的关系将在下一节进行详细介绍。关于对象中成员的使用将在后续章节详细讲解。

4.2.3　指针、引用与对象

对象，即调用类的构造器创建的类的实例，这个实例创建后系统会在内存中开辟一片空间用来存储该实例有关的数据。程序中要修改该对象有关的数据或者调用该对象有关的方法，从计算机底层运行原理上来讲，都是直接通过对象在内存中具体的地址来进行访问。如果让程序直接通过地址来访问内存中的对象，不利于程序的编写与阅读，因此，C/C++语言对该地址进行封装，用"指针"来存储保存在内存中相关数据的地址。通过指针来操作内存，系统会自动提取指针中记录的内存地址，根据该地址间接访问内存中的实质数据并进行操作。

通过指针方式访问内存中的对象使得程序编写和内存访问十分便利，但指针在使用上可以直接赋值为立即数，如"int p =(int *)0x0047abc;"，因此，指针如果没有被合法使用可能会变成"野指针"（指向一个已删除的对象或未申请访问受限内存区域的指针），将会给程序和系统带来严重的内存安全问题。在 Java 语言程序设计中，对C/C++语言的"指针"进一步封装，限制其自由赋值的能力，并改名为"引用"。Java的引用与指针类似，还是用来保存内存单元的地址，但在使用规则上，只能赋值为相应的对象，或赋值为相应的引用，或赋值为 null，避免出现"野指针"现象给系统带来内存安全问题。

因此，"引用"与"对象"的关系类似于"门牌"与"房间"的关系，对象对应着内存中的实质存储空间和其中的数据，引用则是指向该内存空间的地址，下列程序清单展示了引用与对象的使用关系。

```
Human ph=new Human();
```

上述程序在内存中实质开辟了 2 片空间，一片用来保存引用变量 ph，其数据类型为 Human，一片用来保存由 Human()构造器创建的对象。保存 Human 对象的内存空间地址用赋值运算符保存在 ph 引用变量中，因此可以理解成引用变量 ph 指向了内存中的 Human 对象，并且可以通过 ph 直接访问该对象的相关数据。

如果程序再定义一个 Human 变量，并赋值为 ph，程序清单如下：

```
Human ph2=ph;
```

系统会为 ph2 再创建一个对象吗？答案是否定的。上述代码只不过创建了一个引用变量，并赋值为 ph。因为 ph 中记录了 Human 对象的内存地址，因此 ph2 和 ph 都指向 Human 对象，通过 ph2 和通过 ph 访问的是内存中的同一个对象。

4.2.4　对象的 this 引用

Java 语言提供了一个特殊的引用 this，this 引用可以在类中 3 个位置出现：非 static 初始化块（普通初始化块）、构造器和非 static 方法（实例方法）。在构造器和普通初始化块中的 this 用来指向正在初始化的对象，在实例方法中的 this 用来指向正在调用该方法的对象。

Java 语言不允许类的类成员（包括静态初始化块和类方法等）中使用 this 引用，因为类成员是类相关的，类成员在执行时可能并不存在类的对象，或者即使存在类的对象，this 也无法指定是哪一个对象，因此不允许在类成员中使用 this 引用。

【例 4-3】this 引用的用法。

```
public class ThisDemo{
int i=5;
int a=this.i;                        //①
{
    System.out.println(this.a);      //②
}
public ThisDemo(int x){
    this.a=x;                        //③
}
public void instFunc(int x){
    this.a=x;                        //④
}
static int b=this.i;                 //⑤
static{
    System.out.println(this.a);      //⑥
}
public static void staticFunc(int x){
    this.a=x;                        //⑦
}
}
```

根据 Java 语言中 this 引用的使用规则，上述程序中①②③④处的 this 引用使用合法，⑤⑥⑦处的 this 引用不合法，将编译出错。

4.2.5 类成员和实例成员

在类的定义中，使用 static 修饰的成员称为类成员（也称为静态成员），没有使用 static 修饰的成员称为实例成员。类成员的属主为类，类成员随类的创建而创建，在类初始化阶段进行初始化，随类的销毁而消亡。实例成员的属主为对象（即实例），实例成员随对象的创建而创建，在对象初始化阶段进行初始化，随对象的销毁而消亡。

另外，针对类成员和实例成员的调用规则也有所不同。实例成员可通过相应的引用变量来调用，或者在创建对象时直接通过构造器返回的对象来进行调用。调用实例成员的语法规则如下：

```
变量名.实例变量|实例方法(实参列表)|其他实例成员
```

或

```
new构造器名([实参列表]).实例变量|实例方法(实参列表)|其他实例成员
```

对于类成员的调用，不仅可以使用变量和对象来进行调用，还可以使用类名进行调用，因此调用类成员的语法规则具有如下 3 种：

```
变量名.类变量|类方法(实参列表)|其他类成员
```

或

```
new构造器名([实参列表]).类变量|类方法(实参列表)|其他类成员
```

或

```
类名.类变量|类方法(实参列表)|其他类成员
```

针对实例成员，虽然可以通过引用变量和对象 2 种方式进行调用，但最终访问的都是内存中对象成员。对于类成员，虽然可以通过变量、对象和类名 3 种方式进行调用，但最终访问的都是存放在类中的相关成员，因此可以将类成员理解成类所创建的所有对象的公共部分，所以为了避免混淆，通常建议只使用类名来调用类成员。为了增强可读性，本书在之后的章节中基本上只采用类名这种方式访问类成员，读者请注意区别。

【例 4-4】类成员和实例成员的调用。其中定义了 Person 类，包含类变量 eyeNum 和实例变量 name，并在 PersonDemo 类中通过类名、引用变量和对象的方式调用相关变量。

```
class Person{
    public static int eyeNum=2;
    public String name;
    public Person(String str){name=str;}
}
public class PersonDemo{
public static void main(String[] args){
    Person p1=new Person("张三");
    Person p2=new Person("李四");
    String s=p1.name;
```

```
    int it=Person.eyeNum;
    it=p1.eyeNum;
    it=new Person("").eyeNum;
}
}
```

4.3 成员变量与局部变量

成员变量，顾名思义，即在类里面并且在类中其他成员之外定义的变量。局部变量是在方法中、代码块中或形参列表中定义的变量，包括代码块局部变量和形参 2 种。因为成员变量与局部变量在定义和使用上有许多相似之处，因此将这 2 个知识点合成一节进行对比讲解。

4.3.1 成员变量的定义和使用

成员变量属于类的成员，根据其定义前是否有 static 修饰符可分为类成员变量和实例成员变量。用 static 修饰的成员变量称为类成员变量（简称类变量），没有用 static 修饰的成员变量称为实例成员变量（简称实例变量）。类变量和实例变量的定义语法相同，其语法规则如下：

[修饰符] 数据类型 成员变量名 [=初始值]；

关于成员变量的定义在"类的定义"一节中已经讲解，值得注意的是，Java 语言中所有变量（包括成员变量和局部变量）均需要被初始化后才能使用。所谓初始化，即给变量分配空间和赋初始值，如果变量没有指定初始值，则不可访问。但 Java 语言规定，如果程序员没有给成员变量进行显式初始化，即没有显式赋值，系统会在类或者对象初始化阶段对其进行初始化（用 final 修饰的成员变量除外）。因此，对于成员变量，程序员可以不对其赋值而直接使用，这种情况下，系统会针对成员变量的类型按照如下规则进行初始化：

（1）整数类型（byte、short、int 和 long）：自动赋初始值为 0。

（2）浮点类型（float 和 double）：自动赋初始值为 0.0。

（3）字符类型（char）：自动赋初始值为'\u0000'。

（4）布尔类型（boolean）：自动赋初始值为 false。

（5）引用类型（类、接口和数组）：自动赋初始值为 null。

成员变量定义并初始化后，即可对其进行访问。变量在程序运行中实质对应相应的内存单元，除非程序特别限制，通常可以对内存单元中的数据进行读/写操作，对应到程序中，即可对变量进行调用和赋值 2 种操作。这部分内容已在前面章节中进行讲解，这里不再重复。值得注意的是，类变量使用类名进行访问，实例变量使用引用变量或对象的方式访问。如果使用引用变量或对象的方式访问类变量，实质访问的都是该类的同一个类变量（即公共数据）。

【例 4-5】定义类变量和实例变量，并打印其初始值。

```
public class MemberValueDemo{
    static byte b;
```

```
    short sh;
    static int i;
    long l;
    static float f;
    double d;
    static char c;
    boolean boo;
    static String str;
    public static void main(String[] args){
        MemberValueDemo mvd=new MemberValueDemo();
        System.out.println(MemberValueDemo.b);
        System.out.println(mvd.sh);
        System.out.println(MemberValueDemo.i);
        System.out.println(mvd.l);
        System.out.println(MemberValueDemo.f);
        System.out.println(mvd.d);
        System.out.println((int)MemberValueDemo.c);
        System.out.println(mvd.boo);
        System.out.println(MemberValueDemo.str);
    }
}
```

程序运行结果：

```
0
0
0
0
0.0
0.0
0
false
null
```

上述输出结果中需要注意的是，char 类型系统给定的默认值为'\u0000'，字符输出为空白字符，因此转换成 int 类型，可以看到其编码为 0。String 类型为引用类型，默认值为 null，而不是空字符串（""）。

4.3.2　局部变量的定义和使用

在 Java 程序中定义的变量除了成员变量之外都是局部变量，根据局部变量定义的位置不同，可分为代码块局部变量和形参。

（1）形参：在方法声明中定义的变量，其作用域从形参定义开始，到方法体结束；在 for 语句"()"中定义的变量，作用域为 for 的循环体；在 catch 语句"()"中定义的变量，作用域为整个 catch 块。

（2）代码块局部变量：在代码块中定义的局部变量，其作用域从定义该变量的位置开始，到该代码块末尾结束。

注意：该代码块不包括"类体代码块"，因为在类体中定义的变量为成员变量。

【例 4-6】定义 2 种类型的局部变量。

```java
public class LocalVariableDemo{
    {
        int i;
        System.out.println(i);
    }
    public static void main(String[] args){
        int a;
        {
            int b;
        }
        System.out.println(a);
        System.out.println(b);
        System.out.println(args);
    }
}
```

在上述程序中，变量 i、a 和 b 为代码块局部变量，其作用域从该变量定义位置开始到其所属代码块的末尾（代码块"}"处）结束，因此最后一个 println()方法打印变量 b 将编译出错；变量 args 为形参，其作用域为之后的整个方法体。

与成员变量不同的是，局部变量在访问之前必须进行显式初始化，系统不会为局部变量赋初值。方法形参在该方法被调用时由系统自动赋值为实参的值，即方法形参的值由方法的调用者负责指定。其他所有局部变量在其定义时或在其访问前进行初始化。在上述程序中，局部变量 a、b 和 i 都未进行显式初始化，通过 println()方法访问将编译出错，形参 args 的值由 main()方法的调用者指定，因此可以在该方法体中直接访问 args 变量。

注意，上述变量 i 位于初始化块中，初始化块也是一种特殊的代码块，关于代码块的概念将在 4.5 节进行讲解。

4.3.3　变量同名问题

当程序定义的变量数量较多时，可能会出现变量同名问题，通常不建议不同变量使用相同名称，因为很可能造成编译错误和程序阅读困难。不同类和接口之间的变量不存在同名问题，因为在指定其变量时必定要指定"类名"或"引用变量"前缀。同一个类中不同变量可能存在以下 3 种情况的同名问题：

（1）成员变量与成员变量同名。

（2）成员变量与局部变量同名。

（3）局部变量与局部变量同名。

对于第 1 种情况，系统不允许在同一个类中出现两个及以上相同名字的成员变量，不论变量是何种数据类型，也不论变量前是否有 static 修饰。

【例 4-7】成员变量同名问题，将会编译出错。

```java
public class VariableHomonymDemo{
    int a;
```

```
    static short a;          //编译器提示变量名重复
}
```

对于第 2 种情况，系统允许同一个类中成员变量与局部变量同名。如果存在这种变量同名情况，在局部变量作用域内使用该变量默认访问的是局部变量，如果要指定使用成员变量，可以通过"类名"或"this 引用"来进行特别限定。

【例 4-8】成员变量与局部变量同名现象，以及成员变量限定方式。

```
public class VariableHomonymDemo{
    int a=5;
    static boolean b=true;
    void func(){
        double a=2.0;
        String b="str";
        System.out.println(a);
        System.out.println(b);
        System.out.println(this.a);
        System.out.println(VariableHomonymDemo.b);
    }
    public static void main(String[] args){
        new VariableHomonymDemo().func();
    }
}
```

程序运行结果：

```
2.0
str
5
true
```

对于第 3 种情况，同一个类中多个局部变量同名，Java 语言的规则是：在某个局部变量的作用域范围内，不允许再创建同名的局部变量。因此，不同方法之间的局部变量不存在同名问题；形参的作用域为整个方法体，在同一个方法内不允许创建与形参同名的方法；方法局部变量的作用域从其定义位置开始到方法结束，因此在这个范围内，包括其中的代码块内，都不允许创建与该方法局部变量同名的变量；代码块局部变量的作用域从其定义位置开始到代码块结束，在这个区域内不允许创建与代码块同名的局部变量。

【例 4-9】局部变量同名问题。

```
public class VariableHomonymDemo{
    void func(int a,String b){
        boolean a;
        float c;
        {
            double c;
            int d;
            short d;
        }
```

```
        String d;
    }
}
```

在上述程序中，方法局部变量 boolean a 在形参 int a 的作用域内，因此 boolean a 命名重复，不允许。代码块局部变量 double c 在方法局部变量 float c 的作用域范围内，命名重复。代码块局部变量 short d 在代码块局部变量 int d 的作用域范围内，命名重复。方法局部变量 String d 不在代码块 short d 作用域内，因此这两个局部变量允许同名。

总之，为了提高代码的可读性，应尽量避免出现变量同名的情况。

4.4　构　造　器

构造器（也称构造方法、构造函数）是一个特殊的方法，程序通过 new 运算符调用构造器来创建类的对象，并通过构造器中的代码执行相关初始化操作。构造器是程序创建类的对象的重要途径，因此，Java 类中至少包含一个构造器。如果某个类未定义构造器，系统会为该类默认添加一个无参数的构造器。

4.4.1　构造器的定义

构造器的定义语法格式如下：

```
[修饰符] 构造器名([[形参列表][throws 异常列表])
{
    [构造器的可执行语句]
}
```

说明：（1）构造器的修饰符只能为访问控制符 public、protected、private 或缺省，用来指示该构造器的可被访问的范围；（2）构造器没有返回值类型，但构造器中可以有 return 语句，但 return 语句不能返回任何有效数据，包括 this；（3）构造器名与类名相同；（4）构造器形参列表和"throws 异常列表"都是可选项；（5）构造器的方法体主要用来初始化对象的相关数据。

如果一个类中定义了 2 个或者多个构造器，则构成了构造器的重载。构造器重载与方法重载类似，多个构造器的形参列表必须不同，程序在使用 new 关键字调用构造器时根据实参数量和类型决定具体调用哪一个构造器。

【例 4-10】多个构造器的定义和重载。

```
public class ConstructorDemo{
    int i;
    public ConstructorDemo(){}              //①
    public ConstructorDemo(int a){
        i=a;
    }
}
```

注意： 如果类中没有显式定义构造器，系统会自动为该类添加一个 public 权限无参数空方法体的构造器（与上述程序中①处构造器类似）。如果类中定义了构造器，则系统不再为该类添加无参数的构造器。

4.4.2 构造器的调用

构造器的调用有 3 种方式，通常使用 new 运算符进行调用，另外还可以使用 this 和 super 关键字进行调用，下面就这 3 种调用方式进行讲解。

（1）使用 new 运算符调用构造器。其语法格式如下：

new 构造器名(形参列表)

只要程序执行到上述代码处，就可以访问到该构造器所在的类和该构造器，即可通过上述语句来调用此构造器，通过此语句将创建对象并进行初始化。

（2）使用 this 关键字调用构造器。其语法格式如下：

this(形参列表);

上述语句是指在构造器重载的情况下，在构造器 A 中可以通过该语句调用本类的另外一个构造器 B 的执行代码，并且该语句必须放在构造器 A 的第一条语句位置处，使用这种方式可提高构造器代码的复用，而且不会产生一个新的对象。

注意：构造器的这种调用方式不能出现递归调用现象（包括直接递归和间接递归）。

例如：

```
public class ConstructorDemo{
    int i;
    ConstructorDemo(){
        //this(4);
    }
    ConstructorDemo(int i){
        this();
    }
}
```

如果把上述代码的注释取消，将出现构造器的递归调用，编译出错。

（3）使用 super 关键字调用构造器。这种方式主要用在类的继承中，当子类的构造器中需要显式地调用其父类中的某个构造器时，可以使用"super(形参列表);"来调用父类指定的构造器，这部分内容将在 4.8 节中详细讲解。

4.5 初始化块

初始化块也是类的成员之一，凡是类的成员，即直接写在类体中，如成员变量和成员方法。如果将代码块直接写在类体中，则称为初始化块。初始化块与普通代码块类似，没有关键字和标识符，因此无法显式调用，只能在加载类或者创建对象时隐式调用。初始化块的语法结构如下：

```
class 类名{
    [static]{
        [初始化块的执行语句]
    }
}
```

从上述初始化块的定义语法可以看出，初始化块直接定义于类体中，"{"前的 static 修饰符为可选项，如果初始化块用 static 修饰则为静态初始化块，否则为普通初始化块。

初始化块是一种特殊的代码块，那么何为代码块呢？

4.5.1　代码块

代码块是一个普遍的概念，简单来说，使用"{}"包括的代码段称为代码块。代码块构成一个独立的数据体，用于实现特定的算法。对于普通的代码块，通常具有如下几个特点：

（1）代码块中的执行语句按顺序执行，除非有流程控制语句进行程序跳转，否则代码块中的代码书写在前面的先执行，书写在后面的后执行，并且代码块中的所有执行语句要么都执行，要么都不执行。

（2）如果在代码块"{}"中定义了变量，则该变量的生存周期和作用域将被限制在该代码块内，即从变量定义位置开始，到代码块结束位置终止，因此这种变量通常也称为局部变量。

（3）代码块不能单独运行，它必须要有运行主体。对于普通的代码块，如方法体内的代码块，其没有类型名称，因此无法直接调用，只能在执行方法体的过程中按顺序执行。

从广义的概念上来讲，凡是用"{}"括起来的代码段均可称为代码块。但在 Java 语言中，根据代码块前声明语句以及位置的不同，将其分别命名并赋予不同的语法权限。在 Java 语言中代码块主要有以下几种：

（1）类体代码块：在类的声明语句后定义的代码块称为类体，这种特殊的代码块已基本不具备普通代码块的特征。例如，类体中的各个成员并非按顺序执行，其中也不能随意添加可执行语句。这种代码块也并非要实现一种算法，而是用来封装一组对象的共同特征和行为方式，因此，与其将类体称为代码块，不如将其理解成一种代码的分界线。例如：

```
class ClassDemo{
    int size;
    { size=6;}
    void getPerimeter(){}
    class Inner{}
}
```

（2）方法代码块：即在方法名后面用"{}"括起来的代码段。方法代码块不能够单独存在，它必须要紧跟在方法声明语句后，并且也必须要使用方法名来进行调用。另外，构造器代码块也是一种特殊的方法代码块。例如：

```
class FunctionDemo{
    public void test(){
        System.out.println("方法代码块");
    }
}
```

（3）静态代码块：即用 static 修饰的代码块，只能作为类成员定义在类体中，其主要作用是对静态成员变量进行初始化，因此也称为静态初始化块或类初始化块。例如：

```
public class StaticDemo{
    static{
        System.out.println("静态代码块");
    }
}
```

（4）同步代码块：使用 synchronized 修饰的代码块，它表示同一时间只能有一个线程进入到该代码块中，是一种多线程保护机制。例如：

```
class ObjectSyncDemo{
    public void serviceMethod()throws InterruptedException{
        synchronized (this){
            System.out.println("begin time="+System.currentTimeMillis());
            Thread.sleep(2000);
            System.out.println("end  end="+System.currentTimeMillis());
        }
    }
}
```

（5）构造代码块：在类中直接定义没有任何修饰符的代码块即为构造代码块，其在创建对象并进行初始化时调用，也称初始化块。例如：

```
public class ConstructorDemo{
    {
        System.out.println("构造代码块");
    }
}
```

（6）普通代码块：在上述所有代码块（除了类体代码块）中定义的没有修饰符和标识符的代码块即为普通代码块，其具备本节所介绍的代码块所有基本特征和功能。例如，在方法体中定义的普通代码块如下：

```
class OrdinaryDemo{
    public void test(){
        int i=9;
        {
            System.out.println("1普通代码块");
            System.out.println("2普通代码块");
            System.out.println("3普通代码块");
```

```
        }
    }
}
```

（7）语句代码块：在普通代码块前具有某些关键字（如 for、while、try、catch、和 finally 等），这类代码块与其声明语句组合成复杂的执行语句，完成相应的功能，其代码块的本质功能与普通代码块没有区别。例如，for 循环语句代码块示例如下：

```java
class OrdinaryDemo{
    public void test(){
        for(int i=0;i<10;i++){
            System.out.println(i);
        }
    }
}
```

4.5.2　普通初始化块

普通初始化块，即类体中没有用 static 修饰的普通代码块。初始化块直接定义于类体中，因此也是类的一种成员。从"4.2.5 类成员和实例成员"一节中可知，类的成员分为类成员和实例成员两种，普通初始化块没有用 static 修饰，则为实例成员，因为初始化块没有标识符，无法显式调用，只能隐式执行，因此普通初始化块是在类的对象（实例）创建时隐式执行。

【例 4-11】普通初始化块的执行。

```java
public class InitBlookDemo{
    {
        System.out.println("普通初始化块1");
    }
    {
        System.out.println("普通初始化块2");
    }

    InitBlookDemo(){
        System.out.println("无参数的构造器");
    }
    InitBlookDemo(int i){
        System.out.println("1个参数的构造器");
    }
    public static void main(String[] args){
        InitBlookDemo ibd=null;
        ibd=new InitBlookDemo();
        ibd=new InitBlookDemo(2);
    }
}
```

程序运行结果：

```
普通初始化块1
普通初始化块2
```

```
无参数的构造器
普通初始化块 1
普通初始化块 2
1 个参数的构造器
```

从上述程序的运行结果可以看出，普通初始化块并没有在程序中显式调用，而是程序在创建对象时自动调用，并且每次创建对象时均调用了类中所有的普通初始化块。其调用顺序与初始化块在类中定义的顺序一致。构造器方法体的作用是初始化对象，普通初始化块的作用也是初始化对象，也正是因为这个原因将此代码块称为初始化块，因为其每次都是在构造器之前执行，所以也称为构造块。

其次，如果类中有多个构造器，不论程序使用哪个构造器创建对象均会执行所有的普通初始化块，因此不难发现初始化块的作用——提高构造器的代码复用。如果类中包含多个构造器，构造器 A 的代码完全包含在构造器 B 中，可以用 this(...)方式在构造器 B 中调用构造器 A，用以提高构造器代码复用。如果多个构造器都包含一段相同代码，而且多个构造器代码之间又不具备完全包含关系，则可以将这些相同代码提取到普通初始化块中，因为每次调用构造器之前均会执行此初始化块。如下程序清单第一段构造器重复代码可提取成第二段初始化块。

```java
/*---------------------第一段---------------------*/
public class Dog{
    int age;
    Dog(){
        print("This is a dog.");
        age=1;
    }
    Dog(int i){
        print("This is a dog.");
        age=i;
    }
}
/*---------------------第二段---------------------*/
public class Dog{
    int age;
    {
        print("This is a dog.");
    }
    Dog(){
        age=1;
    }
    Dog(int i){
        age=i;
    }
}
```

实际上，普通初始化块是一个假象，当 Java 程序编译完成后，在 Java 类中定义的初始化块会消失，并自动添加到每个构造器中代码的前面。

4.5.3　静态初始化块

如果在普通初始化块的前面加上 static 修饰符，该初始化块则变为静态初始化块。普通初始化块是实例相关的，静态初始化块是类相关的，也是类成员的一种，因此也称为类初始化块。其语法结构如下：

```
class 类名{
    static{
        [初始化块的执行语句]
    }
}
```

通常，类成员因为是类相关的，所以通过"类名.类成员"的方式进行调用，但静态初始化块没有关键字和标识符，因此不能显式调用。

【例 4-12】静态初始化块的调用。

```
class Bird
{
    static{
        System.out.println("Bird 的静态初始化块");
    }
    {
        System.out.println("Bird 的普通初始化块");
    }
    public Bird(){
        System.out.println("执行 Bird 的无参数构造器");
    }
    public Bird(String str)
    {
        System.out.println("执行 Bird 的带参数构造器: "+str);
    }
}
public class StaticBlockTest{
    public static void main(String[] args){
        Bird bd=new Bird();
        bd=new Bird("goose");
    }
}
```

程序运行结果：

```
Bird 的静态初始化块
Bird 的普通初始化块
执行 Bird 的无参数构造器
Bird 的普通初始化块
执行 Bird 的带参数构造器: goose
```

从上述程序及运行结果可以得出，静态初始化块在该类的所有对象初始化之前执行，并且只执行一次，通常用来对该类的所有对象的共有属性（类成员）等进行统一初始化。上述程序中关于普通初始化块与构造器的执行次序与上一节"普通初始化块"相同，在此不再重复。

4.5.4 初始化块的执行

在前面的章节中，已经讨论在同一个类中的静态初始化块、普通初始化块和构造器之间的执行次序，如果类存在继承关系，它们之间这些初始化成员的执行顺序又是如何呢？

【例 4-13】初始化成员的执行顺序测试。

```java
class Creature
{
    static{
        System.out.println("Creature 的静态初始化块");
    }
    {
        System.out.println("Creature 的普通初始化块");
    }
    public Creature()
    {
        System.out.println("Creature 的无参数的构造器");
    }
}
class Botany extends Creature
{
    static{
        System.out.println("Botany 的静态初始化块");
    }
    {
        System.out.println("Botany 的普通初始化块");
    }
    public Botany()
    {
        System.out.println("Botany 的无参数的构造器");
    }
    public Botany(String msg)
    {
        this();
        System.out.println("Botany 的带参数构造器, 其参数值: "
            +msg);
    }
}
class Grass extends Botany
{
    static{
        System.out.println("Grass 的静态初始化块");
    }
    {
        System.out.println("Grass 的普通初始化块");
    }
    public Grass()
    {
        super("植物 1");
```

```
            System.out.println("执行 Grass 的构造器");
    }
}
class Tree extends Botany
{
    static{
        System.out.println("Tree 的静态初始化块");
    }
    {
        System.out.println("Tree 的普通初始化块");
    }
    public Tree()
    {
        super("植物 2");
        System.out.println("执行 Tree 的构造器");
    }
}
public class Test
{
    public static void main(String[] args)
    {
        new Grass();
        new Grass();
        new Tree();
        new Tree();
    }
}
```

程序运行结果：

Creature 的静态初始化块
Botany 的静态初始化块
Grass 的静态初始化块
Creature 的普通初始化块
Creature 的无参数的构造器
Botany 的普通初始化块
Botany 的无参数的构造器
Botany 的带参数构造器，其参数值：植物 1
Grass 的普通初始化块
执行 Grass 的构造器
Creature 的普通初始化块
Creature 的无参数的构造器
Botany 的普通初始化块
Botany 的无参数的构造器
Botany 的带参数构造器，其参数值：植物 1
Grass 的普通初始化块
执行 Grass 的构造器
Tree 的静态初始化块
Creature 的普通初始化块
Creature 的无参数的构造器
Botany 的普通初始化块
Botany 的无参数的构造器

Botany 的带参数构造器，其参数值：植物 2
Tree 的普通初始化块
执行 Tree 的构造器
Creature 的普通初始化块
Creature 的无参数的构造器
Botany 的普通初始化块
Botany 的无参数的构造器
Botany 的带参数构造器，其参数值：植物 2
Tree 的普通初始化块
执行 Tree 的构造器

从上述程序及执行结果来看，第一次创建 Grass 对象时，因为系统不存在 Grass 类，因此需要先加载并初始化 Grass 类，初始化 Grass 类时会先执行其顶层父类的静态初始化块，再执行其直接父类的静态初始化块，最后才执行 Grass 类本身的静态初始化块。

一旦 Grass 类初始化成功后，Grass 类将在该虚拟机中一直存在，因此当第二次创建 Grass 对象时无须再次对 Grass 类进行初始化工作。

同样，当程序第一次创建 Tree 对象时，系统中不存在该类，也需要先加载和初始化 Tree 类，在执行 Tree 类静态初始化之前应该先通过执行其顶层父类的静态初始化块来对其顶层父类进行初始化，但由于其所有父类都在 Grass 类初始化时已经进行过初始化，所以在创建 Tree 对象之前只需要对 Tree 类本身进行初始化即可，由此可见，类的初始化工作只进行一次。

普通初始化块和构造器的执行顺序与之前章节介绍的一致，每次创建一个 Grass 对象或 Tree 对象时，都需要先执行最顶层父类的普通初始化块和构造器，然后执行其父类的普通初始化块和构造器……（依次类推），最后才执行 Grass 类或 Tree 类的初始化块和构造器。

因此，可以作如下总结，Java 系统在创建某个类的对象时，总是先保证其所有父类（包括直接父类和间接父类，并且是从顶层父类开始）全部加载并初始化，并且对于类的初始化只执行一次。在保证当前类和其所有父类都进行初始化之后再进行当前类的对象初始化工作。同样，在此对象初始化之前，也要先保证该类的所有父类的对象全部初始化完成（也是从顶层父类的对象开始）。对于任何一个类的对象初始化，总是先按代码先后顺序全部执行其所有普通初始化块，再执行其相应的构造器。与类的初始化不同的是，当前对象及其所有父类对象的初始化在对象每次创建时都需执行。

4.6 成员方法

成员方法是类的成员之一，从面向对象的角度来看，方法是类和对象的行为方式和特征的体现。从功能上来看，Java 语言中的方法与结构化程序设计语言中的函数类似，是一个独立的代码块，用来实现某个功能。与函数不同的是，方法必须定义在类中，不能独立存在。

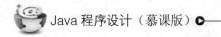

4.6.1　方法的定义和调用

在 Java 语言中，方法不能在文件中单独存在，必须定义在类体（以及接口、枚举类等）中，作为其类成员之一，因此称为成员方法。方法的定义语法如下：

```
[修饰符] 返回值类型  方法名([形参列表])[throws 异常名列表]{
    //执行语句
    return[返回值];
}
```

对于上面的语法格式中具体说明如下：

（1）修饰符：方法前的修饰符为可选项，其具体定义规则为[public |protected |private] [static][final|abstract][native] [synchronized]。其中，public、protected 和 private 用来限定方法的访问权限；static 设置方法的归属性；final 限定方法能否被重写；abstract 限定方法为抽象方法。需要注意的是，抽象方法没有方法体，因此如果修饰符中有 abstract，则上述方法定义中方法体用分号 ";" 代替。

（2）返回值类型：方法名前的返回值类型为必选项，用来指定方法返回值的数据类型。返回值类型可为基本数据类型、引用类型（包括类、接口和数组等）和 void 三者之一。如果方法没有返回值，则返回值类型为 void，且方法体中可以没有 return 语句，如果方法体中有 return 语句，return 后也不能接任何类型的数据，必须为分号；如果返回值类型不为 void，则方法体中至少包含一条有效的 return 语句，用来返回一个与返回值类型匹配的数据给此方法的调用者。

（3）方法名：方法名从语法上只需要是合法的标识符即可，但方法通常用来描述类和对象的行为特征，所以通常根据其具体指代的行为方式来命名，如 getName。需要注意的是，同一个类（以及接口和抽象类等）中，如果多个方法具有相同的方法名，则构成方法的重载，其规则将在下一小节中进行介绍。

（4）形参列表：形参列表为可选项，由 0 至多个 "参数类型 参数名" 参数对组成，参数对之间用逗号 "," 分隔，如 "int a,short b,String s"。参数类型可为任意数据类型，用于限定调用方法时传入参数的数据类型，参数名应为合法标识符，是一个变量，用于接收调用方法时传入的数据。需要注意的是，形参是局部变量，因此形参列表中各形参名不能相同。

（5）throws 异常名列表：为可选项，用来指定在该方法体中可能会抛弃的异常类型，这部分内容将在第 8 章中进行详细讲解。

（6）方法体：方法体是一个代码块，为方法功能的具体实现。需要注意的是，抽象方法没有方法体，通常把没有方法体的方法（方法体用分号 ";" 代替）称为方法的声明。

方法定义完成后，通过方法的调用来执行方法，根据方法前是否具有 static 修饰符将方法分为类方法和实例方法。其调用规则与 "类成员与实例成员" 一致，在此不再重复。需要注意的是，方法定义时的参数称为形参，方法调用时传入的参数称为实参。形参与实参存在如下关系：

（1）形参只有在被调用时才分配内存单元，在调用结束时立即释放内存单元，形参只在当前方法内部有效。

（2）实参可以是常量、变量、表达式、方法等，但是在进行方法调用前，必须要有确定的值。

（3）形参和实参在顺序和长度必须一致，类型必须相匹配。

（4）实参到形参是单向的，关于参数的传递机制将在后续章节进行讲解。

另外，Java 语言与其他高级语言类似，存在一个特殊的方法：main()方法。main()方法是应用程序的入口，一个程序执行时会首先从指定类的 main()方法开始，再启动程序所需要的其他资源，其语法格式为：

```
public static void main(String[] args){…}
```

其中，public 关键字指其他类可以访问这个方法；static 关键字指静态方法，调用时不需要实例化，由 Java 虚拟机直接调用；void 关键字指该函数无返回值。

4.6.2 方法的重载

在 Java 类（也包括接口）的类体中，可以定义两个甚至多个相同标识符的方法（包括普通方法、抽象方法和构造器），只要方法的参数列表不同，即参数的数量和类型不完全相同，即构成方法的重载。

【例 4-14】方法的重载。

```java
public class OverloadTest{
    int func(int i){
        return i;
    }
    int func(int i,int j){
        return i+j;
    }
    public static void main(String[] agrs){
        OverloadTest ot=new OverloadTest();
        System.out.println(ot.func(1));
        System.out.println(ot.func(1,2));
    }
}
```

上述程序中对成员方法 func()进行了重载，两个方法的名称相同，但参数个数不同，在调用重载的方法时，编译器根据实参列表中参数的数量和类型自动调用与其匹配的方法。

注意：重载的方法是指同一个类中的多个方法，不包括类的内部类或其他类体中同名方法。另外，重载的多个方法必须具有不同的形参列表，至于方法的其他部分，如方法的返回值类型、修饰符等，与方法重载没有关系。

4.6.3 方法的参数传递机制

在 Java 语言中，方法定义时的参数称为形参，方法调用时传入的参数称为实参，那么，Java 方法的实参是如何传入方法的呢？或者说，方法的形参和实参存在什么关系呢？下面通过实例进行说明。

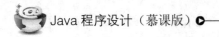

【例 4-15】方法的参数传递。

```java
public class ParameterTransferTest{
    int func(int i){
        System.out.println(i);
        i=i+1;
        return i;
    }
    public static void main(String[] agrs){
        ParameterTransferTest ptt=new ParameterTransferTest();
        int a=5;
        ptt.func(a);
        System.out.println(a);
    }
}
```

程序运行结果：

```
5
5
```

从上述程序清单及结果可以看出，Java 语言中传递参数的机制为传值，即值传递。可以理解为，当程序调用某个方法时，编译器将实参的副本传入方法进行计算，形参与实参的关系为值相等，所以在方法内改变形参的值并不会引起实参的值的改变。并且，Java 语言中方法的参数传递机制也只有"传值"这一种。

上面的程序清单中实参类型为基本数据类型，如果实参类型为引用类型，实验结果会有什么不同吗？下面通过另一段程序进行说明。

【例 4-16】实参类型为引用类型时的参数传递。

```java
class Data{
    int a;
}
public class ReferenceTransferTest{
    void func(Data pd){
        pd.a=pd.a+1;
    }
    public static void main(String[] args){
        Data d=new Data();
        d.a=5;
        ReferenceTransferTest rtf=new ReferenceTransferTest();
        rtf.func(d);
        System.out.println(d.a);
    }
}
```

程序运行结果：

```
6
```

从上述程序清单和运行结果来看，似乎可以通过传递引用类型的方式改变实参本身，但这种猜测是错误的。因为引用变量实质存放的是堆内存中一片空间的地址，可以理解为该引用变量指向堆内存中的一片空间，通过参数传递将实参（引用变量）的值传给了形参，因此形参与实参指向了堆内存中的同一片空间，当然也就可以通过形参来改变实参所指向空间中的数据值，如图 4-3 所示。

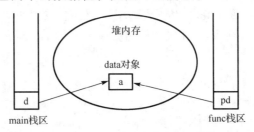

图 4-3 方法调用中堆内存和栈内存效果图

另外，如何证明 func()方法中形参 pd 并不是实参 d 呢？只需在 func()方法末尾添加一行代码：pd=null;，并重新编译运行程序，如果 main()方法中 System.out.println(d.a);没有报空指针异常错误（java.lang.NullPointerException），则证明上述 func()方法参数传递机制依然是：值传递。

4.6.4 实参长度可变的方法

从 jdk1.5 开始，Java 语言可以定义实参长度可变的方法。通常，一个方法定义完成，则参数列表中参数的数量和类型就已经确定，方法在调用时传入的实参的数量和类型也必须与形参相匹配。定义实参长度可变的方法可以在方法调用时传入不同长度的实参列表。

只要在一个形参的"类型"与"参数名"之间加上 3 个连续的"."（即"...", 英文里的省略号），就可以让它和不确定长度的实参相匹配，而一个带有这样的形参的方法，就是一个实参个数可变的方法。注意，只有最后一个形参才能被定义成"能和不确定长度的实参相匹配"的。因此，一个方法只能有一个这样的形参。另外，如果这个方法还有其他的形参，必须放在这个特殊形参之前。

下面的程序展示了实参长度可变方法的定义和调用。

```
public class VariableLength{
    void func(int i,String...str){
        for(String s:str){
            System.out.println();
        }
    }
    public static void main(String[] args){
        VariableLength vlt=new VariableLength();
        vlt.func(3,"1","2","3","4","5","6");
    }
}
```

上面的程序进行方法定义时，在最后一个形参的类型和名称中间加"..."，那么该形参则变成一个长度可变的形参。在方法调用时，在该位置传入 0 至多个该类型的实参均可匹配。所以，在该方法的不同调用时刻，传入的实参长度可能是不固定的，因此在该方法体内，可以将该形参当作一个同名数组进行处理。正如上面程序所示，在 func()方法中，str 变成了一个数组名，其数组长度则为方法调用时传入该位置的 String 类型实参的个数。

因此，可以将长度可变的形参理解成数组类型参数的变种，所以在该类中再重载一个使用数组代替长度可变形参的方法是无法通过编译的，即在上述程序中添加如下函数是错误的。

```java
void func(int i,String[] str){
    for(String s:str){
        System.out.println();
    }
}
```

编译器提示：类型 VariableLength 中存在重复的方法 func(int,String[])。

4.7 封 装 性

面向对象程序设计有三大特点，分别是封装、继承和多态。Java 语言是纯面向对象的语言，类是 Java 程序的最小单位，封装也就是对类的封装。通过对类的特殊处理，可以让类成员能够合理地隐藏和合理地暴露。

4.7.1 包 package

为了更好地组织类，Java 提供了包机制，用于区别类名的命名空间。简单来讲，当定义了多个类时，可能会发生类名的重复问题，在 Java 中采用包机制处理开发者定义的类名冲突问题，包是类的容器。当然，包中也可以包含与类同级别的其他程序单元，如接口、枚举类等。

那么，在 Java 程序设计中，包是如何创建的呢？

在 Java 语言中，没有专门用来创建包的语句。但 Java 包是存在的。如果使用 Java IDE 工具开发 Java 程序，可以使用 IDE（如 Eclipse）来创建包，只要在其中为包取一个合适的标识符即可。通过这种方式创建包之后，IDE 会在 Java 工程文件夹中对应的位置创建一个与包名同名的文件夹。如果使用命令行方式开发 Java 程序，需要在 Java 工程中创建包，则需要手动在工程项目（对应资源管理器中的文件夹结构）中创建以包名命名的文件夹。在 Java IDE 中，如果程序员没有手动创建包，系统会自带一个缺省包（没有名字的包）。

由此可见，Java 工程中，包名和 Java 工程对应的资源管理器中的文件夹名字是相同的，有 N 个包，就有 N 个与包名对应的文件夹。另外，包不仅是类的容器，也可以是包的容器，这就意味着包中可以继续创建包，包中可以有类也可以有包。从整个 Java 工程结构上来看，包的整体树形结构与资源管理器中的文件夹结构一一对应。

包创建之后，是如何解决类名冲突问题的呢？在同一个包中可以创建多个类，同一个包中的这些类不能同名，不同包的类可以同名，由此，为了解决多个类同名问题，只需将这些同名的类放在不同的包中即可。那么，Java 程序是如何将类放在指定的包中的呢？这里需要使用到包声明语句，其语法格式如下：

```
package pkg1[.pkg2[.pkg3…]];
```

包声明语句应该放在源文件的第一行，每个源文件最多只能有一条包声明语句，这个文件中的每个类都包含于它。如果一个源文件中没有使用包声明语句，那么其中的类、枚举和接口等将被放在默认包中。以下是一个包含包声明语句的程序源文件：

```
package net.java.util;
public class Something{
    ...
}
```

从上述程序可见，包声明语句应该放在源文件第一行，并且该源文件的路径应该是 net/java/util/Something.java，即与包名同名文件夹路径一致。使用 package（包）可以把不同的 Java 程序分类保存，更方便地被其他 Java 程序调用。

4.7.2　Java 常用包

Java 的核心类都放在 java 包以及其子包下，Java 扩展的许多类都放在 javax 包以及其子包下。Java 提供了许多实用类，并按照类的功能将其分别放在不同的包下。下面简单介绍 Java 语言中的常用包。

（1）java.lang：Java 的语言包，为 Java 的核心包，其中包含 Object 类、数据类型包装类、数学类、字符串类、系统和运行时类、操作类、线程类、过程类、错误和异常处理类，系统会自动将这个包下的所有类导入到程序中，无须使用 import。

（2）java.util：包含集合类、时间处理模式、日期时间工具等各类常用工具包。

（3）java.net：包含执行与网络有关的类，如 URL、SCOKET 和 SEVERSOCKET 等。

（4）java.io：包含提供多种输入/输出功能的类和接口。

（5）java.text：包含 Java 格式化相关的类，如处理文本、日期、数字及消息的类和接口。

（6）java.sql：提供 Java 语言访问并处理存储在数据库中的数据的相关类和接口。

（7）java.awt：提供了绘图和图像类，主要用于编写 GUI 程序，包括按钮、标签等常用组件以及相应的事件类。

（8）java.swing：包含 Swing 图形用户界面编程的相关类和接口，可用来构建平台无关的 GUI 程序。

（9）java.math：包含执行精度数学运算功能的相关类。

对于这些常用包的类和接口的使用方法将在其他章节中进行详细讲述，读者可由此先了解 Java 常用包的大体分布和作用。

4.7.3　类成员的封装和访问控制

封装是面向对象编程的核心思想，Java 语言使用类将对象的属性和行为封装起来，对用户隐藏其实现的细节，这就是宏观意义上的封装。通过对类的封装，使用户不必关心对象的行为的实现细节，只要了解如何通过给定的接口与类的对象进行交互即可。

在 Java 类中，使用访问控制符隐藏对象的隐私数据和方法，并合理地公开相应的方法让用户能与对象进行交互，这样可以避免外界对内部数据的影响，提高程序的可维护性。在 Java 语言中，实现封装的访问控制符总共有 4 种：public、private、protected和 default（默认，即没有访问控制符），其访问控制权限如表 4-1 所示（打√表示可访问，空白表示不可访问）。

表 4-1　访问控制符权限

访问权限	同一个类中	同一个包中	不同包的子类中	不同包的非子类中
private	√			
default	√	√		
protected	√	√		
public	√	√	√	√

下面程序展示了包 BaoA 中的两个类。

```java
package BaoA;
public class Animal{
    private int age;
    int height;
    protected String name;
    public boolean isHealth;
    void func(){
        age=3;
        height=60;
        name="XXX";
        isHealth=true;
    }
}
class Test{
    public static void main(String[] args){
        Animal a=new Animal();
        a.age=3;                    //编译报错
        a.height=60;
        a.name="XXX";
        a.isHealth=true;
    }
}
```

下面程序展示了包 BaoB 中的两个类。

```java
package BaoB;
import BaoA.Animal;
class Dog extends Animal{
    void func(){
        Animal a=new Animal();
        a.age=3;                    //编译报错
        a.height=60;                //编译报错
        a.name="XXX";               //编译报错
        a.isHealth=true;
    }
```

```
}
public class Test{
    public static void main(String[] args){
        Animal a=new Animal();
        a.age=3;              //编译报错
        a.height=60;          //编译报错
        a.name="XXX";         //编译报错
        a.isHealth=true;
    }
}
```

在上面两段程序中，在包 BaoA 的 Animal 类中分别定义了不同访问控制符的 4 个成员变量，并在同一个类 Animal、同一个包 BaoA 的其他类 Test、不同包的子类 Dog 和不同包 BaoB 的非子类 Test 中对 Animal 中的 4 个成员变量进行访问，其编译结果验证了上述表中各访问控制符的访问权限。

注意，有许多 Java 书籍表示 protected 可以将访问权限扩展到不同包的子类中，但通过实验表明这种表述是错误的。protected 的作用只是在 default 的基础上让不同包的子类也可以继承父类的成员，而并非扩展了 default 的访问权限，请读者予以鉴别。

另外，访问控制符不仅可以修饰类中的成员变量和成员方法，也可以用来修饰构造器和内部类等，还可以修饰外部类（即普通类，没有放在任何类中的类），但只能是 public 和 default 两种，其访问权限与上述类似，这部分内容将在下一节中进行讲解。

4.7.4 类的访问控制和 import 语句

上一节中的访问控制符可以控制类中不同成员的访问权限，如果使用访问控制符修饰类，则同样可以限制该类的访问权限，在 4.2.1 节中我们已经学习了类的定义语法，可以使用 public 和默认两种访问控制符来控制类的访问权限，其权限与上一节中描述相同，具体如表 4-2 所示。

表 4-2　public 和 default 的访问权限

访问权限	同一个包中	不同的包中
默认（default）	√	
public	√	√

因此，如果类定义时，class 关键字前没有 public 修饰，其访问控制符为默认，那么该类的访问权限将被限定在当前包中。如果 class 关键字具有 public 修饰符，该类的访问权限为所有位置，即在不同的包中，也可以访问其他包中的 public 类。如果要访问其他包中的 public 类，则需要在该类名前加上包前缀，如 net.java.util.Something，通过"包前缀.包名"方式来进行访问。

例如上一节的程序中，如果需要在 BaoB 中访问 BaoA 中的 Animal 类，则需要使用类似"BaoA.Animal an = new BaoA.Animal();"，这种语法格式十分烦琐，代码冗余度也很高，可读性差，因此 Java 语言提供了 import 语句来解决这个问题，使用 import

语句可以在当前源文件中导入需要使用到的其他包中的 public 类，其语法格式如下：

```
import package1[.package2…].(classname|*);
```

在 Java 源文件中 import 语句应位于 package 语句之后，所有类的定义之前，可以没有，也可以有多条。

注意：导入其他包中的 public 类，需要在 import 语句中指定该类的所有包前缀，最后为类名或星号（*）。如果用星号代替类名，表示使用 import 语句导入该包中的所有 public 类。

使用 import 语句导入其他包中的 public 类之后，则在使用这些类时不需要再使用包前缀，直接使用类名即可，与使用同一个包中类名的方式相同。

另外，import 语句不仅可以用来导入其他包中的 public 类，也可以用来导入某个 public 类的静态成员。其语法格式如下：

```
import static package1[.package2…]. classname.(staticMemberName|*);
```

这种方式叫作静态导入，与之对应，之前导入类的 import 叫作非静态导入。静态导入语句用来导入某个类中的静态成员。因此，在使用静态导入某个静态成员之后，使用该静态成员则不需要加上其包名和类名的前缀，让代码变得更简洁。

例如，在使用静态导入之前，程序如下：

```
public class TestStatic{
    public static void main(String[] args){
        System.out.println(Integer.MAX_VALUE);
        System.out.println(Integer.toHexString(42));
    }
}
```

使用静态导入后，程序如下：

```
import static java.lang.System.out;
import static java.lang.Integer.*;
public class TestStaticImport{
    public static void main(String[] args){
        out.println(MAX_VALUE);
        out.println(toHexString(42));
    }
}
```

由此可见，在某些情况下，使用静态导入可以让代码更简洁。

4.8 继 承 性

继承是使用已存在的类的定义作为基础建立新类的技术，新类的定义可以增加新的数据或新的功能，也可以调用父类的功能，但不能选择性地继承父类。通过继承能够非常方便地复用以前的代码，能够较大提高程序开发的效率。

4.8.1 类的继承

继承是指子类继承父类的特征和行为，使得子类对象（实例）具有父类的实例变量和方法，或子类从父类继承方法，使得子类具有父类相同的行为。以实际生活中的动物为例，具有如图 4-4 所示的层次关系。

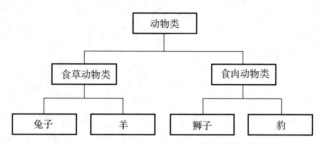

图 4-4 动物继承的层次关系

兔子和羊属于食草动物类，狮子和豹属于食肉动物类。食草动物和食肉动物又属于动物类。所以继承需要符合的关系是：is-a，父类更通用，子类更具体。虽然食草动物和食肉动物都属于动物，但是两者的属性和行为上有差别，所以子类会具有父类的一般特性，也会具有自身的特性。

在 Java 中通过 extends 关键字可以声明一个类继承另一个类，语法格式如下：

```
[修饰符] class 父类{
}
[修饰符] class 子类 extends 父类{
}
```

从上述语法格式来看，定义子类的语法非常简单，只需在类名后增加 extends 父类名即可，以此表明该子类继承于父类。通过继承，子类将部分或全部拥有与父类相同的成员变量和方法。子类是否能拥有父类的某个成员变量和方法，由父类的成员的访问控制符以及父类和子类所处的包决定。下面的程序展示了处于同一个包 BaoA 中的继承情况：

```
package BaoA;
public class Animal{
    private int age;
    int height;
    protected String name;
    public boolean isHealth;
}
class Bird extends Animal{
    {
        age=5;            //编译器提示错误：字段 Animal.age 不可视
        height=3;
        name="";
        isHealth=true;
    }
}
```

下面的程序展示了另一个包 BaoB 中的继承情况：

```java
package BaoB;
import BaoA.Animal;
class Dog extends Animal{
    {
        age=5;              //编译器提示错误：字段 Animal.age 不可视
        height=3;           //编译器提示错误：字段 Animal.height 不可视
        name="";
        isHealth=true;
    }
}
```

由此可见，子类继承父类，能否拥有父类的成员变量和方法，与父类成员变量和方法的访问控制符有关，也与父类与子类是否位于同一个包有关，具体表述如表 4-3 所示（√表示可被继承，空白表示不被继承）。

表 4-3　子类继承父类说明

访问控制符	子类与父类位于同一个包中	子类与父类位于不同的包中
private		
默认（default）	√	
protected	√	√
public	√	√

另外，需要注意 Java 语言继承的几个特点：

（1）Java 类的继承不支持多继承，但支持多重继承。也就意味着在 extends 关键字后只能有且只有一个父类名，但父类在定义时也可以继承其他类，因此子类只能有一个直接父类，但可以拥有多个间接父类。

（2）继承具有传递性，子类的子类可以继承父类的父类的成员变量及成员方法。

（3）子类可以拥有自己的属性和方法，即子类可以对父类进行扩展。子类可以用自己的方式实现父类的方法（重写）。

（4）子类不会继承父类的构造器，但会隐式或显示地调用父类的构造器。关于子类调用父类构造器的方式与时机将在 4.8.3 节进行讲述。

（5）如果定义一个 Java 类时并未使用 extends 关键字显式地继承某个父类，则这个类默认继承 java.lang.Object 类。因此，java.lang.Object 类是所有类的父类，要么是其直接父类，要么是其间接父类。

4.8.2　方法的重写

子类继承父类，将获得父类相应的成员变量和方法，同时子类也可以定义自己的成员变量和方法来对自身的特征和功能进行扩展。另外，在一些情况下，子类可能需要对继承于父类的成员方法进行修改。例如，Bird 类具有 fly()方法，其子类 Ostrich 不会飞，按实际情况显然需要对 fly()进行改进，这种在子类中对继承于父类的方法进行修改的操作叫作方法的重写。

下面的程序展示了方法重写。

```java
public class Animal{
    void fly(){
        System.out.println("I can fly!");
    }
}
class Ostrich extends Animal{
    void fly(){
        System.out.println("I can't fly!");
    }
}
```

在上述程序中，子类 Ostrich 对继承于父类 Animal 的 fly()进行了重写，以后调用 Ostrich 的 fly()方法将显示"I can't fly!"，如果子类 Ostrich 不重写 fly()方法，则依然显示"I can fly!"。这种在子类中包含与父类同名方法的现象即被称为重写（Override），也被称为方法的覆盖。

子类重写父类方法具有以下几个设计原则：

（1）子类重写的方法名与父类被重写的方法名称完全相同，形参列表相同。如果子类中具有与父类中相同名称的方法，但两者形参列表不同，这种情况不构成方法的重写，只能叫作方法的重载，也就是在子类中定义了一个同名的新方法。

（2）子类重写的方法其返回值类型应与父类方法返回值类型相同，如果父类方法返回值为引用类型，子类重写方法的返回值也可以是父类方法返回值类型的子类。

（3）如果父类被重写的方法声明抛出异常，则子类重写方法也应该声明抛出异常，且该异常类应与父类方法声明抛出的异常类相同或为其子类。

（4）子类重写方法的访问权限应该比父类方法的访问权限更大或者相同。例如，protected 可变为 public，但需要注意的是，如果父类方法访问权限为 private 和 default，子类中具有与父类方法同名的方法但不一定构成继承，这种情况也就不构成方法的重写，而是在子类中定义了一个新的方法。

（5）子类重写的方法与父类方法要么都是类方法，要么都是实例方法。即在方法重写中，父类和子类方法是否具有 static 修饰符应保持一致。

重写也被称为覆盖，因此如果子类重写了父类的方法，那么原本存在于子类中与父类方法一模一样的方法将被替换（覆盖）为子类中重写的方法。另外，与方法重写类似的是，如果在子类中定义了与父类中同名的成员变量，父类的该变量将被覆盖，并且子类覆盖父类成员变量不受数据类型和访问控制符限制。

4.8.3　super 关键字

super 关键字表示对当前类的父类的引用。一般而言，super 有两种通用形式：第一种用来访问被子类的成员隐藏的父类成员；第二种则是可以调用父类的构造器。关于这两种使用形式的方法和规则，阐述如下。

1. 使用 super 调用父类成员

如果子类与父类有同名的成员变量或子类重写了父类方法，则父类的成员将会被覆盖，此时可用下面的方式来引用父类的成员：

```
super.<成员变量名>
super.<成员方法名>([实参列表])
```

在 Java 语言中，用继承关系实现对成员的访问是按照最近匹配原则进行的，规则如下：

（1）在子类中访问成员变量和方法时将优先查找是否在本类中已经定义，如果该成员在本类中存在，则使用本类的，否则，按照继承层次的顺序往父类查找，如果未找到，继续逐层向上到其祖先类查找。

（2）super 特指访问父类的成员，使用 super 首先到直接父类查找匹配成员，如果未找到，再逐层向上到祖先类查找。

2．使用 super 调用父类构造器

子类可以通过 super 关键字调用父类中定义的构造器，格式如下：

```
super(调用参数列表)
```

其中，调用参数列表必须和当前类的直接父类的某个构造器的参数列表完全匹配。子类与其直接父类之间的构造器存在约束关系，有以下几条重要原则：

（1）按继承关系，构造器是从顶向下进行调用的。

（2）如果子类没有构造器，则它默认调用父类无参的构造器。如果父类中没有无参数的构造器，则将产生错误。

（3）如果子类有构造器，而且子类的构造器中使用 super 关键字调用父类构造器，那么创建子类的对象时，先执行父类的构造器，再执行子类的构造器。

（4）如果子类有构造器，但子类的构造器中没有 super 关键字，则系统默认执行该构造方法时会产生 super()代码，即该构造器会调用父类无参数的构造方法。

（5）对于父类中包含有参数的构造器，子类可以通过在自己的构造器中使用 super 关键字来引用，而且必须是子类构造器中的第一条语句。

（6）Java 语言中规定当一个类中含有一个或多个有参数的构造器时，系统不提供默认的构造器（即不含参数的构造器），所以当父类中定义了多个有参数构造器时，应考虑写一个无参数的构造器，以防子类省略 super 关键字时出现错误。

【例 4-17】在子类中使用 super 调用父类构造器的情况。

```java
class Person{
    public static void prt(String s){
        System.out.println(s);
    }
    Person(){
        prt("父类·无参数构造器: "+"A Person.");
    }
    Person(String name){
        prt("父类·含一个参数的构造器: "+"A person's name is "+name);
    }
}
public class Chinese extends Person{
```

```
Chinese({
    prt("子类·调用父类无参数构造器: "+"A chinese coder.");
}
Chinese(String name){
    super(name);
    prt("子类·调用父类含一个参数的构造器: "+"his name is "+name);
}
Chinese(String name, int age){
    this(name);
    prt("子类·调用子类具有相同形参的构造器: his age is "+age);
}
public static void main(String[] args){
    Chinese cn=new Chinese();
    cn=new Chinese("codersai");
    cn=new Chinese("codersai", 18);
}
}
```

程序运行结果：

```
父类·无参数构造器: A Person.
子类·调用父类无参数构造器: A chinese coder.
父类·含一个参数的构造器: A person's name is codersai
子类·调用父类含一个参数的构造器: his name is codersai
父类·含一个参数的构造器: A person's name is codersai
子类·调用父类含一个参数的构造器: his name is codersai
子类·调用子类具有相同形参的构造器: his age is 18
```

从本例可以看到，可以用 super 和 this 分别调用父类的构造器和本类中其他形式的构造器。无论在子类中是否使用 super 调用父类构造器，系统都会默认先执行父类的某个构造器。

4.9 多 态 性

多态性是 Java 语言面向对象的三大特性之一，是指在 Java 程序代码中，同一条方法调用语句在不同的运行时刻能够呈现出多种形态，即在不同时间里可能会调用不同的方法体。

4.9.1 实现多态

现实中，类似多态的例子不胜枚举。例如，按下【F1】键这个动作，如果当前在 Flash 界面下，弹出的就是 AS3 的帮助文档；如果当前在 Word 下，弹出的就是 Word 帮助；在 Windows 下，弹出的就是 Windows 帮助和支持。同一个事件发生在不同的对象上会产生不同的结果。

在 Java 中，多态可定义为：允许不同类的对象对同一消息做出响应，即同一消息可以根据发送对象的不同而采用不同的行为方式（发送消息即函数调用）。

Java 实现多态有 3 个必要条件：继承、重写、向上转型。

（1）继承：在多态中必须存在有继承关系的子类和父类。

（2）重写：子类对父类中某些方法进行重新定义，在调用这些方法时就会调用子类的方法。

（3）向上转型：在多态中需要将子类的对象赋给父类引用，这种转换是系统默认支持的自动类型转换，只有这样该引用才能够调用父类的方法和子类的方法。

只有满足了上述 3 个条件，才能够在同一个继承结构中使用统一的逻辑实现代码处理不同的对象，从而达到执行不同方法的行为。对于 Java 而言，多态的实现机制遵循一个原则：当父类的引用变量指向子类对象时，被指向的对象的类型决定了调用的成员方法，但是这个被调用的方法必须是在父类中定义过的，也就是说被子类重写的方法。

```java
class Wine{
    private String name;
    public String getName(){
        return name;
    }
    public void setName(String name){
        this.name=name;
    }
    public Wine(){
    }
    public String drink(){
        return "喝的是 "+getName();
    }
    public String toString(){
        return null;
    }
}
class JNC extends Wine{
    public JNC(){
        setName("剑南春");
    }
    public String drink(){
        return "喝的是 "+getName();
    }
    public String toString(){
        return "Wine : "+getName();
    }
}
class JGJ extends Wine{
    public JGJ(){
        setName("酒鬼酒");
    }
    public String drink(){
        return "喝的是 "+getName();
    }
    public String toString(){
        return "Wine : "+getName();
    }
}
```

```
public class PolymorphicTest{
    public static void main(String[] args){
        Wine wp=null;
        JNC jnc=new JNC();
        JGJ jgj=new JGJ();
        for(int i=0; i<2; i++){
         if(i==0)
             wp=jnc;
         else
             wp=jgj;
            System.out.println(wp.toString(+"--"+wp.drink());
        }
    }
}
```

程序运行结果：

```
Wine : 剑南春--喝的是 剑南春
Wine : 酒鬼酒--喝的是 酒鬼酒
```

在上述程序中 JNC、JGJ 继承 Wine，并且重写了 drink()、toString()方法，程序运行结果是调用子类中方法，输出 JNC、JGJ 的名称，这就是多态的表现。程序在编译和运行时的类型不同，最终要调用哪一个方法需要在运行时才能确定，因此上述多态也叫作运行时多态。对应的，有的文献上将方法重载称为编译时多态，读者注意区别即可，在此不再重复。

另外，只有子类重写（覆盖）父类的方法时才可能出现多态，子类覆盖父类的成员变量则不具备多态的特征，即不论父类的引用变量指向哪一个对象，运行时调用的都是父类的变量。

4.9.2 引用变量的强制类型转换

在多态一节中可知，成员变量不具备多态性，即使父类变量指向了子类对象，但调用的永远是编译时类型（即父类）中的变量。同样，引用类型的变量也只能调用它编译时类型中具有的方法，而不能调用它运行时类型中具有但编译时类型不具有的方法。如果要让引用变量调用它运行时类型新增的方法，则需要对该变量进行强制类型转换。

对引用变量的强制类型转换与之前对基本数据类型的强制类型转换语法结构一致，即(TargetType)variable，其作用是将变量 variable 的类型转换成 TargetType 类型。但在强制类型转换时，需注意以下两点：

（1）基本类型之间的转换只能在数值类型（含 char 类型）之间进行，数值类型和布尔类型之间不能进行类型转换。

（2）引用类型之间的转换只能在具有继承关系的两个类型之间进行。

关于上述第二点，引用类型之间的强制类型转换如果发生在没有继承关系的两种类型之间，将会编译出错。如果将父类变量强制转换成子类类型，该父类变量所指向的对象必须是子类对象程序才能正常运行，否则会跳出 ClassCastException 异常。以下为引用变量的强制类型转换实例。

```java
public class ConvertTest{
    public static void main(String[] args){
        Object ob=new Integer(5);
        Integer it=(Integer)ob;         //1
        String str1=(String)it;         //2
        String str2=(String)ob;         //3
    }
}
```

在上述程序中，1 处的强制类型转换是合法的，因为 Object 和 Integer 具有继承关系，并且 ob 所指向的对象也确实是 Integer 类型；2 处的类型转换是非法的，因为 String 和 Integer 之间不存在继承关系；3 处的类型转换编译通过，但是运行出现 java.lang.ClassCastException 异常。

所谓的异常即为错误，因为父类变量所指向的子类对象类型具有运行时的不确定性，导致程序因为可能出现异常而终止运行。

另外，需要注意的是，在数值类型之间的类型转换，将表数范围较小的类型转换成表数范围较大的类型不需要进行强制类型转换，系统默认支持。同样，在引用类型的类型转换中，将子类类型转换成父类类型同样不需要强制类型转换，即向上转型，也是系统默认支持的。

4.9.3 instanceof 关键字

在上一节中介绍到，将父类的引用变量强制转换成子类类型可能会出现 ClassCastException 异常，如何避免这种异常呢？在 Java 中，可以使用 instanceof 运算符来预先判断这种转换能否成功。instanceof 运算符为双目运算符，构成的表达式返回值类型为 boolean，其语法结构如下：

```
VariableName instanceof TypeName
```

instanceof 前面的 VariableName 为引用变量名，后面的 TypeName 为类名或接口名，用来判断运行时由 VariableName 指向的对象是否为 TypeName 类的对象，或 TypeName 类的子类的对象，或 TypeName 接口的实现类的对象，如果是，该表达式返回值为 true，否则为 false。

注意：上述 VariableName 变量在编译时的类型要么与 TypeName 类名相同，要么为 TypeName 类的子类，要么为 TypeName 接口的实现类，否则会导致编译出错。

下列程序展示了 instanceof 运算符的用法。

```java
public class InstanceofTest{
    public static void main(String[] args){
        Object ob=new Integer(5);
        Integer it=(Integer)ob;
        System.out.println(ob instanceof Object);      //1
        System.out.println(ob instanceof Integer);     //2
```

```
        System.out.println(ob instanceof Comparable);    //3
        System.out.println(ob instanceof Float);         //4
        System.out.println(it instanceof String);        //5
    }
}
```

上述程序中，1、2 和 3 处运行结果为 true，因为 ob 所指向的对象类型为 Integer，其为 Object 类的子类，也是 Comparable 接口的实现类；4 处运行结果为 false，因为 Integer 类不是 Float 类的子类；5 处编译出错，因为 Integer 与 String 不存在继承关系。

因此，可以在引用变量的强制类型转换之前，先通过 instanceof 运算符判断这种类型转换是否能够正确完成。如果 instanceof 表达式返回 true 则进行转换，可有效避免转换失败导致的 ClassCastException 异常，从而让程序更加健壮。

4.10 综合案例

【例 4-18】综合面向对象程序设计基础知识，根据如下要求实现面向对象编程。（1）设计顶层父类：形状类，添加构造器；（2）设计形状类的子类：2D 类和 3D 类，分别设计周长、面积、表面积和体积属性；为 2D 类添加求周长和面积的方法；为 3D 类添加求表面积和体积的方法；（3）设计 2D 类的子类：长方形类和圆形类，分别设计成员变量和构造器，传入边长和半径等数据，重写求周长和面积的方法；（4）设计 3D 类的子类：长方体类和球体类；分别设计成员变量和构造器，传入边长和半径等数据，重写求表面积和体积的方法；（5）设计主类，在主类的 main()方法中创建 3D 类的一个引用变量，分别指向长方体类和球体类的对象，分别调用其中的求表面积和求体积的方法，实现多态效果。

具体实现代码如下：

```
public class OopTest {
    public static void main(String[] args) {
        Shape3D sd=new Rectangle(2.5,6.9,12);
        System.out.println(sd.GetSurface());
        sd=new Sphere(6.2);
        System.out.println(sd.GetSurface());
    }
}
class Shape{
    public Shape(){

    }
}
class Shape2D extends Shape{
    double dPerimeter;
    double dArea;
    public double GetPerimeter(){
        return dPerimeter;
    }
    public double GetArea(){
```

```
            return dArea;
        }
}
class Shape3D extends Shape{
    double dSurface;
    double dVolume;
    public double GetSurface(){
        return dSurface;
    }
    public double GetVolume(){
        return dVolume;
    }
}
class Rectangle extends Shape3D{
    double dLength;
    double dWidth;
    double dHeight;
    public Rectangle(double a,double b,double c){
        dLength=a;
        dWidth=b;
        dHeight=c;
    }
    public double GetSurface(){
        dSurface=2*(dLength*dWidth + dLength*dHeight + dWidth*dHeight);
        return dSurface;
    }
    public double GetVolume(){
        dVolume=dLength*dWidth*dHeight;
        return dVolume;
    }
}
class Sphere extends Shape3D{
    final double pi=3.1415926;
    double dRadius;
    public Sphere(double a){
        dRadius=a;
    }
    public double GetSurface(){
        dSurface=4*pi*dRadius*dRadius;
        return dSurface;
    }
    public double GetVolume(){
        dVolume=4.0*pi*dRadius*dRadius*dRadius/3.0;
        return dVolume;
    }
}
```

在本案例中，设计了 Shape、Shape2D、Shape3D、Rectangle 和 Sphere 等类，利用类的封装性实现代码复用，并将子类对象赋值给父类对象实现多态性。

程序运行结果：

```
260.1
483.0512781760001
```

 小 结

本章主要介绍了 Java 面向对象编程的基础知识，包括类与对象的定义及关系，如何在类中定义成员，包括成员变量、成员方法、构造器和初始化块的定义与使用。另外，也较详细地讲解了面向对象编程的 3 大特性：封装性、继承性和多态性。

（1）类是一种自定义的数据类型，通过类定义的变量均为引用变量，该引用变量与该变量所指向的类的对象在内存中的存储位置是分开的。

（2）类的成员中根据是否使用 static 修饰符分为类成员和实例成员，类成员的属主为类，实例成员的属主为类的实例（对象），其调用方式及存储都是不一样的。

（3）成员变量属于类的成员，局部变量的作用于通常限定于某个代码块中，在某个局部变量作用域范围内，不允许产生（定义）一个新的同名的局部变量。

（4）成员方法也属于类的成员，如果在同一个类中具有多个方法具有相同的方法名，而形参列表不相同，则构成方法的重载；在 Java 中，方法的参数传递机制只有传值这一种；另外，在形参列表中，如果在最后一个形参的类型和变量名之间加 "…"，则可以让该方法具有实参长度可变的功能。

（5）通过 package 语句来指定该 Java 源文件中的所有类所属的包，用来解决类名冲突问题，使用 import 语句导入其他包中 public 类，使用 import static 语句导入某个包中的 public 类的静态成员。

（6）使用 4 种访问控制符（public、protected、缺省和 private）来控制类中成员的合理隐藏和合理暴露，进而实现类的封装性。

（7）通过类的继承实现代码复用，在继承中，如果子类中定义了一个与父类中同名同参数的方法（父类的该方法在子类中可见），则构成方法的重写；可以使用 super 关键字调用被子类隐藏的父类成员，包括父类的构造器。

（8）如果将子类对象赋值给父类的引用变量，称为向上转型，这种转换是系统默认支持的，在这种情况中，如果父类变量调用成员方法则可能会实现多态性的效果。

（9）如果将父类的引用变量转换成子类变量，则需要进行强制类型转换，在这种转换中可能会出现异常，可以使用 instanceof 关键字预先判断这种转换能否成功。

习 题

一、选择题

1. 下列说法正确的是（ ）。

　　A. Java 程序的 main() 方法必须写在类中

B. Java 程序中可以有多个 main()方法

C. Java 程序中类名必须与文件名相同

D. Java 程序的 main()方法中如果只有一条语句，可以不用{}括起来

2. 对象的特征在类中表示为变量，称为类的（　　　）。

A. 对象 B. 属性

C. 方法 D. 数据类型

3. 关于类的描叙述正确的是（　　　）。

A. 在类中定义的变量称为类的成员变量，在别的类中可以直接使用

B. 局部变量的作用范围仅仅在定义它的方法内，或者是在定义它的控制流块中

C. 使用别的类的方法仅仅需要引用方法的名字即可

D. 一个类的方法使用该类的另一个方法时可以直接引用方法名

4. 在 Java 中，关于构造方法，下列说法错误的是（　　　）。

A. 构造方法的名称必须与类名相同

B. 构造方法可以带参数

C. 构造方法不可以重载

D. 构造方法绝对不能有返回值

5. 下列选项中关于 Java 中封装的说法错误的是（　　　）。

A. 封装就是将属性私有化，提供共有的方法访问私有属性

B. 属性的访问方法包括 setter()方法和 getter()方法

C. setter()方法用于赋值，getter()方法用于取值

D. 包含属性的类都必须封装属性，否则无法通过编译

6. Java 中，如果类 C 是类 B 的子类，类 B 是类 A 的子类，那么下面描述正确的是（　　　）。

A. C 不仅继承了 B 中的成员，同样也继承了 A 中的成员

B. C 只继承了 B 中的成员

C. C 只继承了 A 中的成员

D. C 不能继承 A 或 B 中的成员

7. 分析选项中关于 Java 中 this 关键字的说法正确的是（　　　）。

A. this 关键字是在对象内部指代自身的引用

B. this 关键字可以在类中的任何位置使用

C. this 关键字和类关联，而不是和特定的对象关联

D. 同一个类的不同对象共用一个 this

8. 关于面向对象的说法正确的是（　　　）。

A. 类可以让我们用程序模拟现实世界中的实体

B. 有多少个实体就要创建多少个类

C. 对象的行为和属性被封装在类中，外界通过调用类的方法来获得，但是要知道类的内部是如何实现的

D. 现实世界中的某些实体不能用类来描述

9. 类的实例方法表示的是（　　　）。

A. 父类对象的行为 　　　　　　　　　 B. 类的属性

C. 类对象的行为 　　　　　　　　　　 D. 类的行为

10. 下列（　　）修饰符可以使在一个类中定义的成员变量只能被同一包中的类访问。

　　A. private 　　　　B. 无修饰符 　　　　C. public 　　　　D. protected

11. 对于方法 public void a(int a,String b)以下（　　）是它正确的重载方法。

　　A. public int a(int a,Stirng b){} 　　　　B. protected vid a(int a, String b){}

　　C. public int a(int a,String[] b){} 　　　　D. public static void a(int a,String b){}

二、简答题

1. Java 实现多态的机制是什么？

2. 简述 this 关键字的用法。

3. 请说出作用域 public、private、protected，以及不写时的区别。

4. 面向对象的特征有哪些方面？

5. 简述类和对象的关系。

三、编程题

1. 按以下要求编写程序：

（1）创建一个 Rectangle 类，添加 width 和 height 两个成员变量。

（2）在 Rectangle 中添加两种方法分别计算矩形的周长和面积。

（3）编程利用 Rectangle 输出一个矩形的周长和面积。

2. 定义一个交通工具(Vehicle)的类，其中有：属性速度(speed)体积(size)等方法移动(move())设置速度(setSpeed(int speed))加速 speedUp()、减速 speedDown()等。最后在测试类 Vehicle 中的 main()中实例化一个交通工具对象，并通过方法初始化 speed、size 的值并且打印出来。另外，调用加速、减速的方法对速度进行改变。

3. 编写 Java 程序模拟简单的计算器。定义名为 Number 的类其中有两个整型数据成员 n1 和 n2 应声明为私有。编写构造方法赋予 n1 和 n2 初始值再为该类定义加（addition）、减（subtration）、乘（multiplication）、除（division）等公有成员方法，分别对两个成员变量执行加、减、乘、除的运算。在 main()方法中创建 Number 类的对象调用各个方法并显示计算结果。

第 5 章

面向对象高级程序设计 《《《

学习目标：

- 掌握 final 关键字的用法。
- 熟练掌握 abstract 关键字的用法。
- 熟练掌握接口的概念、定义、实现和用法。
- 熟练掌握内部类的定义与用法。
- 掌握枚举类的使用。
- 掌握其他特殊类（单例类和不可变类等）的定义。

本章在前面章节介绍 Java 面向对象程序设计基础知识的基础上，进一步讲解 Java 面向对象高级程序设计，主要包括 final 关键字修饰变量、方法和类所具有的语法特点，使用 abstract 关键字修饰方法和类，接口的定义与使用，静态内部类、非静态内部类及匿名内部类的定义与使用，枚举类的定义与简单使用等。

5.1 类和对象的生存周期

类和对象的关系相当于模板与实例的关系，类是多个具有相同特征的对象的一种抽象。在 Java 中，类与对象在初始化、内存分配和销毁上都存在一定的差异，本节将从这些方面讲述类和对象在程序运行过程中的执行情况。

5.1.1 类的加载

Java 文件从编码到最终执行，主要包括两个过程：编译和运行。编译，即把编写好的 Java 文件，通过 javac 命令编译成字节码，即 ".class" 文件；运行，则是把编译生成的 ".class" 文件交给 Java 虚拟机（JVM）执行。

类加载的过程主要分为 3 个步骤：加载、链接和初始化，其中，链接又可细分为 3 个小步骤：验证、准备和解析。

1. 加载

类加载过程是指 JVM 虚拟机把 .class 文件中类信息加载到内存，并进一步解析生成对应的 class 对象的过程。例如，JVM 在执行某段代码时需要使用类 A，但此时内存中并没有类 A 的相关信息，于是 JVM 必须到 A.class 文件中去获取类 A 的类信息，并将其加载到内存中，这就是类的加载过程。由此可见，JVM 并非在程序启动时就把所有的类都加载进内存，而是在第一次使用某个类时才会将其加载进内存，并且在该程序本次运行过程中只加载一次。

2. 验证

验证阶段主要是保证加载进来的字节流符合虚拟机规范，不会造成安全错误。包括对于文件格式的验证，例如，常量中是否有不被支持的常量，文件中是否有不规范或者附加的其他信息。对于元数据的验证，例如，该类是否继承了被 final 修饰的类，类中的变量和方法是否与父类冲突，是否出现了不合理的重载。对于字节码的验证，保证程序语义的合理性，例如，要保证类型转换的合理性。对于符号引用的验证，例如，校验符号引用中通过全限定名是否能够找到对应的类，校验符号引用中的访问权限（如 private、public 等）是否可被当前类访问。

3. 准备

准备阶段主要是为类变量（static 修饰的变量）分配内存和赋初值。类变量的初值即在声明该变量时赋予的值，或在静态初始化块中为该变量赋予的值。如果程序中没有显式地为类变量赋值，则系统会为其赋予默认值。

4. 解析

解析阶段即将常量池内的符号引用替换为直接引用的过程。符号引用，即通过字符串来唯一识别某个方法、变量和类。直接引用，即通过内存地址，或者内存偏移量来访问某个方法、变量和类。例如，类方法的直接引用是指向方法区的指针（即地址），而实例方法的直接引用则是从对象的头指针开始到这个实例方法位置的偏移量。例如，方法 hello()，其内存地址是 0x12345678，那么"hello"即符号引用，0x12345678 即直接引用。在解析阶段，虚拟机会把所有的类名、方法名和变量名的符号引用替换为具体的内存地址或偏移量。

5. 初始化

初始化阶段主要是对类变量的初始化和执行静态初始化块。在类初始化之前，会优先初始化其父类，所以，类的初始化从顶层父类开始执行，最后才是当前类的初始化。如果类中包含多个类变量和静态初始化块，则按照代码书写顺序自上而下依次执行。

5.1.2 对象的销毁

在 Java 中，对象使用完成后系统会自动对其进行销毁，即释放对象的所占内存。在创建对象时，通常使用 new 调用构造器为对象分配内存和进行初始化。但在销毁对象时，由系统自动进行内存回收，不需要程序的额外处理，提高了 Java 程序的编程效率和内存管理的安全性。

Java 系统自动销毁对象所占内存被称为垃圾回收（Garbage Collection）机制，简称 GC。不同的 JVM 可能具有不同 GC，并使用不同的算法管理内存和执行回收操作。GC 执行的时机是不确定的，但 GC 在销毁对象之前会调用对象的 finalize()方法，该方法来源于 java.lang.Object 类，因此所有 Java 类都可以重写该方法，该方法中释放对象所占用的资源。在对象的生存周期，可分为 3 个状态：

（1）可达状态：当一个对象被创建后，只要程序中还有引用变量引用它，那么它就始终处于可达状态。

（2）可复活状态：当程序不再有任何引用变量引用该对象时，该对象就进入可复活状态。在这个状态下，GC 会在适当之时释放其所占内存，在释放之前，会调用其 finalize()方法，该方法可能会使该对象重新变成可达状态。

（3）不可达状态：当 JVM 执行完可复活对象的 finalize()方法后，仍然没有使该对象变成可达状态，GC 才会真正回收其所占内存。

另外，调用 System.gc()或 Runtime.gc()方法通常可以提高 Java 垃圾回收器尽快回收垃圾的可能性，但仍不能保证垃圾回收操作一定执行。

5.1.3 堆栈和常量池

在 Java 程序中，有 6 种不同的存储区域可以存储数据：

（1）寄存器：数据存取速度最快的存储区，位于处理器内部。寄存器的数量极其有限，由编译器根据需求进行分配，程序中不能直接控制寄存器。

（2）栈：存放基本类型的变量数据、局部变量和对象的引用，位于 RAM 中。

（3）堆：用于存放所有的 Java 对象，位于 RAM 中。

（4）静态域：用来存放静态成员，即存储在程序运行时一直存在的数据。

（5）常量池：存放字符串常量和基本类型常量（public static final）。常量值通常直接存放在程序代码（方法区）内部，不可改变且安全性高。

（6）非 RAM 存储：硬盘等永久存储空间。如果数据完全存活于程序之外，则可以不受程序的任何控制，并脱离程序而存在。

本节主要介绍栈、堆和常量池中数据的存储。

栈是一个先进后出的数据结构，通常用于存储局部变量（包括方法参数、方法局部变量和代码块局部变量）。在 Java 中，所有基本类型和引用类型都存储在栈中。栈中数据的生存周期一般位于当前代码块中。在栈中存储数据时，栈指针若向下移动，则分配新的内存；若向上移动，则释放内存。它是一种存取速度仅次于寄存器的存储方式，数据一旦执行完毕，变量会立即释放，节约内存空间。创建程序时，Java 编译器必须明确存储在栈中所有数据所占空间大小和生命周期，由此确定栈指针的移动位置和方向。

堆是一个可动态申请的内存空间，用来存放 new 创建的对象（包括数组）。在堆内存中，所有对象都具有内存地址。堆内存中的对象是用来封装数据的，并且这些数据都有默认初始化值。当堆内存中的对象不再被引用时，JVM 会自动启动垃圾回收机制，自动清除堆中对象所占内存。堆与栈不同的是，编译器不明确在堆中为对象分配空间大小和生存周期。因此，在堆中分配存储空间具有较大的灵活性，但缺点是，堆中对象在运行时动态分配内存，存取速度较慢。

Java 中的常量池，实际上分为两种：静态常量池和运行时常量池。所谓静态常量池，即*.class 文件中的常量池，不仅包含字符串和数值常量，还包含类和方法的信息，占用 class 文件绝大部分空间。运行时常量池，则是 JVM 完成类加载后，将 class 文件中的常量池载入到内存中，并保存在方法区中，通常说的常量池，即方法区中的运行时常量池。

运行时常量池相对于静态常量池具备动态性，Java 语言并不要求常量一定只有编译期才能产生，运行期间也可能将新的常量放入池中，例如 String 类的 intern() 方法。该方法会查找在常量池中是否存在一份 equal 相等的字符串，如果有则返回该字符串的引用，如果没有则将本身的字符串加入常量池。

【例 5-1】运行时常量池中对象的比较。

```java
public class FinalTest{
    public static void main(String[] args){
        String s1="Hello";
        String s2="Hello";
        String s3="Hel"+"lo";
        String s4="Hel"+new String("lo");
        String s5=new String("Hello");
        String s6=s5.intern();
        String s7="H";
        String s8="ello";
        String s9=s7+s8;
        String sa=new String("aa"+new String("b");
        String sb=sa.intern();
        String sc=new String("a"+new String("ab");
        String sd=sc.intern();
        System.out.println(s1==s2);    //true
        System.out.println(s1==s3);    //true
        System.out.println(s1==s4);    //false
        System.out.println(s1==s9);    //false
        System.out.println(s4==s5);    //false
        System.out.println(s1==s6);    //true
        System.out.println(sa==sc);    //false
        System.out.println(sa==sd);    //false
        System.out.println(sb==sd);    //true
    }
}
```

上述程序中，直接使用==操作符，比较的是两个字符串对象的引用地址，并非比较字符串内容，比较内容使用 equals() 方法。

（1）s1 == s2 为 true，s1 和 s2 在赋值时，均使用字符串字面量，在编译期间，这种字面量会直接放入 class 文件的常量池中，从而实现复用，载入运行时常量池后，s1 和 s2 指向的是同一个字符串对象，所以相等。

（2）s1 == s3 为 true，s3 虽然是动态拼接出来的字符串，但是所有参与拼接的部分都是已知的字面量，在编译期间，这种拼接会被优化，即被编译器自动执行。

（3）s1 == s4 为 false，s4 虽然也是拼接出来的，但 new String("lo") 这部分不是已知字面量，必须等到运行时才可以确定结果。对于包含 new 方式创建的对象的 "+" 连接表达式，其所产生的对象不会被加入字符串池中。

（4）s1 == s9 为 false，s9 与 s4 类似，s7、s8 作为两个变量，不能在编译期被确定，只能等到运行时，在堆中创建 s7、s8 拼接成的新字符串 s9，s9 在堆中地址不确定，不可能与常量池中的 s1 地址相同。

（5）s4 == s5 为 false，两者都在堆中，但地址不同。

（6）s1 == s6 为 true，intern()方法尝试将 Hello 字符串添加到常量池，并返回其在常量池中的地址，因为常量池中已经存在 Hello 字符串，所以该方法直接返回常量池中"Hello"的地址，因此 s1 和 s6 相等。

（7）最后 3 个比较用来验证 intern()方法在程序运行中将字符串动态加入常量池中，在"String sb = sa.intern();"运行之前，常量池中不存在"aab"字符串，但在该语句执行时，intern()方法会将"aab"加入到常量池，因此"String sd = sc.intern();"语句执行时直接返回常量池中的"aab"的地址，因此 sb == sd 为 true。

对于常量池的理解，必须要关注编译器的行为。运行时常量池中的常量，基本来源于各个 class 文件中的常量池。程序运行时，除非手动向常量池中添加常量（如调用 intern()方法），否则 JVM 不会自动添加常量到常量池。通常，利用常量池中共享的对象可有效避免频繁地创建和销毁对象而影响系统性能。

5.2 final 修饰符

在 Java 中，final 关键字可以用来修饰变量（包括成员变量和局部变量）、成员方法和类，使其具有"不可改变"的特性。final 修饰变量一旦赋值，将不能再次赋值，用 final 修饰的成员变量和局部变量有所不同，所以将分开讲述。

5.2.1 final 修饰成员变量

成员变量包括类变量和实例变量，类变量在类初始化时进行初始化，实例变量在对象初始化时进行初始化，如果程序中没有对成员变量显式赋值，系统将为其自动分配初始值，具体分配规则已经在前面章节中进行阐述，在此不再重复。因为用 final 修饰的变量一旦赋值，将不能重新赋值，所以如果在程序中未对 final 修饰的成员变量显式赋值，该变量将一直保持默认值，也就失去了变量存在的意义。所以，对于 final 修饰的成员变量，Java 语法规定：final 修饰的成员变量必须由程序员显式地指定初始值，并且不能重复赋值。

归纳起来，根据成员变量前是否具有 static 修饰符，用 final 修饰的成员变量赋值方式如下：

（1）类变量：必须在静态初始化块中或声明该变量时指定初始值，并且只能在这两个位置的其中之一指定。

（2）实例变量：必须在普通初始化块中、声明该变量时或构造器中指定初始值，并且只能在这 3 个位置的其中之一指定。如果类中有多个重载的构造器，并且实例变量指定在构造器赋值，则应当在每个构造器中都对该变量赋值。

【例 5-2】用 final 修饰的成员变量赋值。

```
public class FinalVariableTest
{
    final int a=6;
    final String str;
```

```
      final int c;
      final static double d;
      final char ch;
      {
          str="Hello";
          a=9;
      }
      static
      {
          d=5.6;
      }
      public FinalVariableTest()
      {
          str="java";
          c=5;
      }
      public void changeFinal()
      {
          d=1.2;
          ch='a';
      }
}
```

上述程序中，用 final 修饰的变量 a 在变量声明时指定初始值，合法；变量 str、c
和 d 在构造器或初始化块中指定初始值，合法；变量 ch 只声明，但没有在其他合适
的位置赋值，不合法；在普通初始化块中，重新为 a 赋值为 9，不合法；在构造器中
对 str 重新赋值，不合法；在成员方法中对 d 和 ch 赋值也是不合法的。

注意：在 final 成员变量赋值之前，不要访问它的值。

5.2.2　final 修饰局部变量

局部变量有代码块局部变量和形参，与成员变量不同的是，系统不会自动对局部
变量进行初始化，因此局部变量必须由程序员显式初始化。用 final 修饰的局部变量
同样遵循"一旦赋值，不可改变"的原则，即程序中一旦为局部变量赋初值，则不可
对其再次赋值。对代码块局部变量而言，可以在声明变量时初始化，也可以在后面代
码中对其初始化，但都只能赋值一次。对形参而言，由程序员在调用方法时对其赋值，
因此不允许在方法体内再次对其赋值。

【例 5-3】用 final 修饰的局部变量的使用。

```
public class FinalLocalVariableTest
{
    public void test(final int a)
    {
        a=5;                    //1
    }
    public static void main(String[] args)
    {
        final String str="hello";
```

```
        str="Java";                    //2
        final double d;
        d=5.6;
        d=3.4;                          //3
    }
}
```

在上述程序中，变量 a 为方法形参，虽然程序中没有调用 test()方法对其赋值，也不能在方法体中对 a 赋值，因此 1 处编译出错；变量 str 和 d 均为代码块局部变量，可以在声明时赋值，也可以在后面赋值，但都只能赋值一次，所以 2 和 3 处对 str 和 d 重新赋值均会导致编译出错。

5.2.3　final 修饰变量的本质

用 final 修饰变量，限制了变量一旦赋值将不能再次赋值。对于基本数据类型的变量，final 关键字限制了该变量中的数据不能改变。如果变量是引用类型，其中保存的是某一片内存空间的地址，用 final 关键字修饰后，该变量中的数值能否被改变？该变量指向的内存单元中的数据能否被改变？

【例 5-4】用 final 修饰引用类型的变量赋值。

```
class Person
{
    private String name;
    public Person(){}
    public Person(String name)
    {
        this.name=name;
    }
    public void setName(String name)
    {
        this.name=name;
    }
    public int getName()
    {
        return this.name;
    }
}
public class FinalReferenceTest
{
    public static void main(String[] args)
    {
        final int[] iArr={5, 6, 12, 9};
        System.out.println(Arrays.toString(iArr));
        Arrays.sort(iArr);
        System.out.println(Arrays.toString(iArr));
        iArr[2]=-8;
        System.out.println(Arrays.toString(iArr));
        iArr=new int[3];        //1
        final Person p=new Person("小明");
```

```
        p.setName("小刚");
        System.out.println(p.getAge());
        p=null;                        //2
    }
}
```

在上述程序清单中，用 final 修饰的数组 iArr 和变量 p 均为引用类型的变量，程序中对数组元素的修改以及对 p 所指对象内部数据 name 的多次修改都是合法的，只有 1 和 2 处对 iArr 和 p 本身进行重新赋值是非法的。因此，对 final 修饰的变量可以如下理解：用 final 修饰变量，限制了该变量中存储的数据一旦初始化则不能再次赋值，对于引用类型的变量，final 同样限制其不能再次赋值，即该变量不能再指向其他内存单元，但其所指单元内的数据是可以改变的。

5.2.4　final 修饰方法

在继承中，子类可以通过重写的方式修改从父类中继承过来的方法，但如果该方法在父类中使用 final 修饰，则不可在子类中被重写。

【例 5-5】用 final 修饰的方法被子类继承。

```
public class FinalMethodTest
{
    public final void function1(){}
    private final void function2(){}
}
class Sub extends FinalMethodTest
{
    public void function1(){}          //1
    void function2(){}                 //2
    public void function1(int i){}     //3
}
```

上述程序中，在 Sub 类中，1 处试图重写从父类继承的 function1()方法，因为该方法在父类中使用 final 修饰，所以 1 处代码编译报错；2 处方法定义合法，虽然 2 处的 function2 与父类中的 function2 方法同名，形参列表和返回值都相同，但此处不构成方法重写，因为父类中的 function2 方法用 private 修饰，并未继承给 Sub 子类，所以父类中用 final 修饰 function2()方法对子类 Sub 中的 function2()方法没有任何影响。另外，在子类 Sub 中重载了父类中的 function1()方法，合法，因为 final 关键字只限制方法不能被重写，并未限制其不能被重载。

5.2.5　final 修饰类

用 final 修饰的类不能被继承，即不能有子类。例如，java.lang.Math 类就是一个 final 类，不能产生子类，例如下面的程序将编译出错。

```
public class test extends java.lang.Math{
    public static void main(String[] args){
    }
}
```

编译器提示：类型 test 不能成为终态类 Math 的子类。

当子类继承父类时，将可以访问到从父类继承的数据，并通过重写父类方法来改变父类方法的实现细节，这可能导致一些不安全的因素。为了保证某个类不可被继承，则可以使用 final 修饰它。如下程序清单示范了 final 修饰的类不可被继承。

```
final class FinalClass{}
class Sub extends FinalClass{}
```

编译器将提示：类型 Sub 不能成为 final 修饰的类 FinalClass 的子类。

5.3 抽 象 类

当父类 Shape 具有 GetArea()方法时，该方法将来必须被子类继承和重写，但该父类 Shape 并不知道自身对该方法的具体实现。如果 Shape 类只希望保留方法声明以便被子类继承和重写，但又不提供方法体，则可以将 GetArea()方法设置为抽象方法，因为抽象方法只有方法声明，没有方法体，具有抽象方法的类则必须定义为抽象类。

5.3.1 抽象类和抽象方法

抽象方法只有方法声明，没有方法的具体实现，也就是没有方法体。它和空方法不同，空方法是指方法体内没有任何执行语句的方法。抽象方法和抽象类都必须使用 abstract 修饰符修饰，具有抽象方法的类必须定义为抽象类，但抽象类中可以没有抽象方法。

抽象类和抽象方法在使用上具有如下规则：

（1）抽象类不能够创建对象，虽然抽象类中具有构造器，但无法使用 new 关键字调用抽象类的构造器来创建对象。即使抽象类中没有抽象方法，也不能创建对象，但可以使用抽象类创建引用变量，也可以调用其中的抽象方法。

（2）包含抽象方法的类必须定义为抽象类。包含抽象方法的类包括 3 种情况：在类中直接定义了抽象方法；继承抽象父类，但没有完全实现抽象父类中的所有抽象方法；实现一个接口，但没有完全实现接口中的所有抽象方法。

【例 5-6】抽象类和抽象方法的使用。

```
abstract class Shape{
    abstract double GetArea();
    Shape(){}
}
class Rectangle extends Shape{
    double length , width;
    Rectangle(double a,double b){
        length=a;
        width=b;
    }
    double GetArea(){
        return length * width;
    }
```

```
}
abstract class Circle extends Shape{
    double r;
}
public class Test{
    public static void main(String[] args){
        Shape sp=new Rectangle(5.6,4.8);
        System.out.println(sp.GetArea());
    }
}
```

在上述程序中，Shape 类中的 GetArea()方法只有方法声明，没有方法体，因此只能使用 abstract 关键字将其修饰为抽象方法，而且包含抽象方法的 Shape 类也必须使用 abstract 修饰为抽象类。在抽象类中可以定义构造器。Rectangle 类继承了抽象父类 Shape，并且实现（重写）了父类中的 GetArea()方法，所以 Rectangle 不用定义为抽象类。Circle 类继承了抽象父类 Shape，但没有实现父类中的 GetArea()抽象方法，所以 Circle 必须定义为抽象类。在 main()方法中可以看到，抽象父类 Shape 可以创建引用变量，也可以指向子类 Rectangle 的对象，从而使用多态方式调用子类对象的 GetArea() 方法。

另外，abstract 关键字在使用时还具有如下几个特点：

（1）用 abstract 修饰的类必须要被继承才能调用相应方法，用 abstract 修饰的方法只能通过重写才能提供具体实现；而用 final 修饰的类不能被继承，用 final 修饰的方法不能被重写，所有 abstract 和 final 不能同时使用。

（2）不能同时使用 static 和 abstract 修饰方法，即没有抽象类方法。

（3）不能使用 abstract 修饰构造器，即没有抽象构造器，也不能用 abstract 修饰变量（包括成员变量和局部变量）；但抽象类可以定义构造器，该构造器不能使用 new 运算符调用，只能被子类的构造器调用。

（4）抽象方法必须要被子类重写才具有实质功能，用 private 修饰的方法不能被继承，也就不能被重写，所以 private 和 abstract 不能同时修饰方法。

5.3.2 抽象类的作用

由上一节可知，抽象类不能创建对象，只能当作父类被继承。子类继承抽象父类，如果子类要发挥实质作用（创建对象并调用方法），则必须实现抽象父类中的所有抽象方法，即抽象父类限制了子类必须提供某些方法的实现。因此，可以将抽象类理解为多个具体类的更高层次的抽象体。从多个具有相同特征的类中抽象出一个抽象类，以这个抽象类作为其子类的模板，从而避免子类在设计上的随意性。

【例 5-7】以抽象类为模板设计程序。

```
abstract class Printer{
    void open(){
        System.out.println("open");
    }
    void close(){
```

```
        System.out.println("close");
    }
    abstract void print();
}
class HBPrinter extends Printer{
    void print(){
        System.out.println("我是惠普打印机");
    }
}
class CanonPrinter extends Printer{
    void print(){
        System.out.println("我是佳能打印机");
    }
}
class PrinterTest{
    public static void main(String args []){
        Printer p1=new HBPrinter();
        p1.open();
        p1.print();
        p1.close();
        Printer p2=new CanonPrinter();
        p2.open();
        p2.print();
        p2.close();
    }
}
```

程序运行结果：

```
open
我是惠普打印机
close
open
我是佳能打印机
close
```

在上述程序中，从多个具体类 HBPrinter 和 CanonPrinter 中提取一个通用模板，即为抽象父类 Printer，该父类中具有抽象方法 print()，由此限制了所有继承该父类 Printer 的子类都必须提供 print 方法的实现。如果子类中没有实现 print()方法编译器，将给出相应限制，通过抽象类的方式确保规范（模板）的严格性。

5.4 接　　口

由上一节可知，抽象类是一组具有共同特征的类的模板，它限制了其子类必须具有的行为特征。如果将这种抽象进行得更彻底，则可以提炼出一种更特殊的"抽象类"——接口，jdk1.8 之前的接口中所有的方法均为抽象方法，但 jdk1.8 对接口进行了改进，允许在接口中定义具有方法体的默认方法。

5.4.1 接口的定义

与定义类时使用的关键字 class 不同，定义接口使用 interface 关键字，其基本语法结构如下：

```
[修饰符] interface 接口名 [extends 父接口 1,父接口 2…..]
{
    [0～N 个静态常量的定义]
    [0～N 个抽象方法]
    [0～N 个内部类、内部接口和枚举类的定义]
    [0～N 个默认方法或类方法的定义]
}
```

对上述语法结构中接口声明的选项说明如下：

（1）修饰符：interface 关键字前的修饰符为可选项，可为 public 或者缺省。如果修饰符缺省，则该接口只能在同一个包中被访问；如果为 public，表明该接口为公开访问权限，而且 public 接口所在文件的主文件名也应当与接口名保持一致。

（2）接口名：与类名的命名规则一致，只要是 Java 合法的标识符即可，但在 Java 系统中，接口名通常以 able 或 ible 结尾，表明接口通常能够完成某种行为，如 Runnable、Serializable 和 Comparable 等。

（3）extends 选项：该选项为可选项，接口可以通过 extends 直接继承一个或多个父接口，但不能继承类。

在接口体中，主要介绍常量、抽象方法、类方法和默认方法，关于内部类和枚举类等将在后续章节进行介绍。接口中的成员默认使用 public 访问权限，如果要指定其访问控制符，也只能为 public。

在接口体中，可以包含 0 至多个静态常量，即在接口中定义的成员变量默认带有"public static final" 3 个修饰符。因为接口中没有初始化块和构造器，因此在接口中定义的成员变量只能在声明时指定初始值。

接口中的方法可以为抽象方法、类方法和默认方法，类方法和默认方法都具有方法体。如果接口中某个方法只有方法声明，则为抽象方法，其默认带有"public abstract" 修饰符。如果接口中某个方法具有方法体，则为类方法或默认方法。类方法必须加上 static 修饰符，默认方法则必须加上 default 修饰，并且不能给具有方法体的方法同时加上 static 和 default 修饰符。

【例 5-8】接口的定义举例。

```
public interface Printable
{
    int MAX_CACHE_LINE=80;
    void out();
    void getData(String msg);
    default void test()
    {
        System.out.println("默认的 test()方法");
    }
    static String staticTest()
```

```
    {
        return "接口里的类方法";
    }
}
```

在上述程序中，定义了一个 public 权限的接口 Printable，其中定义了一个常量 MAX_CACHE_LINE，虽然该常量没有使用修饰符，但系统会自动给其添加"public static final"属性；其后定义了 2 个抽象方法：out()和 getData()，因为这两个方法没有方法体，所以系统会自动给其加上"public abstract"修饰符，即为抽象方法；其后定义了一个默认方法 test()，具有方法体，并且必须使用 default 修饰；最后定义了一个类方法 staticTest()，具有方法体，并且必须使用 static 修饰。

因为接口中的成员具有不同的修饰符，所以其访问方式也不尽相同，例如常量和类方法可以使用接口名直接访问，默认方法可以通过接口的实现类的实例来进行访问等。关于接口的具体使用规则将在后续章节中进行介绍。

5.4.2 接口继承和使用

在 Java 中，类的继承为单继承，即类只能有一个直接的父类，但是接口的继承为多重继承，即一个接口可以有多个直接的父接口，多个父接口名位于 extends 关键字之后，用英文逗号","分隔。与类的继承相似的是，一个接口继承多个父接口，将会拥有父接口中的所有常量和抽象方法。

【例 5-9】接口的继承和使用。

```
interface interfaceA
{
    int iA=5;
    void funcA();
}
interface interfaceB
{
    int iB=6;
    void funcB();
}
interface interfaceC extends interfaceA, interfaceB
{
    int iC=7;
    void funcC();
    static void staticFuncC(){
        System.out.println("staticFuncC");
    }
    default void defaultFuncC(){
        System.out.println("defaultFuncC");
    }
}
class Father
{
    static void FuncFather(){
```

```
        System.out.println("FuncFather");
    }
}
class classC extends Father implements interfaceC
{
    public void funcA(){
        System.out.println("A");
    }
    public void funcB(){
        System.out.println("B");
    }
    public void funcC(){
        System.out.println("C");
    }
}
public class InterfaceExtendsTest
{
    public static void main(String[] args)
    {
        System.out.println(interfaceC.iA);
        System.out.println(interfaceC.iB);
        System.out.println(interfaceC.iC);
        System.out.println(classC.iA);
        System.out.println(classC.iB);
        System.out.println(classC.iC);
        interfaceC ic=new classC();
        ic.funcC();
        ic.staticFuncC();   //编译出错，ic中不具备interfaceC接口中的类方法
        interfaceC.staticFuncC();
        ((classC)ic).FuncFather();
        ic.defaultFuncC();
        Object ob=ic;
    }
}
```

以上程序中，接口 interfaceC 通过 extends 关键字直接继承 interfaceA 和 interfaceB 接口，不仅拥有了父接口中的所有常量，也同时拥有了其抽象方法。另外，上述程序也展示了接口使用的常用方式，归纳为以下 3 种：

（1）定义引用变量，也可用于强制类型转换。

（2）使用接口名调用接口中的常量和类方法。

（3）被其他类实现。

一个类可以使用 implements 关键字实现一个或多个接口，implements 与 extends 类似，可以让接口的实现类拥有被实现接口的所有常量和方法（包括抽象方法和默认方法，不包括类方法）。Java 中实现接口的语法如下：

```
[修饰符] class 类名 [extends 父类] [implements 接口名1,接口名2…]{
    //类体部分
}
```

一个类可以使用 extends 继承一个父类，但可以使用 implements 实现多个不具备相同抽象方法的接口，并且 implements 部分必须位于 extends 部分之后。一个类实现多个接口，必须全部实现接口中的抽象方法，否则必须使用 abstract 定义为抽象类。

可以将 implements 理解成特殊的继承，其"父类"是一种特殊的"抽象类"——接口。

注意：接口中的方法都是 public 权限，所有类实现接口时，其继承的方法也必须为 public 权限，而且如果实现类的多个接口具有相同的方法，则不能被同时实现。

另外，所有接口定义的引用变量可以直接赋值给 Object 类型的引用变量，因为接口引用变量所指的对象对应的实现类肯定是 Object 类的直接或间接子类。

5.5 内 部 类

在前面的章节中，比类更高层的程序单元为包，如果将一个类定义在其他类或方法中，这样的类被称为内部类（或嵌套类），包含内部类的类则称为外部类（或宿主类）。根据内部类定义位置的不同，又可分为成员内部类和局部内部类，成员内部类即在类体中定义的类，局部内部类为在方法体中定义的类。

这里主要介绍成员内部类和匿名内部类（特殊的局部内部类）的用法，成员内部类根据其类体定义前是否具有 static 修饰符分为静态内部类和非静态内部类。

5.5.1 成员内部类的定义

普通类（外部类）的上一层程序单元为包，如果在普通类的类体中定义类则为成员内部类。成员内部类是一种与成员变量、成员方法、构造器和初始化块相似的类成员。成员内部类的定义与外部类的定义语法相似，其语法结构如下：

```
[修饰符] Class OuterClass{
    [修饰符] class InnerClass{}                //成员内部类的定义
}
```

与外部类定义不同的是，成员内部类前的访问控制符可为 public、protected、private 和默认，其访问权限与其他类成员相同。内部类的修饰符中可以包含 static 关键字，如果成员内部类用 static 修饰，则为静态内部类，否则为非静态内部类。

1. 非静态内部类的定义

【例 5-10】非静态内部类的定义举例。

```
class OuterClass{
    private double radius=0;
    public static int count=1;
    public OuterClass(double radius){
        this.radius=radius;
    }
    class InnerClass{                    //非静态内部类
        //static{}                       //编译出错
```

```
    static int c;                        //编译出错
    static void func(){}                 //编译出错
    public void drawSahpe({
        System.out.println(radius);      //外部类的private成员
        System.out.println(count);       //外部类的静态成员
    }
    }
}
```

在上述程序中，内部类 InnerClass 是外部类 OuterClass 的一个成员。成员内部类可以无条件访问外部类的所有成员变量和成员方法（包括 private 成员和静态成员）。如果外部类成员变量、内部类成员变量与内部类中方法局部变量同名，则可以通过"变量名"、"this.变量名"和"外部类类名.this.变量名"的方式来进行区分。

另外，Java 不允许在非静态内部类中定义静态成员，即非静态内部类中不能定义静态方法、静态成员变量和静态初始化块，其他成员的定义与外部类相同。

2．静态内部类的定义

在成员内部类定义的修饰符中包含 static 关键字，则该类为静态内部类（也称类内部类）。与非静态内部类定义不同的是，在静态内部类中，可以包含静态成员，也可以包含非静态成员。根据静态成员不能访问非静态成员的规则，静态内部类中不能访问外部类的实例成员（非静态成员），只能访问外部类的类成员。

【例 5-11】静态内部类的定义举例。

```
class OuterClass{
    int a;
    private static int b;
    private static class staticInnerClass{
        static{}
        static int c;
        static void func1(){
            System.out.println(a);      //编译出错
            System.out.println(b);
        }
        void func2(){
            System.out.println(a);      //编译出错
            System.out.println(b);
        }
    }
}
```

另外，在 Java 接口中也可以定义内部类，但接口中的内部类默认具有 public static 修饰符，即接口中的内部类必须为 public 权限的静态内部类。

编译上述非静态内部类和静态内部类程序后，在资源管理器相关文件夹下可以看到 3 个 class 文件：OuterClass.class、OuterClass$InnerClass.class 和 OuterClass$staticInnerClass.class。由此可见，内部类在编译后同样会产生相应的 class 文件，其文件名为"外部类名$内部类名.class"。

5.5.2　成员内部类的使用

成员内部类的使用根据使用位置的不同可以分为 2 种：在外部类内部使用和在外部类外部使用。下面就这两种情况对成员内部类的使用方法进行阐述。

1.　在外部类内部使用内部类

在外部类内部不能直接访问非静态内部类中的成员，如果要访问非静态内部类成员，必须先定义内部类的对象，通过其对象的方式进行访问。

【例 5-12】在外部类中访问非静态内部类。

```java
class Outer{
    InnerClass ic;
    void func(){
        i=10;                               //编译错误
        ic=new InnerClass();
        System.out.println(ic.i);
    }
    public static void main(String [] args){
        InnerClass ic=new InnerClass();     //编译错误
    }
    static{
        InnerClass ic=new Outer().new InnerClass();
    }
    class InnerClass{
        private int i=9;
    }
}
```

由上述程序可见，在外部类中不可以直接访问非静态内部类的成员。要访问非静态内部类中的成员，只能先创建内部类的对象，通过内部类的对象来进行访问。与普通类访问不同的是，在外部类中可以通过内部类的对象访问内部类的 private 成员。另外，在外部类的静态成员（静态初始化块和静态方法）中可以通过非静态内部类名创建引用变量，但是不能通过 new 关键字直接调用内部类的构造器，必须通过外部类的对象来调用内部类的构造器。

同样，在外部类中也不可以直接访问静态内部类的成员，但可以通过静态内部类的类名访问内部类的静态成员。如果要访问静态内部类的实例成员，同样需要先创建内部类的对象

【例 5-13】在外部类中访问静态内部类。

```java
class OuterClass{
    static InnerClass sic;
    private static class staticInnerClass{
        private int i;
        private static int j;
        static void func1(){}
    }
    void func(){
        System.out.println(i);         //编译错误
```

```
        System.out.println(staticInnerClass.j);
        sic=new staticInnerClass();
        System.out.println(sic.i);
    }
    public static void main(String [] args){
        staticInnerClass sic2=new staticInnerClass();
        System.out.println(sic2.i);
    }
}
```

上述程序展示了在外部类中访问静态内部类的情况，与访问非静态内部类不同的是，在外部类中可以通过内部类名的方式访问静态内部类的类成员。另外，在外部类的静态成员中创建静态内部类的对象并不需要先创建外部类的对象，可以直接通过 new 关键字调用静态内部类的构造器即可创建内部类的对象。

2．在外部类外部使用内部类

与其他类成员相同的是，如果要在外部类外部使用内部类，则内部类的访问权限不能是 private，用 private 访问权限控制的内部类只能在外部类内部使用。相应地，如果使用其他访问控制符修饰内部类，则可以在对应的访问权限内使用。

在外部类外部定义内部类（包括静态和非静态内部类）变量的语法格式如下：

```
[外部类的包前缀]外部类名.内部类名 varName
```

在外部类外部调用静态内部类和非静态内部类的构造器不同，非静态内部类属于实例成员，所以调用非静态内部类的构造器时必须先具备一个外部类的实例。静态内部类属于类成员，所以调用静态内部类的构造器时只需要使用外部类的类名即可，因此，在外部类外部调用非静态内部类和静态内部类的构造器来创建内部类对象的语法如下：

```
外部类实例.new 非静态内部类构造器();     //创建非静态内部类对象
new 外部类类名.静态内部类构造器();       //创建静态内部类对象
```

【例 5-14】 在外部类外部定义成员内部类变量和创建成员内部类对象。

```
class Outer{
    class Inner{
        private int i=2;
        boolean b=true;
        void func(){}
    }
    static class StaticInner{
        private int i=2;
        boolean b=true;
        static void func(){}
    }
    private class priInner{
    }
}
public class Test{
    public static void main(String[] args){
```

```
        Outer.Inner oi=new Outer().new Inner();
        System.out.println(oi.i);  //编译出错，i 为内部类 private 成员
        System.out.println(oi.b);
        Outer.StaticInner osi=new Outer.StaticInner();
        Outer.priInner opi;          //编译出错，类型 Outer.priInner 不可视
        oi=new Outer.Inner();                //编译出错
        osi=new Outer().new StaticInner();    //编译出错
        oi.func();
        osi.func();
    }
}
```

上述程序展示了在外部类外部使用成员内部类的情况，由此可见，在外部类外部创建内部类变量都是使用"外部类名.内部类名"的方式，如果内部类为 private 访问权限，在外部类外部将不可访问该内部类。另外，在外部类外部调用非静态内部类和静态内部类构造器的方式不同，非静态内部类的构造器由外部类对象调用，静态内部类的构造器由外部类名调用，并且这两种方式不可交换。在外部类外部对内部类成员的调用方式与普通类没有区别。

5.5.3 匿名内部类

匿名内部类也是内部类的一种。顾名思义，匿名内部类即没有显式名称的内部类。这种类在实际开发中应用较多，常用于只需要使用一次的场景，因此创建内部类时会立即创建一个该类的对象。定义匿名内部类和创建对象的语法如下：

```
new 接口名() | 父类构造器名(实参列表) {
    //类体部分
}
```

从上述语法规则来看，匿名内部类会隐式地继承一个父类，或实现一个接口。匿名内部类不能是抽象类，如果父类是抽象类，该匿名内部类则需要实现父类所有的抽象方法。同样，在实现接口时，也应当实现接口中所有的抽象方法。

【例 5-15】一个简单的匿名内部类的创建和使用。

```
interface Output{
    void print(String str);
}
public class AnonymousTest{
    void func(Output op){
        op.print("hello");
    }
    public static void main(String[] args){
        int a=0;
        new Test().func(new Output(){
            public void print(String str){
                System.out.println(str);
                //不能引用另一方法中定义的内部类中非终态变量 a，编译出错
                System.out.println(a);
                a=3;         //a 在定义时被自动使用 final 修饰，编译出错
```

```
            }
        });
    }
}
```

在上述程序中，定义了一个接口 Output，其中包含一个抽象方法 print()。在主类 AnonymousTest 中定义了一个带有 Output 类型形参的方法 func()，在 main()中调用该方法时必须传入一个 Output 接口实现类的对象。程序中使用匿名内部类方式传入相应对象，在匿名内部类中对接口的所有抽象方法进行实现。

匿名内部类在功能上，完全可以拆分成 2 个步骤：先定义接口的实现类，再通过该实现类创建对象并使用。但如果在程序中只需要使用一次接口的这种实现类的对象，则可以利用匿名内部类这种方式让代码更简洁而高效。另外，在使用匿名内部类时还需要注意几点。

（1）创建匿名内部类时，必须继承一个类或者实现一个接口，但是两者不可兼得。

（2）匿名内部类没有类名，所以不能定义构造器，可以使用普通初始化块来完成相应初始化工作。

（3）匿名内部类中不能存在任何静态成员，包括静态初始化块、静态成员变量、静态成员方法和静态内部类等。

（4）匿名内部类属于局部内部类（即在方法体中定义的内部类），jdk1.8 之前的 Java 规定被局部内部类访问的局部变量必须显式使用 final 修饰，但 jdk1.8 对此限制做了修改：如果局部变量被匿名内部类访问，该局部变量等同于自动使用了 final 修饰符。

5.6 枚 举 类

枚举类是从 jdk1.5 开始的新增特性，是一种特殊且受约束的类。枚举类常用于描述对象数量有限且固定的事物，如只有"春夏秋冬"4 个对象的季节类和只有 7 个对象的星期类等。使用枚举类可简单、便捷且安全地描述这些固定的事物。

5.6.1 枚举类的简单使用

枚举类是一种特殊的类，从 jdk1.5 开始，可使用 enum 关键字定义枚举类，enum 是一种与 class、interface 具有同等地位的数据类型。枚举类与 class 类似，可以包含成员变量、成员方法和构造器，也可以实现一个或多个接口。同样，public 权限控制的枚举类的类名必须与 Java 源文件名称相同。

枚举类通常用于描述具有固定对象的事物，所以枚举类在定义时，需要在类中显式列出所有的枚举值（对象），并且各枚举值之间用英文逗号"，"分隔，枚举值列表后以英文分号"；"结尾。

【例 5-16】一个简单的枚举类的定义与使用。

```
enum SeasonEnum{
    SPRING,SUMMER,FALL,WINTER;
}
```

```java
public class EnumTest{
    public void judge(SeasonEnum s){
        switch (s){
            case SPRING:
                System.out.println("春暖花开，正好踏青");
                break;
            case SUMMER:
                System.out.println("夏日炎炎，适合游泳");
                break;
            case FALL:
                System.out.println("秋高气爽，进补及时");
                break;
            case WINTER:
                System.out.println("冬日雪飘，围炉赏雪");
                break;
        }
    }
    public static void main(String[] args){
        for (SeasonEnum s : SeasonEnum.values()){
            System.out.println(s);
        }
        new EnumTest().judge(SeasonEnum.SPRING);
    }
}
```

上述程序编译后，会生成 SeasonEnum.class 文件，可见枚举类也是一种特殊的类。枚举类可以放在 switch 语句中作为表达式类型，并在各 case 后使用枚举值（不需要使用枚举类名作为前缀）进行分支判断。如果要使用枚举类的某个实例，可以通过"枚举类.枚举值"的方式进行访问，如 SeasonEnum.SPRING。

而且，所有枚举类都继承 java.lang.Enum 类，所以自定义的枚举类都可以直接使用 Enum 类的方法，下面就 Enum 类的常用方法进行说明。

（1）public static T[] values()：Java 的 API 文档没有对该方法进行描述，在 Enum 枚举类的源码中也没有该方法的定义，它是 Enum 类在编译时自动添加的。该方法可将枚举类的所有枚举值返回到一个相应的枚举数组中。例如：

```java
SeasonEnum[] EnumValues=SeasonEnum.values();
```

（2）public final int ordinal()：该方法返回枚举值在枚举类中的索引值，即在枚举值列表中的位置。第一个枚举值的索引值为零。

（3）public final int compareTo(E o)：该方法用于比较枚举值的大小，枚举值只能与相同类型的枚举值进行比较。如果该枚举值在枚举类定义时位于指定枚举值之前，则该方法返回负整数；如果该枚举值位于指定枚举值之后，则返回正整数，否则返回零。通常该方法返回两个枚举值的索引值之差。

（4）public final String name()：该方法返回当前枚举值的变量名，如 SeasonEnum.SPRING.name()返回字符串"SPRING"。该方法与 toString()方法类似，推荐使用 toString()方法。

（5）public String toString()：该方法用来返回枚举值的名称，与 name()方法类似，通常对该方法进行重写，以打印出与该枚举值更"贴切"的描述信息。

（6）public static <T extends Enum<T>> T valueOf(Class<T> enumType,String name)：该静态方法用于返回指定名称的枚举值，指定名称必须与该枚举类中声明枚举值时所用的标识符完全匹配，不允许使用额外的空白字符。

5.6.2 枚举类的定义

在上一节中介绍了枚举类的简单使用方法，但枚举类终究不是普通类，枚举类在定义时与普通类存在如下区别：

（1）枚举类可以实现一个或多个接口，使用 enum 定义的枚举类默认继承 java.lang.Enum 类，并且不能继承其他父类。

（2）使用 enum 定义的非抽象枚举类默认使用 final 修饰符，所以枚举类不能产生子类。

（3）枚举类的构造器只能使用 private 访问控制符，且默认使用 private 修饰。

（4）枚举值必须在枚举类的第一行显式声明，枚举类不能在其他位置产生新的枚举值，枚举值在声明时自动使用 public static final 修饰。

枚举类虽然是一种特殊的类，但是也可以定义成员变量、成员方法和构造器。

【例 5-17】定义了相应成员的枚举类。

```
enum GENDER{
    MALE(12),FEMALE(14);
    private int age;
    GENDER(int i){
        age=i;
    }
    public void SetAge(int i){
        age=i;
    }
    public int GetAge(){
        return age;
    }
}
public class EnumTest2
{
    public static void main(String[] agrs){
        GENDER g=Enum.valueOf(GENDER.class,"MALE");
        g.SetAge(18);
        System.out.println(g.GetAge());
    }
}
```

在上述枚举类中，为了提高枚举类的封装性，成员变量使用 private 控制，并且定义 public 权限的 getAge()和 setAge()方法进行读/写。另外，在枚举类中定义了构造器，虽然构造器访问控制符缺省，但默认使用 private 权限，因此不能在枚举类第一行之外的其他任何位置创建枚举类的对象。该枚举类的构造器带有一个参数，因此在枚举类第一行定义枚举值时也需要传入相应实参。与普通类创建对象不同的是，在枚举类第一行定义枚举值（枚举类的对象）不需使用 new 关键字，如果构造器不带参数，则枚举值后面的括号"()"也是可缺省的。

5.7　其他特殊类

在 Java 中，还有一些特殊的类，如所有类的父类 java.lang.Object、单例类和不可变类等，这些类有些是 Java 系统定义的类，有的是在 Java 工程中自定义的类，下面就这些特殊的类进行说明。

5.7.1　java.lang.Object

Object 类位于 java.lang 包中，java.lang 包包含 Java 最基础和核心的类，在编译时会自动导入。Object 类是 Java 中其他所有类、数组和枚举类的直接或间接父类。如果定义一个类时没有使用 extends 显式指定父类，则该类默认继承 Object 类。在 Java 中，可以把任何类型的对象（包括数组）赋值给 Object 类型的变量。

因为其他所有 Java 类都继承 Object 类，所以任何 Java 对象都可以调用 Object 类的方法。Object 类提供了如下几个常用方法：

1．public boolean equals(Object obj)

该方法用来判断指定对象是否与该对象相等，在 Object 类的该方法中判断对象相等的标准是：两个引用变量指向同一个对象。因此，如果在 Object 子类中要自行设置对象相等标准，则需要重写该方法。

2．public int hashCode()

该方法返回当前对象的 hashCode 值。在默认情况下，Object 类的 hashCode()方法根据对象的地址来计算。该方法在一些具有哈希功能的 Collection 中用到。

3．public String toString()

该方法会返回一个"以文本方式表示"此对象的字符串。结果应该是一个简明但易于读懂的字符串。建议所有子类都重写此方法。Object 类的 toString()方法返回一个字符串，该字符串由"类名@对象的哈希值"组成。

4．protected void finalize()throws Throwable

当系统中没有引用变量指向当前对象时，垃圾回收器会在合适的时候调用该方法来清理该对象所占用的内存资源。

5．public final Class<?> getClass()

该方法返回该对象的运行时类型。并且该方法不可重写，通常与 getName()联合使用，如"getClass().getName();"。

6．protected Object clone()throws CloneNotSupportedException

该方法是 Object 类的 protected 方法，所以如果一个类不显式重写 clone()，其他类就不能直接去调用该类实例的 clone()方法。该方法用于帮助其他对象实现"自我克隆"，即复制得到一个当前对象的副本，而且两者之间完全隔离。

这种"自我克隆"机制简单易用，而且十分高效。但这种复制是一种浅克隆，它只克隆该对象所有的成员变量值，不会对引用类型的成员变量值所指向的对象进行"递归克隆"。

另外，Object 类中还有一些其他常用方法：如 void notify()方法，用来激活等待在该对象的监视器上的一个线程；void notifyAll()方法用来激活等待在该对象的监视器上的全部线程；void wait()方法在其他线程调用此对象的 notify()方法或 notifyAll()方法前使用，导致当前线程等待，请读者自行学习使用。

5.7.2 单例类

单例类不是 Java 语言的规定，它是指在应用中通过对普通类进行特殊的设计，让某个类在运行中只能创建一个实例，具有这种应用特点的类被称为单例类。例如，在 Windows 系统中只能创建一个窗口管理器，一个网站系统只能具有一个计数器等，这种只能创建一个实例的模式也称为单例模式。那么，如何设计一个单例类呢？

普通类使用 new 关键字调用构造器来创建实例，如果要限制其他类自由创建该类的实例，则需要使用 private 将该类的所有构造器隐藏起来。

使用 private 将所有构造器隐藏起来后，需要在该类中提供一个入口来调用该类的构造器来创建实例。这个入口必须是在没有创建该类的实例的情况下就可以执行，例如静态方法、静态初始化块和静态内部类等。

提供了在没有创建实例的情况下即可执行的入口之后，还需要保证该入口只执行一次，或者该入口执行多次也只能创建一个实例，可以通过缓存已创建的对象来保证只创建一个实例。

【例 5-18】一个单例类的创建与测试。

```
class Singleton{
    private static Singleton instance=null;
    private Singleton(){}
    public static Singleton getInstance(){
        if(instance==null)
            instance=new Singleton();
        return instance;
    }
}
public class SingletTest{
    public static void main(String[] args){
        Singleton p1=Singleton. getInstance();
        Singleton p2=Singleton. getInstance();
        System.out.println(p1==p2);            //输出 true
    }
}
```

上述程序输出结果为 true，说明该单例类只能创建一个实例。程序中使用 instance 缓存实例保证只创建一个实例，因为需要被 static 入口方法访问，所以 instance 也需要使用 static 修饰。单例类使用 private 修饰构造器来限制其被其他类创建实例，保证实例的唯一性。当然，单例类还有许多其他实现方式，请读者自行研究。

5.7.3 不可变类

不可变类与单例类一样，也不是 Java 语言的规定。通过对普通类的特殊设计，可让某些类一旦创建实例后，实例中的内容便不可改变，即无法修改其成员变量的值。对应地，实例创建后，其成员变量的值可以被修改则为可变类。例如，Java 中的 8 个基本类型的包装类和 String 类都属于不可变类，而其他大多数类都属于可变类。

不可变类的对象的状态在创建之后就不能发生改变，任何对它的改变都应该产生一个新的对象。那么，不可变类是如何设计的呢？通常，一个不可变类在定义时需要具备如下几个特征：

（1）所有成员都使用 private final 修饰。

（2）提供带参数的构造器，用于根据传入参数来初始化类中的成员变量。

（3）仅为成员变量提供 getter() 方法，不提供修改成员变量的 setter() 方法。

（4）确保所有的方法不会被重载。通常有 2 种方式：使用 final class（强不可变类），或将所有类方法加上 final 修饰符（弱不可变类）。

（5）如果成员变量不是基本数据类型或不可变类，必须在成员初始化或者 getter() 方法时通过深复制（即复制该类的新实例而非引用）的方式来确保该类的不可变性。

（6）如果有必要，重写 hashCode() 和 equals() 方法，同时保证用 equals() 方法判断为相等的 2 个对象，其 hashCode 值也应相等。

【例 5-19】根据以上规则，定义一个较典型的不可变类。

```java
public class Address{
    private final String detail;
    public Address(){
        this.detail="";
    }
    public Address(String detail){
        this.detail=detail;
    }
    public String getDetail(){
        return detail;
    }
    public int hashCode(){
        return detail.hashCode();
    }
    public boolean equals(Object obj){
        if (obj instanceof Address){
            Address address=(Addressobj);
            if (this.getDetail().equals(address.getDetail())){
                return true;
            }
        }
        return false;
    }
}
```

总结起来，不可变类有两个主要优点：高效和安全。高效：当一个对象是不可变的，如果需要复制这个对象的内容时，只需复制地址，占用空间小，效率高。安全：

在多线程情况下，一个可变对象的值很可能被其他进程改变，这样会造成不可预期的结果，而使用不可变对象就可以避免这种情况，同时省去了同步加锁等过程，因此不可变类是线程安全的。当然，不可变类也有缺点：不可变类的每一次"改变"都会产生新的对象，因此在使用中可能会产生很多内存垃圾。

5.8 综合案例

【例 5-20】编写模拟酒店员工工作、管理及服务案例程序，要求尽量使用到 Java 面向对象编程中继承、接口、向上转型对象和包等技术。本案例的需求比较简单，主要目的要求在一个较大的工程项目中用到继承、接口和包等技术，也就是面向对象编程的各个最基本技术的实现。具体代码如下：

```java
/*****************Employee.java*******************/
package hotel;
public class Employee {
    private String name;
    private String id;
    public Employee() {
    }
    public Employee(String name, String id) {
        this.name = name;
        this.id = id;
    }
    public String getName() {
        return name;
    }
    public void setName(String name) {
        this.name = name;
    }
    public String getId() {
        return id;
    }
    public void setId(String id) {
        this.id = id;
    }
}
/****************VIP.java*******************/
package hotel;
public interface VIP {
    public abstract void services();
}
/***************** Chef.java******************/
package hotel;
public class Chef extends Employee implements VIP {

    public Chef() {
        super();
    }
```

```java
    public Chef(String name, String id) {
        super(name, id);
    }
    public void work() {
        System.out.println("厨师在炒菜");
    }
    public void services() {
        System.out.println("为 VIP 做精致的菜");
    }
}
/**************** Waiter.java*****************/
package hotel;
public class Waiter extends Employee implements VIP {
    public Waiter() {
        super();
    }
    public Waiter(String name, String id) {
        super(name, id);
    }
    public void work() {
        System.out.println("服务员在上菜");
    }
    public void services() {
        System.out.println("服务员为 VIP 特殊服务");
    }
}
/**************** Manager.java*****************/
package hotel;
public class Manager extends Employee {
    public Manager() {
        super();
    }
    public Manager(String name, String id, double money) {
        super(name, id);
        this.money = money;
    }
    private double money;
    public void work() {
        System.out.println("经理在管理酒店");
    }
}
/**************** Test.java*****************/
package hotel;
import javax.swing.text.ChangedCharSetException;
public class Test {
    public static void main(String[] args) {
        //创建一个经理，两个服务员，两个厨师
        Manager m1 = new Manager("张三","经理 001",6666.66);
        m1.work();
        Waiter w1 = new Waiter("小明", "服务员 001");
```

```
        Waiter w2 = new Waiter("小红", "服务员002");
        w1.work();
        w1.services();
        w2.work();
        w2.services();
        Chef c1 = new Chef("李四","厨师001");
        Chef c2 = new Chef("王五","厨师002");
        c1.work();
        c1.services();
        c2.work();
        c2.services();
    }
}
```

在上述案例中，Employee 类为基类，被定义为酒店的员工类，员工具有共同特点：姓名，工号，工作方法输出。另外，定义了一个接口 VIP，用于指代酒店的 VIP 服务，厨师和服务员将实现该接口；厨师类 Chef 继承员工类，并实现 VIP 接口；服务员类 Waiter 继承员工类，实现 VIP 接口；定义经理类 Manager 继承员工类，没有 VIP 功能，但具有自己的奖金属性；最后在 Test 主类中模拟现实情况对上述类进行测试。测试结果输入如下：

```
经理在管理酒店
服务员在上菜
服务员为 VIP 特殊服务
服务员在上菜
服务员为 VIP 特殊服务
厨师在炒菜
为 VIP 做精致的菜
厨师在炒菜
为 VIP 做精致的菜
```

小 结

本章主要介绍了 Java 面向对象编程中抽象类、接口、枚举类和内部类等知识，另外，也介绍了类和对象的生存周期、final 关键字的用法及其他一些特殊类（单例类、不可变类等）的定义与使用。

（1）类加载的过程主要分为三个步骤：加载、链接和初始化，类的初始化过程只执行一次，但对象的初始化在每个对象创建时都需进行。

（2）final 修饰的变量、方法和类具有不可变的特性。

（3）凡是具有抽象方法的类必须定义为抽象类，使用 abstract 修饰符。

（4）接口可以理解成更纯粹的抽象类，没有构造器，无法创建实例，通常用于被其他类实现，用来制定一种规范。

（5）如果将一个类定义在其他的类中，则被称为内部类；内部类主要分为静态内部类和非静态内部类；匿名内部类没有类名，通常定义在只需要使用一次的场合。

（6）枚举类通常用来模拟只具有有限个实例的类的场景。

（7）Object 类是其他所有类的父类，其中定义了许多通用的方法。

（8）单例类是指对类进行特殊的设计，让其只能创建一个实例。

（9）不可变类是指某个类一旦创建实例后，实例中的内容便不可改变，即无法修改其成员变量的值，例如 String 类即是常见的不可变类。

习　题

一、选择题

1. 在 Java 语言中，下列关于类的继承的描述，正确的是（　　）。
   A. 一个类可以继承多个直接父类
   B. 一个类可以具有多个子类
   C. 子类可以使用父类的所有方法
   D. 子类一定比父类有更多的成员方法

2. 下列选项中关于 Java 中 super 关键字的说法正确的是（　　）。
   A. super 关键字是在子类对象内部指代其父类对象的引用
   B. super 关键字不仅可以指代子类的直接父类，还可以指代父类的父类
   C. 子类通过 super 关键字只能调用父类的方法，而不能调用父类的属性
   D. 子类通过 super 关键字只能调用父类的属性，而不能调用父类的方法

3. 在 Java 接口中，下列选项中有效的方法声明是（　　）。
   A. public void aMethod();　　　　　　B. void aMethod();
   C. protected void aMethod();　　　　D. private void aMethod();

4. 在 Java 中，Object 类是所有类的父类，用户自定义类默认扩展自 Object 类，下列选项中的（　　）方法不属于 Object 类的方法。
   A. equals(Object obj)　　　　　　　　B. getClass()
   C. toString()　　　　　　　　　　　　D. trim()

5. 以下关于抽象类和接口的说法错误的是（　　）。
   A. 抽象类在 Java 语言中表示的是一种继承关系，一个类只能使用一次继承，但是一个类却可以实现多个接口
   B. 在抽象类中可以没有抽象方法
   C. 实现抽象类和接口的类必须实现其中的所有方法，除非它也是抽象类。接口中的方法都不能被实现
   D. 接口中定义的变量默认是 public static final 型，且必须给其初值，所以实现类中不能重新定义，也不能改变其值
   E. 接口中的方法都必须加上 public 关键字

6. 以下描述中，对抽象类和接口的区别描述正确的是（　　）。
   A. 抽象类可以有构造方法，接口不能有构造方法
   B. 抽象类可以包含静态方法，接口中不包含静态方法
   C. 一个类可以继承多个抽象类，但只能实现一个接口
   D. 抽象类中不可以包含静态方法，接口中可以包含静态方法

7. 以下描述错误的是（　　）。

　　A. abstract 可以修饰类、接口和方法

　　B. abstract 修饰的类主要用于被继承

　　C. abstract 可以修饰变量

　　D. abstract 修饰的类，其子类也可以是 abstract 修饰的

8. 下列说法不正确的是（　　）。

　　A. final 修饰的方法，只能重载不能重写

　　B. static 修饰的方法，可以接通过"类名.方法名"进行调用

　　C. 构造方法可以被重载，不能被重写

　　D. static 修饰的类，可以被继承

9. 关于对象成员占用内存的说法（　　）正确。

　　A. 同一个类的对象共用同一段内存`

　　B. 同一个类的对象使用不同的内存空但静态成员共享相同

　　C. 对象的方法不占用内存

　　D. 以上都不对

10. MAX_LENGTH 是 int 型 public 成员变量，变量值保持为常量 1，用简短语句定义这个变量为（　　）。

　　A. public int MAX_LENGTH=1;　　　　B. final int MAX_LENGTH=1;

　　C. final public int MAX_LENGTH=1;　　D. public final int MAX_LENGTH=1.

二、简答题

1. 什么是抽象类？什么是抽象方法？有什么特点？

2. 简述抽象类和接口的区别。

3. 简述 instanceof 运算符的用法。

三、编程题

1. 按以下要求编写程序。

（1）编写 Animal 接口，接口中声明 run()方法。

（2）定义 Bird 类和 Fish 类实现 Animal 接口。

（3）编写 Bird 类和 Fish 类的测试程序，并调用其中的 run()方法。

2. 编写一个简单的单例类。

第 6 章

字符串处理 ‹‹‹

学习目标:

- 掌握 Java 语言中字符串的构造方法。
- 掌握操作字符串的主要方法。
- 掌握 StringBuffer 和 StringBuilder 类。
- 理解 String 类的 JDK 实现。

字符串是程序中经常处理的对象,如何处理字符串会直接影响程序的安全和效率。由于字符串使用的广泛性,Java 中定义了字符串对象,提供了 String 类来创建和操作字符串。

6.1 String 类

String 类在 java.lang 包里,默认情况下不需要导入该包就可以使用 String 类。

6.1.1 构造字符串

在 Java 中,使用双引号包围的,就是字符串。例如:

```
"12.12"、"ABCDE"、"你"
```

以上都是字符串常量,可通过如下语法格式来声明字符串变量:

```
String str;    //String: 声明变量为字符串类型, str: 可以为任意有效的标识符
```

声明的字符串变量必须经过初始化才能使用。

Java 的 String 类实现了 Serializable、CharSequence、Comparable 三个接口。创建字符串最简单的方式如下:

```
String greeting="欢迎学习 Java";
```

在代码中遇到字符串常量时(这里的值是"欢迎学习 Java"),编译器会使用该值创建一个 String 对象。和其他对象一样,可以使用关键字和构造方法来创建 String 对象。String 类有如表 6-1 所示的构造方法。

表 6-1　String 类的构造方法

序　　号	构造方法名称	说　　明
1	String()	初始化新创建的 String 对象,使其表示空字符序列

续表

序 号	构造方法名称	说 明
2	String(byte[] bytes)	通过使用平台的默认字符集解码指定的字节数组来构造新的 String
3	String(byte[] bytes, Charset charset)	构造一个新的 String,通过使用指定的字节的数组解码 charset
4	String(byte[] bytes, int offset, int length)	通过使用平台的默认字符集解码指定的字节子阵列来构造新的 String
5	String(byte[] bytes, int offset, int length, Charset charset)	构造一个新的 String,通过使用指定的指定字节子阵列解码 charset
6	String(byte[] bytes, int offset, int length, String charsetName)	构造一个新的 String,通过使用指定的字符集解码指定字节子阵列
7	String(byte[] bytes, String charsetName)	构造一个新的 String,通过使用指定的字节的数组解码 charset
8	String(char[] value)	分配一个新的 String,以便表示当前包含在字符数组参数中的字符序列
9	String(char[] value, int offset, int count)	分配一个新的 String,其中包含字符数组参数的子阵列中的字符
10	String(int[] codePoints, int offset, int count)	分配一个新的 String,其中包含 Unicode code point 数组参数的子阵列中的字符
11	String(String original)	初始化新创建的 String 对象,使其表示与参数相同的字符序列;换句话说,新创建的字符串是参数字符串的副本
12	String(StringBuffer buffer)	分配一个新的字符串,其中包含当前包含在字符串缓冲区参数中的字符序列
13	String(StringBuilder builder)	分配一个新的字符串,其中包含当前包含在字符串构建器参数中的字符序列

可以看出,Java 提供了很多 API 用于实现 String 类,它们的区别是参数不同。常用的有空构造方法、字节构造、字符构造。

【例 6-1】通过一个字符数组参数构造一个 String 类实例。

```
public class StringDemo{
    public static void main(String args[]){
        char[] helloArray={ 'g', 'r', 'e', 'e', 't', 'i', 'n, 'g'};
        String helloString=new String(helloArray);
        System.out.println( helloString );
    }
}
```

String 类是不可改变的,所以一旦创建了 String 对象,它的值就无法改变了。

6.1.2 操作字符串的主要方法

Java 提供了很多操作字符串的方法,如 length( )、charAt( )、indexOf( )、lastIndexOf( )、

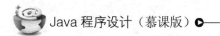

getChars( )、getBytes( )、toCharArray( )等，所有方法均为 public，表达式均为：

```
[修饰符] <返回类型><方法名([参数列表])>
```

1．获取字符串的长度

使用 String 类中的 length( )方法可以获取一个字符串的长度。例如：

```
String s1=" This day as good as anyday",s2= "我们是学生";
int n1,n2;
n1=s1.length();
n2=s2.length();
int n1,n2;
n1=s1.length();
n2=s2.length();
```

那么 n1 的值是 26，n2 的值 5。

字符串常量也可以使用 length( )获得长度，如"你的爱好".length( )的值是 4。该方法和 String 类中的 length 属性要注意区别，length( )方法是针对字符串来说的，要求一个字符串的长度就要用到它的 length( )方法。length 属性是针对 Java 中的数组来说的，要求数组的长度可以用其 length 属性。

2．连接字符串

String 类提供了连接两个字符串的方法：

（1）string1.concat(string2);返回 string2 连接 string1 的新字符串。也可以对字符串常量使用 concat( )方法。例如：

```
"I have ".concat("too much homework");
```

（2）使用"+"操作符来连接字符串。例如：

```
"I have "+"too much homework"+"!"
```

字符串常用的方法很多，可通过 JDK api 文档查看。

6.2　StringBuffer 和 StringBuilder 类

String 类具有不可变性质，但用户经常需要可变字符串，如果频繁使用字符串拼接"+"来操作，新的对象可能产生性能问题，因此设计者提出了 StringBuffer 和 StringBuilder 来代表可变字符串序列，通过这些类规定的方法来扩展字符串操作。StringBuffer 和 StringBuilder 类的对象能够被多次修改，并且不产生新的未使用对象。

StringBuilder 类和 StringBuffer 之间的最大不同在于 StringBuilder 的方法不是线程安全的（不能同步访问）。由于 StringBuilder 相较于 StringBuffer 有速度优势，所以多数情况下建议使用 StringBuilder 类。然而，在应用程序要求线程安全的情况下，则必须使用 StringBuffer 类。

StringBuffer 类支持的主要方法如表 6-2 所示。

表 6-2　StringBuffer 类支持的主要方法

序号	构造方法名称	说　　明
1	public StringBuffer append(String s)	将指定的字符串追加到此字符序列
2	public StringBuffer reverse()	将此字符序列用其反转形式取代
3	public delete(int start, int end)	移除此序列的子字符串中的字符
4	public insert(int offset, int i)	将第二个 int 参数的字符串表示形式插入此序列中
5	Public StringBuffer replace(int start, int end, String str)	将指定的字符串替换到 int 参数指定的位置

【例 6-2】通过 StringBuffer 的 append()方法来实现字符串反转。

```java
public class Reverse{
    public static void main(String args[]){
    String strSource=new String("I love Java");
    String strDest=reverseIt( strSource );
    System.out.println(strDest);
    }
    public static String reverseIt(String source){
    int i, len=source.length();
    StringBuffer dest=new StringBuffer(len);
    for (i=(len-1); i>=0; i--)
        dest.append(source.charAt(i));
      return dest.toString();
    }
}
```

6.3　综合案例

以下代码分 5 个组件测试了 String 类的常用方法。案例内共有 5 个测试样例，程序通过 console 接收用户选择的样例编号。第一个样例测试了字符串连接、取子串以及分割；第二个样例测试了字符串相等的判断；第三个样例测试了字符串的 trim()方法，该方法从形式上是去掉了字符串两端的空白，大家需要查看 jdk 的实现；第四个样例测试了在程序常用流程控制中字符串用法；第五个样例测试了字符串数组。

```java
import stringExamples.stringMethod_one;
import stringExamples.stringMethod_two;
import stringExamples.stringMethod_three;
import stringExamples.string_workflow;
import stringExamples.string_arrayTest;
import java.io.IOException;
import java.util.Scanner;
public class Main {
    public static void main(String[] args) throws IOException{
        System.out.print ("" +
                "-*-  Welcome-*-\n" +
                "1- 'testString'\n " +
                "2-'testString2'\n" +
                "3-'testString3'\n" +
```

```
                    "4-'workFlowTest'\n" +
                    "5-'arrayTest'\n" +
                    "q- EXIT \n " );
         Scanner in=new Scanner(System.in);

         int code;

         while ( -1!=(code=System.in.read ()) )
         {
             char ch=(char) code;;

             if ('1'==ch)
             {
                 stringMethod_one.testString_one();
             }
             if ('2'==ch)
             {
                 stringMethod_two.testString_two();
             }
             if ('3'==ch)
             {
                 stringMethod_three.testString_three ();
             }
             if ('4'==ch)
             {
                 string_workflow.workFlowTest();
             }
             if ('5'==ch)
             {
                 string_arrayTest.arrayTest();
             }

             // quit
             if ( 'q'==ch )
             {
                 System.exit ( 0 );
             }
         }
     }
}

package stringExamples;
import java.util.Arrays;
public class stringMethod_one{
   public static void testString_one(){
       String str1=new String("普通新建字符串");
       System.out.println("str1-"+str1);
       String str2="This is the new string";
       System.out.println("str2-"+str2);
       String[] auto={"Seat", "Ford", "KIA"};
```

```
for (int i=0; i<auto.length; i++){
    String auto1=auto[i];
    System.out.println("auto["+i+"]="+auto1+";");
}
String strRez="字符串连接测试: "+auto[0]+"+"+auto[1]+"+"+auto[2];
System.out.println("strRez="+strRez);
String str="new string to test length";
int length=str.length();
System.out.println("This is length of string test "+length);
String str3="last one symbol ";
int last=str3.length()-1;
char ch=str3.charAt(last);
System.out.println(ch);
int first=str3.length()-str3.length();
char ch2=str3.charAt(0);
System.out.println(ch2+"\n");
for (int i=0; i<str2.length(); i++){
    char every_sybol=str2.charAt(i);
    System.out.println(every_sybol+"\t"+every_sybol);
}
String str4="1 000 000 000";
char[] chArray=str4.toCharArray();
for(int i=0; i<chArray.length; i++){
    if(chArray[i]==' '){
        chArray[i]='.';
    }
}
System.out.println(Arrays.toString(chArray));
System.out.println(chArray);
System.out.println("\n");
String s="i can do it by myself";
String name=s.substring(7, s.length()-4);
for (int i=0; i<s.length(); i++){
    //System.out.print(i+"\t");
    System.out.printf("%5d", i);
    //int d=chArray[i];
}
System.out.println("");
for (int i=0; i<s.length(); i++){
    char every_sybol=s.charAt(i);
    System.out.printf("%5c", every_sybol);
}
System.out.println("\n\n"+s);
System.out.println("s.substring(7, s.length()-4) "+name);
String domain=s.substring(14);
System.out.println("s.substring(14)"+domain);
System.out.println("********************************");
String isbn="978 7 16 148410 0";/*5段isbn含义: 978代表图书 7地
区码, 后面是出版社代码, 再之后是出版序号 最后为校验位
String[] isbnParts=isbn.split(" ");
```

```
        System.out.println("图书编号: "+isbnParts[0]);
        System.out.println("地区码: "+isbnParts[1]);
        System.out.println("出版社代码: "+isbnParts[2]);
        System.out.println("出版序号: "+isbnParts[3]);
        System.out.println("校验位: "+isbnParts[4]);
        if (isbn.startsWith ("9")){
            System.out.println("Sting starts with 9 symbol");
        }
    }
}


package stringExamples;
public class stringMethod_two{
    public static void testString_two(){
        String s=null;
        System.out.println(s);
        s="";
        System.out.println("*"+s+"*");
        s=" ";
        System.out.println("*"+s+"*");
        s="Hello World!";
        System.out.println("Hello World!: length() "+s.length());
        System.out.println("Hello World!: substring(5) "+s.substring(5));
        System.out.println("Hello World!: substring(2,5) "+s.substring(2, 5));
        System.out.println("Hello World!: charAt() "+s.charAt(6));
        String s2="Hello World!";
        System.out.println("String s ("+s+")==String s2 ("+s2+"): "+(s==s2));
        System.out.println("s.equals(s2): "+s.equals(s2));

        //s=null;

        if ("Hello World!".equals(s))
            System.out.println("\"Hello World!\".equals(s)");
        if (s!=null && s.equals("Hello World!"))
            if (s.equals("Hello  World!")) System.out.println("s.equals
(\"Hello World!\")");
        if ("HELLO World!".equalsIgnoreCase(s))
            System.out.println("\"HELLO World!\".equalsIgnoreCase(s)");
        System.out.println("to LowerCase():"+s.toLowerCase());
        System.out.println("to UpperrCase():"+s.toUpperCase());
        if (s.startsWith("H"))
            System.out.println("s.startsWith(\"H\")");
        if (s.contains("World"))
            System.out.println(s.indexOf("?"));
            System.out.println(s.indexOf("!"));
            System.out.println(s.replace("Hello", "GoodBay"));
    }
}

package stringExamples;
```

```java
public class stringMethod_three{
    public static void testString_three(){
        System.out.println("testString_three method is launched");
        String s=" dfdfdf ";
        String ss;
        ss=s.trim();
        System.out.println("String s|"+s+"|"+"s.leight()="+s.length());
        System.out.println("String ss|"+s.trim()+"|ss.leight()="+ss.length());
    }
}

package stringExamples;
public class string_workflow{
    public static void workFlowTest(){
        int i=-2;
        if(i=0){
            System.out.println("Zero");
        } else if(i<0){
            System.out.println("Less then Zero");
        } else{
            System.out.println("More then Zero");
        }

        switch (i){
            case -2:
            case -1: System.out.println("-1");
                break;
            case 0: System.out.println("0");
                break;
            default: System.out.println("1");
        }
        for (int v=1; v<=10; v+=3){
            System.out.println(v);
        }
        while (i<10){
            System.out.println(i);
            i++;
        }
        while (true){
            i++;
            if (i%2 != 0)
                continue;
            System.out.println(i);
            if (i>10)
                break;
        }
        do {
            System.out.println(i);
            i++;
        } while (i<-3);
```

```
    }
}

package stringExamples;
import java.util.Arrays;
public class string_arrayTest{
    public static void arrayTest(){
    String[] array=new String[3];
    System.out.println("There is an array that has no declared elements:
"+Arrays.toString(array));
    array[0]="Java";
    array[1]="Language";
    array[2]="123";
    System.out.println("There is array that has declared e,lements and" +"they
are converted toString "+Arrays.toString(array));
    System.out.println("*********************************");
    String[] array1=new String[] {"Apple", "Banana","Coconut"};
    System.out.println(Arrays.toString(array1));
    System.out.println(Arrays.binarySearch(array1, "Banana"));
    System.out.println("*********************************");
    int[] array3=new int[] {5,8,1,0};
    System.out.println(Arrays.binarySearch(array3, 1));
    Arrays.sort(array3);
    System.out.println(Arrays.toString(array3));
    System.out.println(Arrays.binarySearch(array3, 1));
}
    }
```

小　　结

本章介绍了 Java 标准类库中的 String 类，需要注意 String 类的不可变性，以及它同 StringBuffer、StringBuilder 的区别。String 类作为 Java 中使用频率很高的标准类，它的设计方法具有一定通用性，其 JDK 实现值得大家深入学习。

习　　题

一、简答题

1. 简述 String、StringBuffer 与 StringBuilder 的区别。

2. String s = new String("xyz");创建了几个 String Object?二者之间有什么区别？

二、编程题

1. 输入一行字符，分别统计出其中英文字母、空格、数字和其他字符的个数。

2. 给定一个由数字组成的字符串，如"12395868389231734789438900234092"。统计每个数字出现的次数。

3. 编写程序，获取命令行参数中的字符串列表，输出其中重复的字符、不重复的字符以及消除重复以后的字符列表。

Java 标准类库 ≪≪≪

第 7 章

学习目标：

- 了解 Java 标准类库设计目的。
- 掌握基本数据类型包装类。
- 掌握 System 和 Runtime 类。
- 掌握 Math 和 Random 类。
- 掌握日期时间实用工具类。

一般软件项目都有自己的通用组件，这些组件就是项目经常使用的工具，要求开箱即用并解决业务问题。Java 标准类库就是 JDK 工具的集合，学习 Java 标准类库需要经常查看 API 文档，就像使用各种工具需要查看说明书一样，同时，JDK 对于这些工具的实现也是学习 Java 的优秀指导。

7.1 数据类型包装器

Java 虚拟机之下的计算机底层需要各种以字节、字为单位的基本数据类型进行数据处理，而 Java 中大量使用类封装对象。Java 在很多场景中，需要将基本数据类型作为对象来交互，因此对几种基本数据类型进行了类的封装。

7.1.1 基本数据类型对应的包装类

包装类是将基本数据类型转换成类表示方式（首字母大写），其中 int 和 char 两个简写基本数据类型转换成类名时补全了单词。具体对应关系如下：

（1）基本数据类型 byte→包装类 Byte（java.lang.Byte）。
（2）基本数据类型 short→包装类 Short（java.lang. Short）。
（3）基本数据类型 int→包装类 Integer（java.lang. Integer）。
（4）基本数据类型 long→包装类 Long（java.lang. Long）。
（5）基本数据类型 float→包装类 Float（java.lang. Float）。
（6）基本数据类型 double→包装类 Double（java.lang. Double）。
（7）基本数据类型 char→包装类 Character（java.lang. Character）。
（8）基本数据类型 boolean→包装类 Boolean（java.lang. Boolean）。

以上用于包裹基本数据类型的类统称为包装类，也称包装器。通过这种包装，可以为基本数据类型提供一个整包，并在其中封装方法来操作数据，实现面向对象编程。

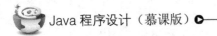

7.1.2　包装类的使用

学习包装类的使用，首先要学习包装类的构造函数，以 Integer 为例，它有两个构造函数 Integer(int num) 和 Integer(String num)，那么就可以这样构造 Integer 对象：

```
Integer integer=new Integer(23);
Integer integer2=new Integer("123");
```

然后学习其字段和方法，Integer 字段中有很多 static final 的常量。例如：

```
System.out.println("java.lang.Integer 类中的成员变量: ");
System.out.println("Integer.MIN_VALUE="+Integer.MIN_VALUE);
                                //结果: -2147483648
System.out.println("Integer.MAX_VALUE="+Integer.MAX_VALUE);
                                //结果: 2147483647
System.out.println("Integer.TYPE="+Integer.TYPE);//结果: int
```

Integer 常用方法如下：

（1）byte byteValue( )：返回一个转换为 byte 的值。

（2）Integer valueOf(String str)：返回保存指定 String 值的 Interger 对象。

（3）int parseInt(String str)：返回包含在由 str 指定的字符串中的数字的等价数值。

7.2　System 和 Runtime 类

1. System 类

System 类代表系统，该类集中了很多系统级的属性和控制方法。

System 类的内部包含 in、out、err 三个静态成员变量，分别代表标准输入流、标准输出流以及标准错误输出流，该类还提供 gc( )、exit( ) 等 API。

System 类中常用的方法如下：

（1）Public static void arraycopy(Object src, int srcPos, Object dest, int destPos, int length)：作用是数组复制，是一个 native 方法，性能比较高。这个方法需要传入 5 个参数：

第一个参数：需要复制的对象数组。

第二个参数：从第几个下标开始。

第三个参数：接收覆盖的对象数组。

第四个参数：从第几个下标开始覆盖。

第五个参数：需要复制覆盖长度。

（2）getenv( ) 方法：该方法有两个重载形式，一个空参数的和一个 String 参数的。空参数的，拿出全部环境变量信息集合对象，里面存放着所有的环境变量信息，返回 Map<String,String> 集合；String 参数的，输出指定名称的环境变量信息。

（3）getProperties( ) 方法：用来得到系统参数。

（4）loadLibrary( ) 方法：加载第三方库。

（5）getLogger( ) 方法：日志输出，jdk1.9 新功能，可以使用如下方式调用：

```
System.Logger log=System.getLogger("aaa");
log.log(System.Logger.Level.INFO,"asdasdasdasd");
log.log(System.Logger.Level.WARNING,"asdasdasdasd");
log.log(System.Logger.Level.ERROR,"asdasdasdasd");
```

（6）exit()方法：关闭虚拟机，需要传入一个 int 参数，0 表示正常关闭虚拟机，1 或者非 0 的数表示非正常关闭。

2．Runtime 类

Runtime 类使用单例模式实现，获得 Runtime 对象需要用 Runtime.getRuntime()方法。

Runtime 常用的方法如下：

（1）gc()方法：促进垃圾回收方法（只是促进作用，并不是马上就可以回收）。

（2）exit()方法：关闭虚拟机方法，前述的 System 类的 System.exit()方法，实际上就是调用了 Runtime 的 exit()方法。

（3）exec()方法：可以在单独的进程中执行指定的字符串命令。

【例 7-1】在 Windows 下使用 Runtime.exec 来调用系统命令来打开一个网页。

```java
public static void main(String[] args){
    Runtime runtime=Runtime.getRuntime();
    String [] cmd={"cmd","/C","start https://www.baidu.com/"};
    try {
        Process proc=runtime.exec(cmd);
    } catch (IOException e){
        e.printStackTrace();
    }
}
```

7.3　Math 和 Random 类

1．Math 类

Math 类封装了常用的数学运算，提供了基本的数学操作，如指数、对数、平方根和三角函数等。Math 类位于 java.lang 包，该类定义了数学上常用的常量和方法。

（1）静态常量：Math 类中包含 E 和 PI 两个静态常量，其中 E 用于记录 e 的常量，而 PI 用于记录圆周率的值。

调用 Math 类的 E 和 PI 两个常量，并将结果输出。代码如下：

```
System.out.println("E常量的值: "+Math.E);
System.out.println("PI常量的值: "+Math.PI);
```

执行上述代码，输出结果如下：

```
E常量的值: 2.718281828459045
PI常量的值: 3.141592653589793
```

（2）常用方法：Math 类的常用方法如表 7-1 所示。

程序中经常要比较、求最值，使用以上方法就比较方便。

表 7-1 Math 类的常用方法

方　　法	说　　明
static int abs(int a)	返回 a 的绝对值
static long abs(long a)	返回 a 的绝对值
static float abs(float a)c	返回 a 的绝对值
static double abs(double a)	返回 a 的绝对值
static int max(int x,int y)	返回 x 和 y 中的最大值
static double max(double x,double y)	返回 x 和 y 中的最大值
static long max(long x,long y)	返回 x 和 y 中的最大值
static float max(float x,float y)	返回 x 和 y 中的最大值
static int min(int x,int y)	返回 x 和 y 中的最小值
static long min(long x,long y)	返回 x 和 y 中的最小值
static double min(double x,double y)	返回 x 和 y 中的最小值
static float min(float x,float y)	返回 x 和 y 中的最小值

【例 7-2】求 10 和 20 的较大值、15.6 和 15 的较小值、-12 的绝对值。

```java
public class TestMath
{
    public static void main(String[] args)
    {
        System.out.println("10 和 20 的较大值: "+Math.max(10, 20));
        System.out.println("15.6 和 15 的较小值: "+Math.min(15.6,15));
        System.out.println("-12 的绝对值: "+Math.abs(-12));
    }
}
```

程序运行的结果：

10 和 20 的较大值：20

15.6 和 15 的较小值：15

-12 的绝对值：12

（3）求整运算：Math 类的求整方法如表 7-2 所示。

表 7-2 Math 类的求整方法

方　　法	说　　明
static double ceil(double a)	返回大于或等于 a 的最小整数
static double floor(double a)	返回小于或等于 a 的最大整数
static double rint(double a)	返回最接近 a 的整数值，如果有两个同样接近的整数，则结果取偶数
static int round(float a)	将参数加上 1/2 后返回与参数最近的整数
static long round(double a)	将参数加上 1/2 后返回与参数最近的整数，然后强制转换为长整型

【例 7-3】Math 类中取整函数方法的应用。

```
import java.util.Scanner;
public class Test
{
    public static void main(String[] args)
    {
        Scanner input=new Scanner(System.in);
        System.outprintln("请输入一个数字: ");
        double num=input.nextDouble();
        System.out.println("大于或等于"+num+"的最小整数: "+Math.ceil (num));
        System.out.println("小于或等于"+num+"的最大整数: "+Math.floor (num));
        System.out.println("将"+num+"加上 0.5 之后最接近的整数: "+Math.round
(num));
        System.out.println("最接近"+num+"的整数: "+Math.rint(num));
    }
}
```

程序运行结果：

```
请输入一个数字:
99.01
大于或等于 99.01 的最小整数: 100.0
小于或等于 99.01 的最大整数: 99.0
将 99.01 加上 0.5 之后最接近的整数: 100
最接近 99.01 的整数: 99.0
```

（4）三角函数运算：Math 类中包含的三角函数方法及其说明如表 7-3 所示。

表 7-3　Math 类三角函数方法

方　　法	说　　明
static double sin(double a)	返回角的三角正弦值，参数以弧度为单位
static double cos(double a)	返回角的三角余弦值，参数以弧度为单位
static double asin(double a)	返回一个值的反正弦值，参数域在[-1,1]，值域在[-PI/2,PI/2]
static double acos(double a)	返回一个值的反余弦值，参数域在[-1,1]，值域在[0.0,PI]
static double tan(double a)	返回角的三角正切值，参数以弧度为单位
static double atan(double a)	返回一个值的反正切值，值域在[-PI/2,PI/2]
static double toDegrees(double angrad)	将用弧度表示的角转换为近似相等的用角度表示的角
static double toRadians(double angdeg)	将用角度表示的角转换为近似相等的用弧度表示的角

在表 7-3 中，每个方法的参数和返回值都是 double 类型，参数以弧度代替角度来实现，其中 1 度等于 $\pi/180$ 弧度，因此平角就是 π 弧度。

【例 7-4】计算 90 度的正弦值、0 度的余弦值、1 的反正切值、120 度的弧度值。

```
public class Test
{
    public static void main(String[] args)
    {
        System.out.println{"90 度的正弦值: "+Math.sin(Math.PI/2));
```

```
        System.out.println("0度的余弦值: "+Math.cos(0));
        System.out.println("1 的反正切值: "+Math.atan(1));
        System.out.println("120 度的弧度值: "+Math.toRadians(120.0));
    }
}
```

在上述代码中，因为 Math.sin( )中的参数的单位是弧度，而 90 度表示的是角度，因此需要将 90 度转换为弧度，即 Math.PI/180*90，故转换后的弧度为 Math.PI/2，然后调用 Math 类中的 sin( )方法计算其正弦值。

程序运行结果：

```
90 度的正弦值: 1.0
0 的余弦值: 1.0
1 的反正切值: 0.7853981633974483
120 度的弧度值: 2.0943951023931953
```

（5）指数运算：包括求方根、取对数及其求 n 次方的运算。在 Math 类中定义的指数运算方法及其说明如表 7-4 所示

表 7-4　Math 类指数运算方法

方　　法	说　　明
static double exp(double a)	返回 e 的 a 次幂
static double pow(double a,double b)	返回以 a 为底数，以 b 为指数的幂值
static double sqrt(double a)	返回 a 的平方根
static double cbrt(double a)	返回 a 的立方根
static double log(double a)	返回 a 的自然对数，即 lna 的值
static double log10(double a)	返回以 10 为底 a 的对数

【例 7-5】使用 Math 类中的方法实现指数的运算。

```
public class Test05
{
    public static void main(String[] args)
    {
        System.out.println("4 的立方值: "+Math.pow(4, 3));
        System.out.println("16 的平方根: "+Math.sqrt(16));
        System.out.println("10 为底 2 的对数: "+Math.log10(2));
    }
}
```

程序运行结果：

```
4 的立方值: 64.0
16 的平方根: 4.0
10 为底 2 的对数: 0.3010299956639812
```

2. Random 类(java.util)

Random 类中实现的随机算法是伪随机，也就是有规则的随机。在进行随机时，

随机算法的起源数字称为种子数(seed)，在种子数的基础上进行一定的变换，从而产生需要的随机数字。

相同种子数的 Random 对象，相同次数生成的随机数字是完全相同的。也就是说，两个种子数相同的 Random 对象，第一次生成的随机数字完全相同，第二次生成的随机数字也完全相同，因此在需要生成多个随机数字时，为了保证随机性，需要采用诸如变化随机种子、salt 等方法来保证产生数据的概率随机性。

Java API 中提供了两种构造方法来生成 Random 对象：

（1）public Random( )：该构造方法使用一个和当前系统时间对应的相对时间有关的数字作为种子数，然后使用这个种子数构造 Random 对象。

（2）public Random(long seed)：该构造方法可以通过制定一个种子数进行创建。例如：

```
Random r=new Random();
Random r1=new Random(10);
```

【例 7-6】验证相同种子数的 Random 对象，相同次数生成的随机数字是完全相同的。

```
import java.util.Random;
public class test{
    public void random(){
        int i=0;
        int j=0;
        Random random=new Random(1);
        Random random1=new Random(1);
        i=random.nextInt();
        j=random1.nextInt();
        System.out.println(i+"-----"+j);
    }
    public static void main(String[] args){
        test tt=new test();
        tt.random();
    }
}
```

7.4 日期时间实用工具类

1. Date 类

java.util 包提供了 Date 类来封装当前的日期和时间。Date 类提供两个构造函数来实例化 Date 对象：

（1）Date( )：使用当前日期和时间来初始化对象。

（2）Date(long millisec)：接收一个参数，该参数是从 1970 年 1 月 1 日起的毫秒数。

Date 对象创建以后，可以调用下面的方法：

```
boolean after(Date date)
```

若当调用此方法的 Date 对象在指定日期之后返回 true，否则返回 false。

```
boolean before(Date date)
```

若当调用此方法的 Date 对象在指定日期之前返回 true，否则返回 false。

```
Object clone( )
```

返回此对象的副本。

```
int compareTo(Date date)
```

比较调用此方法的 Date 对象和指定日期。两者相等时返回 0。调用对象在指定日期之前则返回负数。调用对象在指定日期之后则返回正数。

```
int compareTo(Object obj)
```

若 obj 是 Date 类型则操作等同于 compareTo(Date)，否则它抛出 ClassCastException。

```
boolean equals(Object date)
```

当调用此方法的 Date 对象和指定日期相等时返回 true,否则返回 false。

```
long getTime()
```

返回自 1970 年 1 月 1 日 00:00:00 GMT 以来此 Date 对象表示的毫秒数。

```
int hashCode( )
```

返回此对象的哈希码值。

```
void setTime(long time)
```

用自 1970 年 1 月 1 日 00:00:00 GMT 以后 time 毫秒数设置时间和日期。

```
String toString( )
```

把此 Date 对象转换为以下形式的 String： dow mon dd hh:mm:ss zzz yyyy，其中 dow 是一周中的某一天(Sun, Mon, Tue, Wed, Thu, Fri, Sat)。

【例 7-7】显示日期时间示例。

```java
import java.util.Date;
public class DateDemo{
    public static void main(String args[]){
        //初始化 Date 对象
        Date date=new Date();
        //使用 toString()函数显示日期时间
        System.out.println(date.toString());
    }
}
```

2. 日期比较

Java 使用以下 3 种方法来比较两个日期：

（1）使用 getTime( )方法获取两个日期（自 1970 年 1 月 1 日经历的毫秒数值），然后比较这两个值。

（2）使用方法 before( )、after( )和 equals( )。例如，一个月的 12 号比 18 号早，则 new Date(99, 2, 12).before(new Date (99, 2, 18))返回 true。

（3）使用 compareTo( )方法，它是由 Comparable 接口定义的，Date 类实现了这个接口。

3．使用 SimpleDateFormat 格式化日期

SimpleDateFormat 是一个以语言环境敏感的方式来格式化和分析日期的类。SimpleDateFormat 允许选择任何用户自定义日期时间格式来运行。

【例 7-8】格式化日期时间示例。

```
import java.util.*;
import java.text.*;

public class DateDemo{
   public static void main(String args[]){
      Date dNow=new Date( );
      SimpleDateFormat ft=new SimpleDateFormat ("E yyyy.MM.dd 'at' hh:mm:ss a zzz");
   //其中 yyyy 是完整的公元年，MM 是月份，dd 是日期，HH:mm:ss 是时、分、秒。
      System.out.println("Current Date: "+ft.format(dNow));
   }
}
```

【例 7-9】用 3 种格式输出时间。

```
import java.util.Date;
import java.text.SimpleDateFormat;
class Example7_9
{ public static void main(String args[])
   { Date nowTime=new Date();
   System.out.println("现在的时间:"+nowTime);
   SimpleDateFormat matter1=new SimpleDateFormat("yyyy:"+nowTime);
   SimpleDateFormat matter1=new SimpleDateFormat("yyyy 年 MM 月 dd 日北京时间");
   System.out.println("");
   System.out.println("现在的时间:"+matter1.format(nowTime));
   SimpleDateFormat matter2=
   new SimpleDateFormat("yyyy:"+matter1.format(nowTime));
   SimpleDateFormat matter2=
   new SimpleDateFormat("yyyy 年 MM 月 Edd 日 HH 时 mm 分 ss 秒 北京时间");
   System.out.println("");
   System.out.println("现在的时间:"+matter2.format(nowTime));
   SimpleDateFormat matter3=
   new SimpleDateFormat(":"+matter2.format(nowTime));
   SimpleDateFormat matter3=
   new SimpleDateFormat("北京时间 dd 日 HH 时 MMM ss 秒 mm 分 EE");
   System.out.println("EE");
   System.out.println("现在的时间:"+matter3.format(nowTime));
   }
}
```

```
:"+matter3.format(nowTime));
    }
}
```

我们可以用 System 类的静态方法 public long currentTimeMillis( )获取系统当前时间，这个时间是从 1970.年 1 月 1 日 0 点到目前时刻所走过的毫秒数。

【例 7-10】测试一个递归调用所消耗的毫秒数，用字符串截取时间的后 8 位。

```
import java.util.Date;
class Example6_2
{ public static void main(String args[])
  { long time1=System.currentTimeMillis();
    Date date=new Date(time1);
    System.out.println(date);
    String s=String.valueOf(time1);
    int length=s.length(); s=s.substring(length-8);
    System.out.println(s);
    long result=f(28);
    System.out.println("result="+result);
    long time2=System.currentTimeMillis();
    long result=f(28);
    System.out.println("result="+result);
    long time2=System.currentTimeMillis();//计算 f(28)之后的时间
    s=String.valueOf(time2);
    length=s.length();  s=s.substring(length-8);
    System.out.println(s);
    System.out.println("
    s=String.valueOf(time2);
    length=s.length();  s=s.substring(length-8);
    System.out.println(s);
    System.out.println("用时"+(time2-time1)+"毫秒");
  }
  public static long f(long n)
  { long c=0;
   if(n==1||n==2) c=1;
   else if(n>=3) c=f(n-1)+f(n-2);
   return c;
  }
}
");
  }
  public static long f(long n)
  { long c=0;
   if(n==1||n==2) c=1;
   else if(n>=3) c=f(n-1)+f(n-2);
   return c;
  }
}
```

另外，也可以根据 currentTimeMillis( )方法得到的数字，用 Date 的构造方法 Date(long time)来创建一个 Date 对象。

4．Calendar 类

Calendar 类在 java.util 包中.使用 Calendar 类的 static 方法 getInstance( )可以初始化一个日历对象，如 Calendar calendar= Calendar.getInstance( );然后，可以使用 get/set() 方法操作 Calendaer 类的 Instance,set()方法设置日历有如下重载形式：

```
public final void set(int year,int month,int date)
public final void set(int year,int month,int date,int hour,int minute)
public final void set(int year,int month, int date, int hour, int
minute,int second)
public final void set(int year,int month,int date)
public final void set(int year,int month,int date,int hour,int minute)
public final void set(int year,int month, int date, int hour, int
minute,int second)
```

将日历翻到任何一个时间，当参数 year 取负数时表示公元前。

calendar 对象的 get( )方法：

（1）public int get(int field)：可以获取有关年份、月份、小时、星期等信息，参数 field 的有效值由 Calendar 的静态常量指定，例如 calendar.get(Calendar.MONTH);返回一个整数，如果该整数是 0 表示当前日历是在一月，该整数是 1 表示当前日历是在二月等。

（2）public long getTimeInMillis( )：可以将时间表示为毫秒。

【例 7-11】使用 Calendar 来表示时间，并计算 2018 年和 1962 年指定日期之间相隔的天数。

```
class Example7_11
{ public static void main(String args[])
  { Calendar calendar=Calendar.getInstance(); //创建一个日历对象
    calendar.setTime(new Date());
    calendar.setTime(new Date());              //用当前时间初始化日历时间
    String
    String 年=String.valueOf(calendar.get(Calendar.YEAR)),
         =String.valueOf(calendar.get(Calendar.YEAR)),
        月=String.valueOf(calendar.get(Calendar.MONTH)+1),
         =String.valueOf(calendar.get(Calendar.MONTH)+1),
        日 String.valueOf(calendar.get(Calendar.DAY_OF_MONTH)),
         =String.valueOf(calendar.get(Calendar.DAY_OF_MONTH)),
        星期=String.valueOf(calendar.get(Calendar.DAY_OF_WEEK)-1);
    int hour=calendar.get(Calendar.HOUR_OF_DAY),
       minute=calendar.get(Calendar.MINUTE),
       second=calendar.get(Calendar.SECOND);
    System.out.println("
=String.valueOf(calendar.get(Calendar.DAY_OF_WEEK)-1);
    int hour=calendar.get(Calendar.HOUR_OF_DAY),
       minute=calendar.get(Calendar.MINUTE),
       second=calendar.get(Calendar.SECOND);
    System.out.println("现在的时间是");
    System.out.println(""+");
    System.out.println(""+年+"年"+月+"月"+日+"日 "+"星期"+星期);
```

```
        System.out.println(""+hour+");
        System.out.println(""+hour+"时"+minute+"分"+second+"秒");
        calendar.set(1962,5,29);
");
        calendar.set(1962,5,29);//将日历翻到1962年6月29日，注意5表示六月
        long time1962=calendar.getTimeInMillis();
        calendar.set(2018,9,5); //将日历翻到2018年10月5日，9表示十月
        long time2018=calendar.getTimeInMillis();
        long 相隔天数=(time2018-time1962)/(1000*60*60*24);
        System.out.println("2018
=(time2018-time1962)/(1000*60*60*24);
        System.out.println("2018年10月5日和1962年6月29日相隔"+相隔天数
+"天");
    }
}
");
    }
}
```

【例 7-12】输出 2018 年 1 月的日历页。

```
import java.util.*;
class Example7_12
{  public static void main(String args[])
   {  System.out.println(" 日  一  二  三  四  五  六");
      Calendar 日历=Calendar.getInstance(); //创建一个日历对象
      日历.set(2018,0,1); //将日历翻到2018年1月1日，注意0表示一月
      //获取1日是星期几(get方法返回的值是1表示星期日，星期六返回的值是7):
      int 星期几=日历.get(Calendar.DAY_OF_WEEK)-1;
      String a[]=new String[星期几+31];          //存放号码的一维数组
          for(int i=0;i<星期几;i++)
          { a[i]="**";
          }
          for(int i=星期几,n=1;i<星期几+31;i++)
          { if(n<=9)
             a[i]=String.valueOf(n)+" ";
            else
             a[i]=String.valueOf(n);
            n++;
          }
          //打印数组
          for(int i=0;i<a.length;i++)
          { if(i%7==0)
             {  System.out.println("");          //换行
             }
             System.out.print(" "+a[i]);
          }
   }
}
```

7.5 集 合 类

早在 Java 2 中，Java 就提供了操作对象集合的类，如 Dictionary、Vector、Stack、Properties，这些类用来存储和操作对象组。虽然这些类都非常有用，但是它们缺少一个核心的、统一的主题。由于这个原因，使用 Vector 类的方式和使用 Properties 类的方式有着很大不同。现在的集合类是一个统一的容器类，容器中的内容就是存储各种对象。这个统一的框架满足 3 个要求：

（1）集合类的高性能，基本集合（动态数组、链表、树、哈希表）的实现也必须是高效的。

（2）该框架允许不同类型的集合，以类似的方式工作，具有高度的互操作性。

（3）对集合类易于扩展和适应。

为此，整个集合框架就围绕一组标准接口而设计。用户可以直接使用这些接口的标准实现，如 LinkedList、HashSet 和 TreeSet 等，除此之外，用户也可以通过这些接口实现自己的集合。

7.5.1 集合框架和泛型

1．集合框架

集合框架是一个用来代表和操纵集合的统一架构。所有的集合框架都包含如下内容：

（1）接口：代表集合的抽象数据类型。接口允许集合独立操纵其代表的细节。在面向对象的语言中，接口通常形成一个层次，提供标准化处理方法。

（2）实现（类）：集合接口的具体实现。从本质上讲，它是可重复使用的数据结构。

（3）算法：实现集合接口的对象中的方法执行的一些有用的计算，例如，搜索和排序。面向对象语言的多态性在这些算法实现中多次体现，相同的方法可以在相似的接口上有着不同的实现。

除了集合，该框架也定义了几个 Map 接口和类。Map 中存储的是键/值对。尽管 Map 不是 collections，但是它们完全整合在集合中。

任何对象加入集合类后，会自动转换为 Object 类型，为了保证类型操作安全，Java 在 JDK 5 中引入了一个新特性，称为泛型。泛型提供了编译时类型安全检测机制，该机制允许程序员在编译时检测到非法的类型。我们对 Java 中的类和方法，都可以泛型化。

2．泛型类

泛型类的声明和非泛型类的声明类似，只是在类名后面添加了类型参数声明部分（由尖括号分隔）。

泛型类的类型参数声明部分包含一个或多个类型参数，参数间用逗号隔开。一个泛型参数，也称为一个类型变量，是用于指定一个泛型类型名称的标识符。

【例 7-13】泛类型示例。

```java
public class Box<T>{
    private T t;

 public void add(T t){
   this.t=t;
 }
 public T get(){
   return t;
 }
 public static void main(String[] args){
   Box<Integer> integerBox=new Box<Integer>();
   Box<String> stringBox=new Box<String>();
   integerBox.add(new Integer(10));
   stringBox.add(new String("Java 教程"));
   System.out.printf("整型值为:%d\n\n", integerBox.get());
   System.out.printf("字符串为:%s\n", stringBox.get());
 }
}
```

3．泛型方法

泛型方法在调用时可以接收不同类型的参数。根据传递给泛型方法的参数类型，编译器适当地处理每一个方法调用。

所有泛型方法声明都有一个类型参数声明部分（由尖括号分隔），该类型参数声明部分在方法返回类型之前（在下面例子中的<E>）。

每一个类型参数声明部分包含一个或多个类型参数，参数间用逗号隔开。一个泛型参数，也被称为一个类型变量，是用于指定一个泛型类型名称的标识符。

类型参数能被用来声明返回值类型，并且能作为泛型方法得到的实际参数类型的占位符。

泛型方法体的声明和其他方法一样。注意类型参数只能代表引用型类型，不能是原始类型（像 int、double、char 的等）。

【例 7-14】泛型方法示例。

```java
public class GenericMethodTest
{
   //泛型方法 printArray
   public static <E> void printArray( E[] inputArray )
   {
       //输出数组元素
       for ( E element : inputArray ){
          System.out.printf( "%s ", element );
       }
       System.out.println();
   }
   public static void main( String args[] )
```

```
{
    //创建不同类型数组: Integer, Double 和 Character
    Integer[] intArray={ 1, 2, 3, 4, 5 };
    Double[] doubleArray={ 1.1, 2.2, 3.3, 4.4 };
    Character[] charArray={ 'H', 'E', 'L', 'L', 'O' };
    System.out.println( "整型数组元素为:" );
    printArray( intArray );          //传递一个整型数组
    System.out.println( "\n 双精度型数组元素为:" );
    printArray( doubleArray );       //传递一个双精度型数组
    System.out.println( "\n 字符型数组元素为:" );
    printArray( charArray );         //传递一个字符型数组
}
}
```

7.5.2 Collection 接口

Collection 是最基本的集合接口，一个 Collection 代表一组 Object，即 Collection 的元素。Java 不提供直接继承自 Collection 的类，只提供继承于 Collection 的子接口(如 Set 和 List)。

Collection 接口在集合类中的架构如图 7-1 所示。

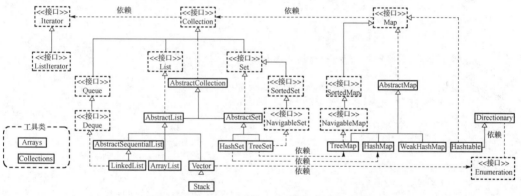

图 7-1　Collection 接口在集合类中的架构

图 7-1 中虚线是 UML 依赖关系，实线为继承关系。Java 通过抽象出 Collection 接口来包含集合的基本操作和属性。

7.5.3 Set 接口及其实现

Set 具有与 Collection 完全一样的接口，只是行为上不同。Set 系列中的类都实现了 Set 接口，该系列中的类均以 Set 作为类名的后缀，Set 不保存重复的元素，即当容器中已经存储了一个相同元素时，无法添加一个完全相同的元素，也无法将已有的元素修改成和其他元素相同。Set 接口在集合类中的架构如图 7-2 所示。

Set 接口有多个实现类，常用的有 HashSet、TreeSet。

1. HashSet 类

HashSet 实现了 Set 接口，不允许出现重复元素，不保证集合中元素的顺序，允许包含值为 null 的元素，但最多只能一个。

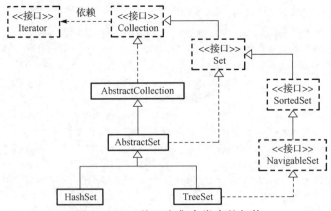

图 7-2　Set 接口在集合类中的架构

【例 7-15】HashSet 示例。

```java
import java.util.Iterator;
import java.util.HashSet;
public class HashSetTest{
    public static void main(String[] args){
        // HashSet 常用 API
        testHashSetAPIs();
    }
    /*
     * HashSet 除了 iterator()和 add()之外的其他常用 API
     */
    private static void testHashSetAPIs(){
        //新建 HashSet
        HashSet set=new HashSet();
        //将元素添加到 Set 中
        set.add("a");
        set.add("b");
        set.add("c");
        set.add("d");
        set.add("e");
        //打印 HashSet 的实际大小
        System.out.printf("size : %d\n", set.size());
        //判断 HashSet 是否包含某个值
        System.out.printf("HashSet contains a :%s\n", set.contains("a"));
        System.out.printf("HashSet contains g :%s\n", set.contains("g"));
        //删除 HashSet 中的 "e"
        set.remove("e");
        //将 Set 转换为数组
        String[] arr=(String[])set.toArray(new String[0]);
        for (String str:arr)
            System.out.printf("for each : %s\n", str);
        //新建一个包含b、c、f 的 HashSet
        HashSet otherset=new HashSet();
        otherset.add("b");
        otherset.add("c");
```

```
        otherset.add("f");
        //克隆一个 removeset, 内容和 set 一模一样
        HashSet removeset=(HashSet)set.clone();
        //删除 "removeset 中, 属于 otherSet 的元素"
        removeset.removeAll(otherset);
        //打印 removeset
        System.out.printf("removeset : %s\n", removeset);
        //克隆一个 retainset, 内容和 set 一模一样
        HashSet retainset=(HashSet)set.clone();
        //保留 "retainset 中, 属于 otherSet 的元素"
        retainset.retainAll(otherset);
        //打印 retainset
        System.out.printf("retainset : %s\n", retainset);
        //遍历 HashSet
        for(Iterator iterator=set.iterator();
              iterator.hasNext(); )
          System.out.printf("iterator : %s\n", iterator.next());
        //清空 HashSet
        set.clear();
        //输出 HashSet 是否为空
        System.out.printf("%s\n", set.isEmpty()?"set is empty":"set is
not empty");
    }

}
```

2. TreeSet 类

TreeSet 也实现了 Set 接口，可以实现排序等功能。

【例 7-16】TreeSet 示例。

```
import java.util.*;
public class TreeSetTest{
    public static void main(String[] args){
        testTreeSetAPIs();
    }
    //测试 TreeSet 的 API
    public static void testTreeSetAPIs(){
        String val;
        //新建 TreeSet
        TreeSet tSet=new TreeSet();
        //将元素添加到 TreeSet 中
        tSet.add("aaa");
        // Set 中不允许重复元素, 所以只会保存一个 "aaa"
        tSet.add("aaa");
        tSet.add("bbb");
        tSet.add("eee");
        tSet.add("ddd");
        tSet.add("ccc");
        System.out.println("TreeSet:"+tSet);
        //打印 TreeSet 的实际大小
```

```
        System.out.printf("size : %d\n", tSet.size());
        //导航方法
        // floor(小于、等于)
        System.out.printf("floor bbb: %s\n", tSet.floor("bbb"));
        // lower(小于)
        System.out.printf("lower bbb: %s\n", tSet.lower("bbb"));
        // ceiling(大于、等于)
        System.out.printf("ceiling bbb: %s\n", tSet.ceiling("bbb"));
        System.out.printf("ceiling eee: %s\n", tSet.ceiling("eee"));
        // ceiling(大于)
        System.out.printf("higher bbb: %s\n", tSet.higher("bbb"));
        // subSet()
        System.out.printf("subSet(aaa,true,ccc,true): %s\n", tSet.subSet
("aaa", true, "ccc", true));
        System.out.printf("subSet(aaa,true,ccc,false): %s\n", tSet.subSet
("aaa", true, "ccc", false));
        System.out.printf("subSet(aaa,false,ccc,true): %s\n", tSet.subSet
("aaa", false, "ccc", true));
        System.out.printf("subSet(aaa,false,ccc,false): %s\n", tSet.subSet
("aaa", false, "ccc", false));
        // headSet()
        System.out.printf("headSet(ccc,  true):  %s\n",  tSet.headSet
("ccc", true));
        System.out.printf("headSet(ccc,  false):  %s\n",  tSet.headSet
("ccc", false));
        // tailSet()
        System.out.printf("tailSet(ccc,  true):  %s\n",  tSet.tailSet
("ccc", true));
        System.out.printf("tailSet(ccc,  false):  %s\n",  tSet.tailSet
("ccc", false));
        //删除 "ccc"
        tSet.remove("ccc");
        //将 Set 转换为数组
        String[] arr=(String[])tSet.toArray(new String[0]);
        for (String str:arr)
            System.out.printf("for each : %s\n", str);
        //打印 TreeSet
        System.out.printf("TreeSet:%s\n", tSet);
        //遍历 TreeSet
        for(Iterator iter=tSet.iterator(); iter.hasNext(); ){
            System.out.printf("iter : %s\n", iter.next());
        }
        //删除并返回第一个元素
        val=(String)tSet.pollFirst();
        System.out.printf("pollFirst=%s, set=%s\n", val, tSet);
        //删除并返回最后一个元素
        val=(String)tSet.pollLast();
        System.out.printf("pollLast=%s, set=%s\n", val, tSet);
        //清空 HashSet
        tSet.clear();
```

```
        //输出 HashSet 是否为空
        System.out.printf("%s\n", tSet.isEmpty()?"set is empty": "set is
not empty");
    }
}
```

7.5.4 List 接口及其实现

List 接口是一个允许存在重复项的有序集合，List 接口不但可以对列表中的一部分进行处理，还添加了面向位置的操作，在 List 接口中搜索元素可以从列表的头部或尾部开始，如果找到元素，还能得到元素所在的位置。

常用的 List 接口实现类有 ArrayList 和 LinkedList。

1．ArrayList 类

ArrayList 实现了可变大小的数组，随机访问和遍历元素时，提供更好的性能。该类也是非同步的，在多线程的情况下不要使用。ArrayList 增长当前长度的 50%，插入删除效率低。

【例 7-17】ArrayList 示例。

```
import java.util.*;
public class ArrayListTest{
    public static void main(String[] args){
        //创建 ArrayList
        ArrayList list=new ArrayList();
        list.add("1");
        list.add("2");
        list.add("3");
        list.add("4");
        //将下面的元素添加到第 1 个位置
        list.add(0, "5");
        //获取第 1 个元素
        System.out.println("the first element is: "+list.get(0));
        //删除"3"
        list.remove("3");
        //获取 ArrayList 的大小
        System.out.println("Arraylist size=: "+list.size());
        //判断 list 中是否包含"3"
        System.out.println("ArrayList contains 3 is: "+list.contains(3));
        //设置第 2 个元素为 10
        list.set(1, "10");
        //通过 Iterator 遍历 ArrayList
        for(Iterator iter=list.iterator(); iter.hasNext();){
            System.out.println("next is: "+iter.next());
        }
        //将 ArrayList 转换为数组
        String[] arr=(String[])list.toArray(new String[0]);
        for (String str:arr)
            System.out.println("str: "+str);
        //清空 ArrayList
```

```
        list.clear();
        //判断 ArrayList 是否为空
        System.out.println("ArrayList is empty: "+list.isEmpty());
    }
}
```

2．LinkedList 类

LinkedList 允许有 null（空）元素，主要用于创建链表数据结构。该类没有同步方法，如果多个线程同时访问一个 List，则必须自己实现访问同步，LinkedList 查找效率低。

7.5.5　Map 接口及其实现

Map 接口不是 Collection 接口的继承。在数组中是通过数组下标来对其内容索引的，而在 Map 中通过对象来对对象进行索引，用来索引的对象叫作 key，其对应的对象叫作 value。Map 接口在集合类中的架构如图 7-3 所示。

常用的 Map 接口实现类有 TreeMap 和 HashMap。

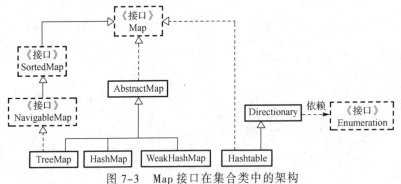

图 7-3　Map 接口在集合类中的架构

1．TreeMap 类

TreeMap 基于红黑树实现。TreeMap 没有调优选项，因为该树总处于平衡状态。

【例 7-18】TreeMap 示例。

```
import java.util.HashMap;
import java.util.Hashtable;
import java.util.Iterator;
import java.util.Map;
import java.util.TreeMap;
public class HashMaps{
public static void main(String[] args){
    Map<String, String> map=new HashMap<String, String>();
    map.put("d", "ddd");
    map.put("b", "bbb");
    map.put("a", "aaa");
    map.put("c", "ccc");
    Iterator<String> iterator=map.keySet().iterator();
    while (iterator.hasNext()){
```

```
      Object key=iterator.next();
      System.out.println("map.get(key) is :"+map.get(key));
}
//定义 HashTable,用来测试
Hashtable<String, String> tab=new Hashtable<String, String>();
tab.put("d", "ddd");
tab.put("b", "bbb");
tab.put("a", "aaa");
tab.put("c", "ccc");
Iterator<String> iterator_1=tab.keySet().iterator();
while (iterator_1.hasNext()){
    Object key=iterator_1.next();
    System.out.println("tab.get(key) is :"+tab.get(key));
}
TreeMap<String, String> tmp=new TreeMap<String, String>();
tmp.put("d", "ddd");
tmp.put("b", "bbb");
tmp.put("a", "aaa");
tmp.put("c", "ccc");
Iterator<String> iterator_2=tmp.keySet().iterator();
while (iterator_2.hasNext()){
    Object key=iterator_2.next();
    System.out.println("tmp.get(key) is :"+tmp.get(key));
}
}
}
```

2. HashMap 类

HashMap 基于哈希表实现。使用 HashMap 要求添加的键类明确定义了 hashCode( ) 和 equals( )[可以重写 hashCode( )和 equals( )]。

【例 7-19】HashMap 示例。

```
import java.util.*;
public class Exp1{
public static void main(String[] args){
HashMap h1=new HashMap();
Random r1=new Random();
for (int i=0;i<1000;i++){
    Integer t=new Integer(r1.nextInt(20));
    if (h1.containsKey(t))
    ((Ctime)h1.get(t)).count++;
    else
    h1.put(t, new Ctime());
}
System.out.println(h1);
}
}
class Ctime{
```

```
int count=1;
public String toString(){
    return Integer.toString(count);
}
}
```

7.6 综 合 案 例

以下案例分为 6 个部分，前面 4 个测试了集合的基本操作，后面通过模拟教师、学生、管理员 3 种实体集合操作，综合演示了接口、类在集合中的使用。

```
import tests.*;

public class Main{
    public static void main(String[] args) throws Exception {
        AddTests.run();
        GetTests.run();
        UsingCommonInterfacesTests.run();
        NestedCollectionsTests.run();
        LinksTests.run();
        EqualsHashCodeTests.run();
    }
}

package tests;
import java.util.*;
public class AddTests{
//集合类 add()方法
    public static void run(){
        System.out.println("\n*** ADD tests Begin! ***");
        // Array
        String[] arrayNames=new String[5];
        System.out.println("Array elements count: "+arrayNames. length);
        arrayNames[0]="Zhao";
        arrayNames[1]="Qian";
        arrayNames[2]="Sun";
        arrayNames[3]="Li";
        arrayNames[4]="Wang";

        List names=new ArrayList();
        System.out.println("List elements count Before: "+names. size());
        names.add("Zhao");
        names.add("Wang");
        names.add("Long");
        names.add(1);
        names.add(false);

        List<String> genericNames=new ArrayList<>();
        genericNames.add("Zhao");
```

```java
        genericNames.add("Wang");
        genericNames.add("Long");
        genericNames.add("Long");
        genericNames.add("Long");
        System.out.println("genericNames count : "+genericNames. size());

        Set<String> uniqueNames=new HashSet<>();
        uniqueNames.add("Zhao");
        uniqueNames.add("Wang");
        uniqueNames.add("Long");
        uniqueNames.add("Long");
        uniqueNames.add("Long");
        System.out.println("uniqueNames count: "+uniqueNames. size());

        List<String> initializedList=new ArrayList<String>()
        {{
            add("111");
            add("222");
        }};
    }
}

package tests;
import java.util.*;
//集合遍历
public class GetTests{
    public static void run(){
        System.out.println("\n*** GET tests Begin! ***");
        String[] booksArr=new String[]{"book1", "book2"};
        List<String> books=new ArrayList<>();
        books.add("book1");
        books.add("book2");
        books.add("book3");
        books.add("book4");
        System.out.println("Array to string: "+booksArr);
        System.out.println("Collection to string: "+books);
        for (String book : books){
            System.out.print(book+" is Amazing! ");
        }
        System.out.println();
        books.forEach(book -> System.out.print(book+" from Lambda! "));
        System.out.println();
        Iterator<String> iterator=books.iterator();
        while (iterator.hasNext()){
            String nextBook=iterator.next();
            System.out.print(nextBook+" iterator book! ");
        }
        System.out.println();
```

```
        Set<String> numbers=new HashSet<>();
        numbers.add("one");
        numbers.add("two");
        numbers.add("three");
        numbers.add("four");
        numbers.add("five");
        numbers.add("six");
        numbers.add("seven");
        numbers.add("eight");
        numbers.add("nine");

        System.out.println("Order and Uniqueness: "+numbers);

        Map<String, String> nickToName=new HashMap<>();
        nickToName.put("Tall", "zhao");
        nickToName.put("Fast", "qian");
        nickToName.put("Lucky", "sun");
        nickToName.put("Strong", "Li");
        nickToName.put("Strong", "long");
        nickToName.put("Quick", "wang");
        nickToName.put(null, "test");
        nickToName.put("test", null);
        System.out.println("nickToName: "+nickToName);
        System.out.println("nickToName.keySet():"+nickToName.keySet());
        System.out.println("nickToName.values():"+nickToName.values());
    }
}

package tests;
import java.util.*;
public class NestedCollectionsTests{
    public static void run(){
        System.out.println("\n*** Nested Collections tests Begin! ***");
        List<List<String>> people=new ArrayList<>();
        List<String> students=new ArrayList<>();
        students.add("Zhangsan");
        students.add("Lisi");
        List<String> lecturers=new ArrayList<>();
        lecturers.add("Wangwu");
        lecturers.add("Zhaoliu");
        people.add(students);
        people.add(lecturers);

        List<List<String>> groups=new ArrayList<>();
        List<String> programmers=new ArrayList<>();
        programmers.add("P-01");
        programmers.add("P-02");
        List<String> economics=new ArrayList<>();
        economics.add("E-01");
```

```
            economics.add("E-02");
            groups.add(programmers);
            groups.add(economics);

            Map<String, List<List<String>>> data=new HashMap<>();
            data.put("People", people);
            data.put("Groups", groups);
            System.out.println("Data Map: "+data);
        }
}

package tests;
import java.util.*;
public class UsingCommonInterfacesTests {
    public static void run(){
        System.out.println("\n*** Using Common Interfaces tests Begin! ***");
        List<String> list=new ArrayList<>();
        list.add("111");
        list.add("222");
        list.add("333");
        print(list);
        Set<String> set=new HashSet<>();
        set.add("444");
        set.add("555");
        print(set);
        Collection<String> totalCollection=new ArrayList<>();
        totalCollection.addAll(list);
        totalCollection.addAll(set);
        print(totalCollection);
    }
    private static void print(Collection<String> anyCollection){
        System.out.println(anyCollection+" size="+anyCollection. size());
    }
}

package entities;
public interface Unit{
    void setLearnPoints(int learnpoints);
    void setName(String name);
    void setType(String type);

    int getLearnPoints();
    String getName();
    String getType();
}

package entities;

public class Teacher implements Unit{
```

```
private int learnpoints=0;
private String name="";
private String type="Teacher";

public Teacher(int learnpoints, String name){
    this.learnpoints=learnpoints;
    this.name=name;
}

public Teacher(int learnpoints, String name, String type){
    this.learnpoints=learnpoints;
    this.name=name;
    this.type=type;
}

public void setLearnPoints(int learnpoints){
    this.learnpoints=learnpoints;
}

public void setName(String name){
    this.name=name;
}

public void setType(String type){
    this.type=type;
}

@Override
public int getLearnPoints(){
    return learnpoints;
}

@Override
public String getName(){
    return name;
}

@Override
public String getType(){
    return type;
}

@Override
public String toString(){
    return "Teacher{" +
            "learnpoints="+learnpoints +
            ", name='"+name+'\'' +
            ", type='"+type+'\'' +
```

```
            '}';
    }

    @Override
    public boolean equals(Object o){
        return this.hashCode()==o.hashCode();
    }

    @Override
    public int hashCode(){
        return this.getLearnPoints()+this.getName().hashCode()+
this.getType(). hashCode();
    }
}

package entities;
public class Stu implements Unit{
    private int learnpoints=0;
    private String name="";
    private String type="Stu";

    public Stu(int learnpoints, String name){
        this.learnpoints=learnpoints;
        this.name=name;
    }

    public Stu(int learnpoints, String name, String type){
        this.learnpoints=learnpoints;
        this.name=name;
        this.type=type;
    }

    public void setLearnPoints(int learnpoints){
        this.learnpoints=learnpoints;
    }

    public void setName(String name){
        this.name=name;
    }

    public void setType(String type){
        this.type=type;
    }

    @Override
    public int getLearnPoints(){
        return learnpoints;
    }
```

```
    @Override
    public String getName(){
        return name;
    }

    @Override
    public String getType(){
        return type;
    }

    @Override
    public String toString(){
        return "Stu{" +
                "learnpoints="+learnpoints +
                ", name='"+name+'\'' +
                ", type='"+type+'\'' +
                '}';
    }

    @Override
    public boolean equals(Object o){
        return this.hashCode()==o.hashCode();
    }

    @Override
    public int hashCode(){
        return this.getLearnPoints()+this.getName().hashCode()+
this.getType().hashCode();
    }
}

package entities;
public class Manager implements Unit{
    private int learnpoints=0;
    private String name="";
    private String type="Manager";

    public Manager(int learnpoints, String name){
        this.learnpoints=learnpoints;
        this.name=name;
    }

    public Manager(int learnpoints, String name, String type){
        this.learnpoints=learnpoints;
        this.name=name;
        this.type=type;
    }

    public void setLearnPoints(int learnpoints){
```

```java
            this.learnpoints=learnpoints;
        }

        public void setName(String name){
            this.name=name;
        }

        public void setType(String type){
            this.type=type;
        }

        @Override
        public int getLearnPoints(){
            return learnpoints;
        }

        @Override
        public String getName(){
            return name;
        }

        @Override
        public String getType(){
            return type;
        }
}

package tests;
import entities.*;
import java.util.*;
public class EqualsHashCodeTests {
    public static void run(){
        System.out.println("\n*** Equals and Hashcode tests Begin! ***");

        Set<Unit> stus=new HashSet<>();
        stus.add(new Stu(800, "Hulk", "Stu"));
        stus.add(new Stu(800, "Stu", "Hulk"));
        stus.add(new Teacher(800, "Stu", "Hulk"));
        System.out.println("stus: "+stus);
    }
}

package tests;
import entities.*;
import java.util.*;
public class LinksTests {
    public static void run(){
        System.out.println("\n*** Linkss tests Begin! ***");
        List<String> animals=new ArrayList<>();
```

```
        animals.add("cat");
        animals.add("dog");
        animals.add("capybara");

        String capybara=animals.get(2);
        capybara="Slon";
        System.out.println("animals: "+animals);

        List<Unit> units=new ArrayList<>();
        units.add(new Stu(800, "Hulk"));
        units.add(new Manager(100, "Dr. Strange"));
        units.add(new Teacher(100, "Merida"));

        Unit hulk=units.get(0);
        hulk=new Stu(600, "Wonder Woman");
        System.out.println("Hulk before: "+units);
        Unit hulk2=units.get(0);
        hulk2.setLearnPoints(700);
        System.out.println("Hulk after: "+units);
    }
}
```

小 结

本章主要介绍了 Java 标准类库中的常用类，包括基本数据类型包装类、系统控制的 System 和 Runtime 类、常用计算相关的 Math 和 Random 类、Java 提供的日期时间工具以及 Set(集）、List(列表）和 Map(映射)。集是最简单的一种集合，它的对象不按特定方式排序，只是简单地把对象加入集合中，列表的主要特征是其对象以线性方式存储，没有特定顺序，映射与集或列表有明显区别，映射中每个项都是成对的。映射中存储的每个对象都有一个相关的关键字（Key）对象，关键字决定了对象在映射中的存储位置，检索对象时必须提供唯一的关键字。Java 标准类库像工具一样种类繁多，需要根据不同应用场景选用合适的类库。

习 题

一、选择题

1. 在 Java 中，以下（   ）类的对象以键-值的方式存储对象。
    A. java.util.List   B. java.util.ArrayList
    C. java.util.HashMap   D. java.util.LinkedList

2. 在 Java 中，LinkedList 类和 ArrayList 类同属于集合框架类，下列（   ）选项中的方法是 LinkedList 类有而 ArrayList 类没有的。
    A. add(Object o)   B. add(int index，Object o)
    C. remove(Object o)   D. removeLast( )

3. 在 Java 中 ArrayList 类实现了可变大小的数组，便于遍历元素和随机访问元素。已知获得了 ArrayList 类的对象 bookTypeList，则下列语句中能够实现判断列表中是否存在字符串"小说"的是（　　　）。

    A．bookTypeList.add("小说");

    B．bookTypeList.get("小说");

    C．bookTypeList.contains("小说");

    D．bookTypeList.remove("小说");

4. Itertor 有（　　　）方法。

    A．next　　　　　　　　　　B．equals

    C．remove　　　　　　　　　D．hasNext

5. ArrayList 类的底层数据结构是（　　　）。

    A．数组结构　　　　　　　　B．链表结构

    C．哈希表结构　　　　　　　D．红黑树结构

6. 关于迭代器说法错误的是（　　　）。

    A．迭代器是取出集合元素的方式

    B．迭代器的 hasNext( )方法返回值是布尔类型

    C．List 集合有特有迭代器

    D．next( )方法将返回集合中的上一个元素.

7. 实现下列（　　　）接口，可以启用比较功能。

    A．Runnable 接口　　　　　B．Iterator 接口

    C．Serializable 接口　　　　D．Comparator 接口

8. 关于泛型的说法错误的是（　　　）。

    A．泛型是 JDK1.5 出现的新特性

    B．泛型是一种安全机制

    C．使用泛型避免了强制类型转换

    D．使用泛型必须进行强制类型转换

9. 下列（　　　）不是 List 集合的遍历方式。

    A．Iterator 迭代器实现

    B．增强 for 循环实现

    C．get( )和 size( )方法结合实现

    D．get( )和 length( )方法结合实现

10. Java 的集合框架中重要的接口 java.util.Collection 定义了许多方法，下列选项中（　　　）方法不是 Collection 接口所定义的？

    A．int size( )

    B．boolean containsAll(Collection c)

    C．compareTo(Object obj)

    D．boolean remove(Object obj)

二、简答题

1. 什么是集合？请列举集合中常用的类和接口。

2. 集合中的 List、Set、Map 有什么区别？

3. Collection 和 Collections 有什么区别？

4. Date 和 Calender 类有什么区别和联系？

5. 简述 Integer 与 int 的区别。

三、编程题

1. 某中学有若干学生(学生对象放在一个 List 中)，每个学生有一个姓名属性(String)、班级名称属性(String)和考试成绩属性(double)；某次考试结束后，每个学生都获得了一个考试成绩。遍历 list 集合，并把学生对象的属性打印出来。

2. 编写一个 Book 类，该类至少有 name 和 price 两个属性。该类要实现 Comarable 接口，在接口的 compareTo( )方法中规定两个 Book 类实例的大小关系为二者的 price 属性的大小关系。在主方法中，选择合适的集合类型存放 Book 类的若干个对象，然后创建一个新的 Book 类的对象，并检查该对象与集合中的哪些对象相等。

第 8 章

异常处理机制 <<<

学习目标：

- 理解异常的定义、概念及异常处理机制的优势。
- 掌握异常类的继承体系结构。
- 熟练掌握 try...catch 捕获异常的用法。
- 熟练掌握使用 throws 声明抛弃异常。
- 掌握使用 throw 抛出异常。
- 掌握自定义异常类。

所谓异常，即程序运行过程中出现的错误。异常处理机制，即用来处理程序运行错误的机制，已成为判断一门编程语言是否成熟的标准。该机制可以将程序中异常处理代码和正常业务代码分离，保证程序代码结构更加清晰，并提高程序的健壮性。

8.1 异常概述

在使用计算机程序设计语言进行项目开发的过程中，即使程序代码写得尽可能完美，在系统运行过程中仍然可能会出现一些问题，因为有些问题不是靠代码能够避免的，例如，客户输入数据的格式、读取文件是否存在、网络是否始终保持通畅等特殊情况。

在 Java 语言中，将程序执行中发生的不正常情况称为"异常"。异常是程序中的一些错误，但并不是所有的错误都是异常，并且错误有时也是可以避免的。

程序在运行时出现的不正常情况，其实就是程序中出现的问题。这个问题按照面向对象思想进行描述，并封装成了对象，因为问题的产生有产生的原因、有问题的名称、有问题的描述等多个属性信息存在。出现多属性信息最便捷的方式就是将这些信息进行封装。异常就是 Java 按照面向对象的思想将问题进行封装，这样就方便对问题进行操作和处理。

在 Java 语言中，使用异常处理机制具有以下几个优点：

（1）Java 通过面向对象的方法进行异常处理，把各种异常事件进行分类，体现了良好的层次性，提供了良好的接口，这种机制对于具有动态运行特性的复杂程序提供了强有力的控制方式。

（2）Java 的异常处理机制使得处理异常的代码和"常规"代码分离，减少了代码的数量，增强了程序的可读性。

（3）把异常当成事件进行处理，利用类的层次性可以把多个具有相同父类的异常统一处理，也可以对不同的异常区分处理，使用非常灵活。

8.2 异常的体系结构

Java 是一种面向对象程序设计语言，在 Java 中，异常被当作对象来处理，通过异常类的继承关系形成了 Java 的异常体系，从异常体系结构的整体出发，了解异常的继承关系与分类，有助于对异常处理机制的理解和运用。

图 8-1 所示为 Java 异常体系结构中的常用类与继承关系，Throwable 是所有异常类的父类，并且 Java 程序在执行过程中所发生的异常事件可分为两类：Error 和 Exception。

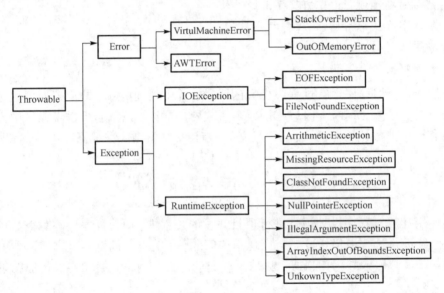

图 8-1　异常体系结构图

1. Error（错误）

Error 是 Java 虚拟机无法解决的严重问题，如系统奔溃、虚拟机错误、动态链接失败等，这类错误无法恢复或不可能捕获，将导致应用程序中断。通常应用程序不对 Error 编写针对性的代码进行处理。

2. Exception（异常）

Exception 类表示程序可以处理的异常，可以捕获并可能恢复。应用程序遇到这类异，应该尽可能处理，使程序恢复运行，而不应该随意终止异常。通常可以编写针对性的代码进行处理。这类异常例如：空指针访问、试图读取不存在的文件和网络连接中断等。

Exception 异常又分为两大类：运行时异常和非运行时异常（checked 异常）。程序中应当尽可能去处理 Exception 异常。

运行时异常都是 RuntimeException 类及其子类异常，如 NullPointerException、

IndexOutOfBoundsException 等，这些异常是不检查异常（un-checked exception），程序中可以选择捕获处理，也可以不处理。这类异常一般是由程序逻辑错误引起的，程序应该从逻辑角度尽可能避免这类异常的发生。

非运行时异常是除 RuntimeException 之外的异常，其类型上都属于 Exception 类及其子类。Java 语法规定这类异常是必须进行处理的异常，如果不对其进行处理，程序就不能编译通过，如 IOException、SQLException 等以及用户自定义的 Exception 异常。一般情况下不自定义非运行时异常。

8.3 异常处理机制

Java 的异常处理机制可以使得程序具有更好的容错性，让程序更加健壮。Java 有 2 种异常处理机制：使用 try/catch/finally 捕获异常和使用 throws 声明抛弃异常，无论是运行时异常还是非运行时异常，都可以使用这两种处理机制来处理异常。另外，在处理异常时，可以通过访问异常信息来定位程序问题。

8.3.1 捕获异常

异常是导致程序运行终止的一种程序问题，异常一旦出现，如果没有进行合理处理，程序将中断执行并退出。在 Java 中，可以通过 try...catch 捕获异常对象的方式来处理异常，从而避免程序中断来提供程序的稳健性。

在程序中使用 try...catch 捕获异常的语法结构如下：

```
try{
    可能出现异常的语句；
}[catch(异常类型形参){
    处理异常；
}catch(异常类型形参){
    处理异常；
}...][finally{
    不论是否出现异常，都将执行此代码；
}]
```

在上述语法结构中，共有 try、catch 和 finally 等 3 种代码块，简称为 try 块、catch 块和 finally 块。使用上述捕获并处理异常机制时，将可能产生异常（也称抛出异常）的代码放在 try 块中，如果 try 块中抛出异常，使用后续的 catch 块对该异常进行匹配和处理，finally 块通常用来做收尾工作。当然，在 catch 和 finally 块中也可能会抛出异常，同样可以使用这样的异常处理机制进行处理。另外，在使用上述语法时，应该注意以下几点：

（1）try 块、catch 块和 finally 块均不能单独使用，try 块是必选项，catch 块和 finally 块是可选项，三者的先后顺序固定，try 块后可以有 0～N 个 catch 块，可以有 0～1 个 finally 块，但 catch 块和 finally 块的数量不能同时为 0。

（2）try 块、catch 块和 finally 块中的局部变量的作用域为各自代码块内部，相互独立。如果要在 3 个块中都可以访问，则需要将变量定义到这些块的外面。

（3）如果 try 后具有多个 catch 块，系统最多只匹配其中一个异常类并且只执行该 catch 块，其他 catch 块则不会执行。匹配 catch 语句的顺序为从上到下，如果当前异常对象没被任何 catch 捕获并处理，程序即终止执行。

（4）先 catch 子类异常再 catch 父类异常。

如果程序中没有对异常作任何处理，则该异常对象将交给 JVM 进行处理，而 JVM 的默认处理方式就是进行异常信息的输出，再中断程序执行。在使用 try、catch 捕获异常中，try 块中可能有多条程序语句，如果系统在执行 try 块某行语句时抛出异常，try 块中这行语句之后的代码将不再执行，系统直接将该异常对象与后续 catch 块从上往下逐一匹配，其匹配方式是：将异常对象与 catch 后的形参类型使用 instanceof 运算符进行匹配，如果匹配结果为 true，则执行相应 catch 块，该 catch 块执行完成后则跳过后续所有 catch 直接执行最后的 finally 块（如果有）；如果匹配为 false，则继续匹配下一个 catch。如果 try 块中的所有语句执行都未抛出异常，后续所有的 catch 块则不会执行，系统会直接执行 catch 后的 finally 块（如果有）。

finally 块通常用于给程序提供一个统一的出口，例如，在 try 中打开了文件，可以将关闭文件的操作放在 finally 块中执行，因为关闭文件的操作如果放在 try 块或 catch 块中都可能不会执行，finally 块可保证无论 try 块中的代码是否抛出异常都可以正常关闭文件。所以，不管 try 块中是否有异常都会执行 finally 块，如果没有异常，执行完 finally 块，则会继续执行程序中的其他代码。如果 try 块抛出异常但是没有能够处理（没有 catch 可以匹配），那么程序也会执行 finally 块，但是执行完 finally 之后，将默认交给 JVM 输出异常信息，并且中断程序。

下列程序清单展示了 try..catch..finally 捕获异常的使用举例。

```java
public class TryCatchTest{
   public static void main(String args[]){
     System.out.println("1、除法计算开始");
     try{
        int x=Integer.parseInt(args[0]);
        int y=Integer.parseInt(args[1]);
        int result=x/y;
        System.out.println("2、除法计算结果: "+result);
     }catch(ArithmeticException e){
        e.printStackTrace();
     }catch(ArrayIndexOutOfBoundsException e){
        e.printStackTrace();
     }catch(NumberFormatException e){
        e.printStackTrace();
     }finally{
        System.out.println("不管是否出现异常都执行");
     }
     System.out.println("3、除法计算结束");
   }
}
```

在上述程序中，将执行除法运算代码放在 try 块中，如果程序运行正常则打印结果并执行 finally 块,如果在 try 块中出现异常,例如除数 y 等于 0,系统会在 x/y 的除法运算中自动产生一个 ArithmeticException 类型的对象,并将此对象与 try 后的 catch 块中的形参类型进行逐一对比,并执行相应的 catch 块。然后,执行 finally 块,再执行 finally 块之后的代码。

在 jdk1.7 之前,在捕获异常时,每个 catch 块只能捕获一种类型的异常,但从 jdk1.7 开始,一个 catch 块可以捕获多种类型的异常。使用 try…catch 捕获异常时其中的 catch 块语法格式如下:

```
catch(异常类1[|异常类2][|异常类3]…形参名){
    //代码块
}
```

在上述语法格式中,如果一个 catch 块后有多个异常类型,异常类名之间用竖线"|"隔开。如果捕获多种异常类型,异常形参变量隐式使用 final 修饰,即相应的 catch 块不能对该异常变量重新赋值。如果 catch 只捕获一种异常,则形参不受 final 限制。以下程序展示了这种用法。

```java
public class MultiExceptionTest{
    public static void main(String[] args){
        try{
            int a=Integer.parseInt(args[0]);
            int b=Integer.parseInt(args[1]);
            int c=a/b;
            System.out.println("您输入的两个数相除的结果是: "+c);
        }
        catch(IndexOutOfBoundsException|NumberFormatException
            |ArithmeticException ie){
            System.out.println("数组越界或数字格式异常或算术异常");
            ie=new ArithmeticException("test");        //编译错误
        }
        catch(Exception e){
            System.out.println("未知异常");
            e=new RuntimeException("test");            //编译通过
        }
    }
}
```

另外,从 jdk1.7 开始,可以使用能够自动关闭资源的 try 块,例如,在 try 块中打开了一个或多个资源,通常需要在 finally 块中对其进行关闭。如果使用 jdk1.7 及之后具有自动关闭资源的 try 块,则无须在 finally 块中对其进行关闭。其语法格式如下:

```
try(//初始化相关资源){//业务代码}…
```

在上述语法格式中,需要在 try 关键字后加上一对圆括号,在圆括号中声明、初始化一个或多个资源,这类资源是指必须在程序结束时显式关闭的资源(如数据库连接、网络连接和打开文件等),这些资源类必须实现 AutoCloseable 或 Closeable 接口。使用这种 try 块打开的资源则无须在 finally 进行手动关闭。以下程序展示了这种用法。

```
public class AutoCloseTest{
    public static void main(String[] args)throws IOException{
        try(
            BufferedReader br=new BufferedReader(new FileReader("i.txt"));
            PrintStream ps=new PrintStream(new FileOutputStream("o.txt"))){
                System.out.println(br.readLine());
                ps.println("hello world");
        }
    }
}
```

当然，如果程序需要，自动关闭资源的 try 语句后也同样可以带多个 catch 块和一个 finally 块。

8.3.2　声明抛弃异常

所谓抛弃异常，即当前方法不知道如何处理这类异常，则可以在方法参数后使用 throws 声明抛弃该类异常，将这类异常交给该方法的调用者进行处理。同样，main( ) 方法也可以声明抛弃异常，将异常交给 JVM 进行处理。JVM 的处理方式：打印该异常信息，并结束程序运行。声明抛弃异常的语法如下：

```
[修饰符]返回值类型方法名([形参列表])[throws 异常类列表]{
    //方法体
}
```

在上述语法中，throws 子句是可选项，其中异常类列表是指用英文逗号","连接多个异常类名组成的序列，如"throws 异常类 1,异常类 2,异常类 3"。以下程序展示了在 main( )方法中声明抛弃异常。

```
Public class ThrowsTest{
    public static void main(String[]args)throws IOException{
        FileInputStream fis=new FileInputStream("a.txt");
    }
}
```

上述程序声明不处理IOException异常,将此异常交给JVM处理。其中,IOException 属于非运行时异常，编译器要求程序必须对该类异常进行处理，上述程序使用 throws 声明抛弃该异常，则不需再用 try...catch 来捕获该异常。

在方法签名后声明抛弃异常在方法重写时有一个限制，即子类重写方法时声明抛弃的异常类型应该是父类方法声明抛弃的异常类型的子类或者与父类方法声明抛弃的异常类型相同，子类方法声明抛弃的异常不允许比父类方法声明抛弃的异常多。

```
public class OverrideThrows{
    public void test()throws IOException  {
        FileInputStream fis=new FileInputStream("a.txt");
    }
}
class Sub extends OverrideThrows{
    public void test()throws Exception{}          //编辑出错
}
```

在上述程序中，子类 Sub 中重写了父类 OverrideThrows 的 test( )方法，并在重写的 test( )方法后声明抛弃了 Exception 异常,该异常是父类声明抛弃的异常 IOException 的父类，因此编译出错。

8.3.3 访问异常信息

在使用 try...catch...finally 捕获异常时，系统自动抛出的异常如果与 try 后的某个 catch 匹配，则会执行此 catch 块中的代码，如果在 catch 块中需要访问异常对象的相关信息，则可以通过此 catch 块中异常形参来进行获取。通常，使用异常体系中顶层父类 Throwable 的几个常用方法来获取相关信息。

（1）public String getMessage( )：返回该异常对象的详细描述字符串。

（2）public void printStackTrace( )：将该异常的跟踪信息通过标准错误输出。

（3）public void printStackTrace(PrintStream s)：将该异常的跟踪信息通过形参 s 输出到指定流。

（4）public StackTraceElement[] getStackTrace( )：返回该异常的跟踪信息。

以下程序展示了如何访问异常信息。

```
public class AccessExceptionMsg{
    public static void main(String[] args){
        try{
            FileInputStream fis=new FileInputStream("a.txt");
        }
        catch(IOException ioe){
            System.out.println(ioe.getMessage());
            ioe.printStackTrace();
        }
    }
}
```

在上述程序中，catch 捕获 Exception 对象后，利用形参 ioe 打印该异常对象的跟踪信息，因为当前路径不存在 a.txt，其输出结果如下：

```
a.txt(系统找不到指定的文件。)
java.io.FileNotFoundException:a.txt(系统找不到指定的文件。)
    atjava.io.FileInputStream.open0(NativeMethod)
    atjava.io.FileInputStream.open(UnknownSource)
    atjava.io.FileInputStream.<init>(UnknownSource)
    atjava.io.FileInputStream.<init>(UnknownSource)
    atAccessExceptionMsg.main(AccessExceptionMsg.java:19)
```

通过异常对象的相关方法可以获取异常详细信息，能够让程序更容易分析异常来源及程序存在的问题，以便更精准地处理程序错误。

8.4 手动抛出异常

在 Java 中，当程序运行过程中出现错误时，系统会在错误出现的地方自动抛出异常。另外，Java 也允许在程序代码中由程序员手动抛出异常，手动抛出异常使用 throw 语句来完成。无论是系统自动抛出异常，还是程序手动抛出异常，都是抛出异常对象，只是异常的来源不同，没有本质区别。手动抛出异常对象的语法格式如下：

```
throw 异常对象;
```

上述语法表明手动抛出异常用法非常简单，但需要注意的是，使用 throw 既可以抛出运行时异常，也可以抛出非运行时异常，但都必须是 Throwable 类或其子类的对象，不能是其他类的对象，如 "throw new String("test");" 则会导致编译错误。如下的程序片段展示了手动抛出异常的简单用法。

```
try{
    throw new Exception("手动抛出异常对象");
}catch(Exception ex){
    System.out.println("error:"+ex.getMessage());
    ex.printStackTrace();
}
```

在代码中手动抛出异常后，程序同样需要对该异常进行处理，可以通过 try…catch…finally 捕获异常，也可以声明抛弃异常。对于运行时异常，如果程序不对其进行处理，则程序运行到 throw 语句时系统将终止程序运行。对于非运行时异常，如果程序不对其进行处理，则编译器将提示错误。

对于手动抛出异常的应用场景，笔者的理解主要有两处：第一种，有一些程序业务需求层面的错误，例如，若用户输入的数据不符合实际要求，则可以通过手动抛出异常的方式来提示程序应当对这类错误进行处理，提高程序的稳健性；另一种，如果在 catch 块中处理了当前异常，该异常对该方法的调用者而言就是透明的。如果希望该方法的上层调用者也了解这种情况，则可以在 catch 中手动抛出异常来达到这个目的，这种方式也称为异常转移。

8.5　自定义异常类

通常情况，在程序中手动抛出异常时，一般不会抛出系统异常，因为系统异常携带的信息通常较单一且固定。如果手动抛出异常，通常抛出自定义的异常，来更明确地定位异常出现的位置及异常表达的实际问题。

在 Java 中自定义异常类需要注意以下几点：

（1）自定义的异常类都必须是 Throwable 的子类。

（2）自定义异常类如果是运行时异常类，则需要继承 RuntimeException 类。

（3）自定义异常类如果是非运行时异常类，则需要继承 Exception 类。

（4）自定义异常类通常需要提供两个构造器：一个无参数的构造器；一个带一个 String 参数的构造器，这个参数用来描述该异常对象的相关信息。

如下程序展示了自定义异常类的使用情况。

```
class MyException extends RuntimeException{
    private static final long serialVersionUID=1L;
```

```
    private String errorCode;                    //错误编码
    private boolean propertiesKey=true;          //消息是否为属性文件中的Key
    public MyException(String message){          //信息描述
    super(message);
    }
    public MyException(String errorCode,String message){
        this(errorCode,message,true);
    }

    public MyException(String errorCode,String message,Throwable cause){
        this(errorCode,message,cause,true);
    }
    public MyException(String errorCode,String message,boolean propertiesKey){
        super(message);
        this.setErrorCode(errorCode);
        this.setPropertiesKey(propertiesKey);
    }
    public MyException(String errorCode,String message,Throwable cause,
boolean propertiesKey){
        super(message,cause);
        this.setErrorCode(errorCode);
        this.setPropertiesKey(propertiesKey);
    }
    public MyException(String message,Throwable cause){
        super(message,cause);
    }
    public String getErrorCode(){
        return errorCode;
    }
    public void setErrorCode(String errorCode){
        this.errorCode=errorCode;
    }
    public boolean isPropertiesKey(){
        return propertiesKey;
    }
    public void setPropertiesKey(boolean propertiesKey){
        this.propertiesKey=propertiesKey;
    }
}
public class MyExceptionTest{
    public static void main(String[]args){
        String[]sexs={"男性","女性","中性"};
        for(int i=0;i<sexs.length;i++){
            if("中性".equals(sexs[i])){
                throw new MyException("性别有问题！");
            }else{
                System.out.println(sexs[i]);
            }
        }
    }
}
```

在上述程序的自定义异常类中，根据实际需求定义了多个相应的构造器，用来描述不同的问题特征，并在业务代码中适时抛出该自定义异常对象，提示上层用户程序中出现的实际问题。其中，super(message);语句调用父类的构造器，并将 message 字符串参数传给异常对象的 message 属性，该 message 属性即该异常对象的详细描述信息。上述程序运行的输出结果如下：

```
男性
女性
Exceptioninthread"main"BaoC.MyException:性别有问题！
    atBaoC.MyExceptionTest.main(MyExceptionTest.java:132)
```

8.6 异常处理规则

使用异常处理机制可以将正常业务代码与问题处理代码分离，合理使用异常处理机制，可以让程序结构清晰，系统运行更稳健。但在异常处理中，通常需要遵循一些设计原则。

1. 优先使用更明确的异常

使用更明确的异常可以提供尽可能多的信息，使程序更容易被理解，也能使得该方法的调用者更好地处理异常且避免额外的检查，所以，应该寻找与实际异常事件最贴切的类。例如，抛出一个 NumberFormatException 异常比直接抛出 Exception 异常表述的信息更准确。

2. 不要捕获 Throwable

Throwable 是所有异常（Exception）和错误（Error）的父类，虽然它能在 catch 中使用，但不建议这样做。如果在 catch 中使用 Throwable，它将不仅捕获所有异常，还将捕获所有错误。错误是由 JVM 抛出的，用来表明程序本身无法处理的严重错误。例如，OutOfMemoryError 和 StackOverflowError 等，这类错误应该引起用户的注意。

3. 不要过度使用异常

Java 的异常机制非常实用，但滥用异常机制也会带来一些负面影响。过度使用异常需要注意两个方面：（1）把异常和普通错误混淆在一起，不再编写相关错误处理代码，而是以简单地抛出异常来代替所有的错误处理；（2）使用异常处理代替流程控制，因为异常机制的效率比正常的流程控制效率差。

4. 不要使用过于庞大的 try 块

使用庞大的 try 块，会造成 try 块中出现异常的可能性大大增加，从而导致分析异常原因的难度也大大增加，这是与异常处理机制的初衷相违背的。所以，应该把庞大的 try 块分割成多个可能出现异常的程序段落，并把它们放在单独的 try 块中进行异常的捕获和处理。

5. 不要忽略捕获到的异常

捕获到异常则意味着程序中出现了相应的问题，如果在 catch 块中不对其做任何处理，或仅仅打印出错误信息都是欠妥的。应该在 catch 块中针对具体异常错误给出相应的处理措施，来尽可能修复程序错误。当然，如果当前方法不知道如何处理该异常，也可以通过 throws 将异常抛弃给上层调用者来进行处理。

8.7 综合案例

综合 Java 异常处理机制，在前面章节 Java 基础知识的基础上，设计如下控制台方式的扫雷游戏。使用键盘输入扫雷游戏的棋盘尺寸以及扫雷游戏操作过程，例如输入 "2 3" 代表扫除坐标为(2,3)位置的地雷，输入 "2 3 a" 代表在坐标(2,3)的位置上插入标志旗等。因为用户输入的坐标位置及格式可能不符合程序规定，因此在用户输入数据后可能会出现各种异常而中断程序执行，让程序变得非常不稳健，因此需要为扫雷游戏程序添加异常处理机制。

具体实现代码如下：

```java
import java.io.*;
public class MineSweeper
{
    static int[][][] a;
    static boolean gameover = false;
    static String[] posStrArr;
    static String[] str= {"  ","①","②","③","④","⑤","⑥","⑦","⑧"};
    public static int countNum(int[][][] a,int n,int i,int j){
        if((n<=1)||(i>=n)||(j>=n))
            return -1;
        int num = 0;
        if(i>0 && j>0)
            num+=a[i-1][j-1][0];
        if(j>0)
            num+=a[i][j-1][0];
        if(i<(n-1) && j>0)
            num+=a[i+1][j-1][0];
        if(i<(n-1))
            num+=a[i+1][j][0];
        if(i<(n-1) && j<(n-1))
            num+=a[i+1][j+1][0];
        if(j<(n-1))
            num+=a[i][j+1][0];
        if(i>0 && j<(n-1))
            num+=a[i-1][j+1][0];
        if(i>0)
            num+=a[i-1][j][0];
        return num;
    }
    public static int initArr(int[][][] a,int n){
        if (a == null)
            return -1;
        for(int i=0;i<n;i++){
            for(int j=0;j<n;j++){
                a[i][j][0] = ((int)(Math.random()*10))<3?1:0;
```

```
        }
    }
    for(int i=0;i<n;i++){
        for(int j=0;j<n;j++){
            if(a[i][j][0]==0){//a[i][j][0]为0表示无地雷，1表示有雷
                a[i][j][1]=countNum(a,n,i,j);
                                //a[i][j][1]用来代表该位置周围的地雷数
            }
        }
    }
    return 0;
}
public static void autoOpenMine(int[][][] a,int n,int i,int j){
    if(a[i][j][2]==1)          //若已经被清扫，直接返回
        return;
    if(a[i][j][2]==2)               //若已经被标记有雷，直接返回
        return;
    if(a[i][j][2]==0){
//a[i-1][j-1][2]为0表示该位置未扫雷，为1表示已扫雷，为2表示插上标志旗
        a[i][j][2]=1;
        if(a[i][j][0]==0 && a[i][j][1]==0){
                                //如果此处也为" "，则递归地扫周围8个位置
            if(i>0 && j>0)
                autoOpenMine(a,n,i-1,j-1);
            if(j>0)
                autoOpenMine(a,n,i,j-1);
            if(i<(n-1) && j>0)
                autoOpenMine(a,n,i+1,j-1);
            if(i<(n-1))
                autoOpenMine(a,n,i+1,j);
            if(i<(n-1) && j<(n-1))
                autoOpenMine(a,n,i+1,j+1);
            if(j<(n-1))
                autoOpenMine(a,n,i,j+1);
            if(i>0 && j<(n-1))
                autoOpenMine(a,n,i-1,j+1);
            if(i>0)
                autoOpenMine(a,n,i-1,j);
        }
    }
}
public static void openMine(int[][][] a,int n,int i,int j){
    if(a[i][j][2]==1){
        System.out.println("该位置已被清扫！");
        System.out.print("请重新输入坐标：");
    }else{
        if(posStrArr.length<=2){       //坐标只有两个数
            a[i][j][2]=0;                 //先取消标志旗，再扫雷
            autoOpenMine(a,n,i,j);
        }else                           //输入坐标不止两个数
```

```
                a[i][j][2]=(a[i][j][2]==0)?2:0;
            printArr(a,n);
        }
    }
    public static void printArr(int[][][] a,int n){
        System.out.print("  ");
        for(int t=1;t<=n;t++)
            System.out.print(" "+t%10);
        System.out.println();
        for(int i=0;i<n;i++){
            System.out.print(" "+(i+1)%10);
            for(int j=0;j<n;j++){
                if(a[i][j][2]==0)
                    System.out.print("■");
                else if(a[i][j][2]==1){
                    if(a[i][j][0]==0)
                        System.out.print(str[a[i][j][1]]);
                    else{
                        System.out.print("☆");
                        gameover=true;
                    }
                }else if(a[i][j][2]==2)
                    System.out.print("★");//标记旗
            }
            System.out.println();
        }
    }
    public static void printInnerArr(int[][][] a,int n){
        System.out.print("  ");
        for(int t=1;t<=n;t++)
            System.out.print(" "+t%10);
        System.out.println();
        for(int i=0;i<n;i++){
            System.out.print(" "+(i+1)%10);
            for(int j=0;j<n;j++){
                if(a[i][j][0]==0)
                    System.out.print(str[a[i][j][1]]);
                else
                    System.out.print("☆");
            }
            System.out.println();
        }
    }
    public static int checkSucceed(int[][][] a,int n){
        for(int i=0;i<n;i++){
            for(int j=0;j<n;j++){
                if(a[i][j][0]==0 && a[i][j][2]==0)//还有空雷没扫
                    return 0;
            }
        }
```

```
            return 1;//扫雷完成，成功
    }
    public static void main(String[] ags) throws Exception{
        int x,y,flag;
        BufferedReader br=new BufferedReader(new InputStreamReader
(System.in));
        System.out.println("游戏规则: ");
        System.out.println("1、■代表该位置的雷还未扫");
        System.out.println("2、★标记该位置可能有雷，插上五角星");
        System.out.println("3、☆代表该位置有地雷，并踩到地雷了");
        System.out.println("4、①②③④⑤⑥⑦⑧代表该位置周围的地雷数量，空白
表示周围没有地雷");
        System.out.println("5、坐标值以空格分隔,如"5 6",标记五角星使用"5 6 ?",?
可为任意字符");
        System.out.print("请输入扫雷网格尺寸: ");
        String inputStr=br.readLine();
        int n=Integer.parseInt(inputStr);
        a=new int[n][n][3];
        initArr(a,n);
        printArr(a,n);
        System.out.print("请输入坐标: ");
        while ((inputStr=br.readLine()) != null)
        {
            posStrArr=inputStr.split(" ");
            try{
                x=Integer.parseInt(posStrArr[0]);
                y=Integer.parseInt(posStrArr[1]);
                if(x<1 || x>n || y<1 || y>n)
                    throw new ArrayIndexOutOfBoundsException();
            }catch(ArrayIndexOutOfBoundsException ex){
                System.out.println("输入的坐标超出了棋盘尺寸! ");
                System.out.print("请重新输入坐标: ");
                continue;
            } catch(Exception ex){
                System.out.println("输入的坐标格式不对! ");
                System.out.print("请重新输入坐标: ");
                continue;
            }
            openMine(a,n,x-1,y-1);
            if(gameover==true){
                System.out.println("踩到地雷，游戏结束! ");
                break;
            }else if(checkSucceed(a,n)==1){
                System.out.println("扫雷完成，恭喜你! ");
                break;
            }
            System.out.print("请输入坐标: ");
        }
        printInnerArr(a,n);
    }
}
```

上述扫雷游戏程序运行结果如下：

游戏规则：

（1）■代表该位置的雷还未扫。

（2）★标记该位置可能有雷，插上五角星。

（3）☆代表该位置有地雷，并踩到地雷了。

（4）①②③④⑤⑥⑦⑧代表该位置周围的地雷数量，空白表示周围没有地雷。

（5）坐标值以空格分隔，如"5 6"，标记五角星使用"5 6 ?"，?可为任意字符。

请输入扫雷网格尺寸：5

```
  1 2 3 4 5
1 ■ ■ ■ ■ ■
2 ■ ■ ■ ■ ■
3 ■ ■ ■ ■ ■
4 ■ ■ ■ ■ ■
5 ■ ■ ■ ■ ■
```

请输入坐标：6 7

输入的坐标超出了棋盘尺寸！

请重新输入坐标：4

输入的坐标超出了棋盘尺寸！

请重新输入坐标：3

输入的坐标超出了棋盘尺寸！

请重新输入坐标：1 g

输入的坐标格式不对！

请重新输入坐标：3 4

```
  1 2 3 4 5
1 ■ ■ ■ ■ ■
2 ■ ■ ■ ■ ■
3 ■ ■ ■ ☆ ■
4 ■ ■ ■ ■ ■
5 ■ ■ ■ ■ ■
```

踩到地雷，游戏结束！

```
  1 2 3 4 5
1 ① ① ② ① ①
2 ① ☆ ④ ☆ ③
3 ② ③ ☆ ☆ ☆
4 ① ☆ ⑤ ⑤ ③
5 ① ② ☆ ☆ ①
```

请按任意键继续...

在上述扫雷游戏程序中，为出现异常可能性较大的"用户数据输入代码"添加了异常处理机制，当用户输入的数据不符合坐标格式，则提示相应错误。如果用户输入的坐标数据与棋盘尺寸不符，则手动抛出异常，对于手动抛出的异常同样需要使用异常处理机制进行处理。当然，这种手动抛出异常的情况是完全可以预判的，所以可以使用 if 语句进行判断直接进行处理，而不需要手动抛出异常，这里只是演示了这种用法。当然，在程序的其他位置也可能抛出异常，请读者自行添加测试和完善。

小　结

本章主要介绍了 Java 异常处理机制的相关知识点，包括对异常概念及作用的理解、异常类的继承体系结构、异常处理的 2 种机制：捕获异常和声明抛弃异常；另外，也讲解了异常信息的访问、手动抛出异常对象和自定义异常类等知识点。

（1）Java 异常处理机制将正常业务代码与问题处理代码分离，使得程序结构更加清晰。

（2）异常处理机制包括两种：捕获异常和声明抛弃异常。

（3）Java 异常（Exception）主要包括两种：运行时异常和非运行时异常。

（4）使用 try...catch...finally 结构进行异常捕获；使用 throws 关键字在方法声明中抛弃改方法可能无法处理的异常。

（5）手动抛出异常对象与系统自动抛出异常对象类似，同样可以使用异常处理机制进行处理。

（6）如果系统的异常类无法准确指代现实场景中的异常情况，可以使用自定义异常类来进行模拟。

习　题

一、选择题

1. 给定如下所示的 Java 代码，则运行时，会产生（　　）类型的异常。

```
Strings=null;
s.concat("abc");
```

    A. ArithmeticException   B. NullPointerException

    C. IOException   D. ClassNotFoundException

2. 在 Java 的异常处理模型中，能单独和 finally 语句一起使用的块是（　　）。

    A. try   B. catch

    C. throw   D. throws

3. 关于异常（Exception），下列描述正确的是（　　）。

    A. 异常的基类为 Exception，所有异常都必须直接或者间接继承它

    B. 异常可以用 try{}catch(Exception e){} 来捕获并进行处理

    C. 如果某异常继承 RuntimeException，则该异常可以不被声明

    D. 异常可以随便处理，而不是抛给外层的程序进行处理

4. Java 中用来抛出异常的关键字是（　　）。

　　　A. try　　　　　　　B. catch　　　　C. throw　　　　　　D. finally

5. 关于异常，下列说法正确的是（　　）。

　　　A. 异常是一种对象

　　　B. 一旦程序运行，异常将被创建

　　　C. 为了保证程序运行速度，要尽量避免异常控制

　　　D. 以上说法都不对

6. （　　）类是所有异常类的父类。

　　　A. Throwable　　　B. Error　　　　C. Exception　　　　D. AWTError

7. Java 语言中，下列（　　）句是异常处理的出口。

　　　A. try{}子句　　　　　　　　　　B. catch{}子句

　　　C. finally{}子句　　　　　　　　D. 以上说法都不对

8. 抛出异常应该使用的关键字是（　　）。

　　　A. throw　　　　　　B. catch　　　　C. finally　　　　　D. throws

9. 自定义异常类时，可以继承的类是（　　）。

　　　A. Error　　　　　　　　　　　　B. Applet

　　　C. Exception 及其子类　　　　　D. AssertionError

10. 在异常处理中，将可能抛出异常的方法放在（　　）语句块中。

　　　A. throws　　　　B. catch　　　　C. try　　　　　　D. finally

11. 对于 try{}catch 子句的排列方式，下列正确的一项是（　　）。

　　　A. 子类异常在前，父类异常在后

　　　B. 父类异常在前，子类异常在后

　　　C. 只能有子类异常

　　　D. 父类异常与子类异常不能同时出现

12. 使用 catch(Exception e)的好处是（　　）。

　　　A. 只会捕获个别类型的异常

　　　B. 捕获 try 语句块中产生的所有类型的异常

　　　C. 忽略一些异常

　　　D. 执行一些程序

13. 所有的异常类皆继承（　　）类。

　　　A. java.lang.Throwable　　　　　B. java.lang.Exception

　　　C. java.lang.Error　　　　　　　D. java.io.Exception

14. 对于已经被定义过可能抛出异常的语句，在编程时（　　）。

　　　A. 必须使用 try…catch 语句处理异常，或用 throw 将其抛出

　　　B. 如果程序错误，必须使用 try…catch 语句处理异常

　　　C. 可以置之不理

　　　D. 只能使用 try…catch 语句处理

二、简答题

1. 什么是异常？简述 Java 的异常处理机制。

2. 系统定义的异常与用户自定义的异常有何不同？如何使用这两类异常？

3. 说明 throws 与 throw 的作用、联系和区别。

4. 如何自定义异常类？

5. 谈谈 final、finally 的区别和作用。

6. 如果 try{}中有一个 return 语句，那么紧跟在这个 try 后的 finally{}中的代码是否会被执行？

7. Error 和 Exception 有什么区别？

三、编程题

1. 计算圆的面积，半径不能为零和负数。

2. 求平均数，参数不能为负数。

3. 自定义 FuShuExecption 类。

4. 检测年龄不能为负数和大于 200 岁。

5. 自定义 NoAgeExecption 类。

第 9 章

输入/输出处理 ≪≪

学习目标：

- 了解 Java I/O 流的概念和划分。
- 掌握字节流和字符流处理。
- 掌握常用的包装流。
- 掌握 Java 串行化方法。

在计算机功能中，输入和输出是重要而又广泛的概念，Java 作为上层应用开发语言，它有很重要的功能就是封装底层细节，为上层提供统一接口。以大家熟悉的磁盘读/写为例，操作系统和系统软件让使用者无须区别诸如 fat、fat32、 ntf、xfs3\4 等存储格式，也不用关心 nfs\nas\san 这些挂接方式。那么如何在 Java 框架中封装如此众多的输入输出呢？Java 为这些 I/O 操作抽象出 stream 概念，用于代表一系列 I/O 数据集合，通过类似企业中的组织结构，stream 将 I/O 分门别类进行处理，总体由 inputstream、outputstream 处理。形象地说，stream 就是一根管子，应用需要什么 I/O，就把管子套到哪里，如果需要转换，就继续套接。这种处理方式保证了底层按需分类，上层统管，如果出现异常，可以及时处理。

9.1 I/O 流的概念和划分

输入和输出是个广泛的概念，Java 作为上层应用开发语言，其很重要的功能就是封装底层细节，为上层提供统一接口。以大家熟悉的磁盘读/写为例，操作系统和系统软件让用户无须区别诸如 fat、fat32、ntf、xfs3\4 等存储格式，也不用关心 nfs\nas\san 这些挂接方式。那么，如何在 Java 框架中封装如此众多的输入/输出呢？Java 为这些 I/O 操作抽象出 stream 概念，用于代表一系列 I/O 数据集合，通过类似企业中的组织结构，stream 将 I/O 分门别类进行处理。形象地说，stream 就是一根管子，应用需要什么 I/O，就把管子套到哪里，如果需要转换，就继续套接。这种处理方式保证了底层按需分类，上层统管，如果出现异常，可以及时处理。

I/O 流按操作方法，分输入、输出两种，按类型分为字节、字符两种流。

流是一组有顺序的、有起点和终点的字节集合，是对数据传输的总称或抽象，一个流可以理解为一个数据的序列。输入流表示从一个源读取数据，输出流表示向一个目标写数据，即数据在两设备间的传输称为流。流的本质是数据传输，Java.io 包根据数据传输特性将流抽象为各种类，几乎包含了所有操作输入、输出需要的类。所有这些流类代表了输入源和输出目标。Java.io 包中的流支持很多种格式，如基本类型、对象、本地化字符集等，方便更直观地进行数据操作。综上所述，Java 为 I/O 提供了强大而灵活的支持，使其更广泛地应用到文件传输和网络编程中。

9.2 字节流和字符流处理

底层硬件往往是按字节处理数据，而使用者更习惯按字符读取写入数据，Java 流按数据传输单位可以分为字节和字符两种流。相对来说，字节流属于底层流，而字符流属于上层流。以常见的文件处理为例，字节流在操作时本身不会用到缓冲区（内存），是文件本身直接操作的，而字符流在操作时使用了缓冲区，通过缓冲区再操作文件。再如，在对文件中的汉字进行操作时，需要使用高级流字符，字节流不能直接操作 Unicode 字符。汉字在文件中占用多个字节，如果使用字节流，读取不当会出现乱码现象，采用字符流就可以避免这个现象。

1. Java 的字节流

所有字节输入流继承于 InputStream，而所有字节输出流继承于 OutputStream。传输中数据基本单位是字节的流就称为字节流，主要用在处理二进制数据，它是按字节来处理的。

2. Java 的字符流

读取字符串输入流继承于 Reader，而所有输出字符串继承于 Writer。

字节流和字符流类间关系如图 9-1 所示。

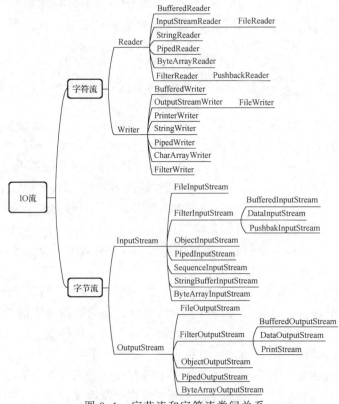

图 9-1　字节流和字符流类间关系

【例 9-1】以常用的读取文件来演示字节流处理。

```
import java.io.FileInputStream;
import java.io.FileNotFoundException;
import java.io.FileOutputStream;
import java.io.IOException;
//使用字节流读写指定目录文件
public class IOStreamDemo{
    public static void main(String[] args) throws IOException{
        FileInputStream in=new FileInputStream("src/main/resources/test_
file.test");
        FileOutputStream  out=new  FileOutputStream("src/main/resources/
output_test_file.test");
        int c;
        try {
            while ((c=in.read()) !=-1){
                out.write(c);
            }
        } finally{
            in.close();
            out.close();
        }
    }
}
```

3．包装流

java.io 中还有许多其他的高级流，这些流能提高 I/O 性能并方便使用，由于它们主要是对基本 I/O 流进行操作，看起来就像对基本流进行包装一样，称为包装流。

（1）缓冲流：该流就有缓存作用，加快读取和写入数据的速度。包括：

● 字节缓冲流：BufferedInputStream、BufferedOutputStream。

● 字符缓冲流：BufferedReader、BufferedWriter。

（2）转换流：把字节流转换为字符流。包括：

● InputStreamReader：把字节输入流转换为字符输入流。

● OutputStreamWriter：把字节输出流转换为字符输出流。

（3）内存流：

● 字节内存流：ByteArrayOutputStream、ByteArrayInputStream。

● 字符内存流：CharArrayReader、CharArrayWriter。

● 字符串流：StringReader、StringWriter（把数据临时存储到字符串中）。

（4）合并流：把多个输入流合并为一个流，也称顺序流，因为在读取时是先读第一个，读完了再读下面一个流。

使用包装流优势包括：首先包装流隐藏了底层结点流的差异，并对外提供了更方便的输入/输出功能；其次使用包装流包装了结点流，程序直接操作包装流，而底层还是结点流和 I/O 设备操作，最后关闭包装流时，只需要关闭包装流即可。同样是读取文件，使用继承于转换流的 FileReader 和 FileWriter，可以很方便地读/写文件。

【例 9-2】包装流示例。

```java
import java.io.FileReader;
import java.io.FileWriter;
import java.io.IOException;
public class CharacterStreamsDemo{
    public static void main(String[] args) throws IOException{
        FileReader inputStream=null;
        FileWriter outputStream=null;
        try {
            inputStream=new FileReader("fileoutputstreamdemo.test");
            outputStream=new FileWriter("char_output_.test");
            int c;
            while((c=inputStream.read())!=-1){
                outputStream.write(c);
            }
        } finally{
            if (inputStream!=null){
                inputStream.close();
            }
            if (outputStream!=null){
                outputStream.close();
            }
        }
    }
}
```

9.3 串 行 化

Java 可以使用诸如网络流等功能在不同硬件中统一处理,那么如何将 Java 中的对象在不同设备中实时处理呢？结合流处理 Java 提出了对象流,该流中一个对象可以被表示为一个字节序列,该字节序列包括该对象的数据、有关对象的类型的信息和存储在对象中数据的类型。将序列化对象写入文件之后,可以从文件中读取出来,并且对它进行反序列化。也就是说,对象的类型信息、对象的数据,以及对象中的数据类型可以用来在内存中新建对象。JDK 提供的 ObjectOutputStream 和 ObjectInputStream 类是用于存储和读取基本类型数据或对象的过滤流,它可以把 Java 中的对象写到数据源中,也能把对象从数据源中还原回来。使用 ObjectOutputStream 类保存基本类型数据或对象的机制叫作串行化（序列化）；用 ObjectInputStream 类读取基本类型数据或对象的机制叫作并行化（反序列化）,对应的方法分别是 writeObject( )和 readObject( )。

需要注意两点:

（1）ObjectOutputStream 和 ObjectInputStream 不能序列化 static 或 transient 修饰的成员变量。

（2）能被序列化对象所对应的类必须实现 java.io.Serializble 这个标识性接口。

【例 9-3】串行化示例。

```java
import java.io.File;
```

```java
import java.io.FileInputStream;
import java.io.FileOutputStream;
import java.io.ObjectInputStream;
import java.io.ObjectOutputStream;
import java.util.ArrayList;
import java.util.List;
public class ObjectStreamDemo{
public static void main(String[] args) throws Exception{
    ObjectOutputStream out=null;
    File file=new File("test.txt");
    out=new ObjectOutputStream(new FileOutputStream(file));
    List<Person>list=new ArrayList<Person>();
    list.add(new Person("Zhao", 20, "0002"));
    list.add(new Person("Qian", 21, "0003"));
    out.writeObject(list);
    ObjectInputStream in=null;
    in=new ObjectInputStream(new FileInputStream(file));
    List<Person> res=(List<Person>) in.readObject();
    for(Person p:res){
        System.out.println(p);
    }
}
}


import java.io.Serializable;
public class Person implements Serializable{
    private static final long serialVersionUID=1L;
    private String name;
    private int age;
    private String id;
    public String getName(){
        return name;
    }
    public void setName(String name){
        this.name=name;
    }
    public int getAge(){
        return age;
    }
    public void setAge(int age){
        this.age=age;
    }
    public String getId(){
        return id;
    }
    public void setId(String id){
        this.id=id;
    }
    public Person(String name, int age, String id){
        super();
```

```
        this.name=name;
        this.age=age;
        this.id=id;
    }
    @Override
    public String toString(){
        return "Person [name="+name+", age="+age+", id="+id+"]";
    }
    @Override
    public int hashCode(){
        final int prime=31;
        int result=1;
        result=prime * result+((id==null) ? 0 : id.hashCode());
        return result;
    }
    @Override
    public boolean equals(Object obj){
        if(this==obj)
            return true;
        if(obj==null)
            return false;
        if(getClass()!=obj.getClass())
            return false;
        Person other=(Person) obj;
        if(id==null){
            if (other.id!=null)
                return false;
        } else if(!id.equals(other.id))
            return false;
        return true;
    }
}
```

9.4 综合案例

以下案例演示了输入/输出流处理，其中 solutionThree 需要读入文件内容字符数大于计数器 count 设置的数值（程序设置是 10 个，count ==10），命令行输入 y 字符可以继续。

```
import java.io.*;
import java.util.*;
public class Main{
    private static BufferedReader reader;
    public static void main(String[] args){
        String path="src/file/test.txt";
        solutionOne(path);
        solutionTwo();
        solutionThree();
    }
```

```
    private static void solutionOne(String path){
        try {
            reader=new BufferedReader(new InputStreamReader(new FileInputStream
(path)));

            String line;
            while ((line=reader.readLine())!=null){
                System.out.println(line);
            }
        } catch (IOException e){
            e.printStackTrace();
        }
    }
    private static void solutionTwo(){
        ArrayList<FileInputStream> list=new ArrayList<>();
        try {
            list.add(new FileInputStream("src/file/1.txt"));
            list.add(new FileInputStream("src/file/2.txt"));
            list.add(new FileInputStream("src/file/3.txt"));
            list.add(new FileInputStream("src/file/4.txt"));
            list.add(new FileInputStream("src/file/5.txt"));
            Enumeration<FileInputStream>         enumeration=Collections.
enumeration(list);
            SequenceInputStream in=new SequenceInputStream (Collections.
enumeration(list));
            BufferedOutputStream writer=new BufferedOutputStream (new
FileOutputStream("src/file/6.txt", true));
            long time=System.currentTimeMillis();
            int tmp=-1;
            // first way
            while (enumeration.hasMoreElements()){
                BufferedReader reader=new BufferedReader(new InputStreamReader
(enumeration.nextElement()));
                while ((tmp=reader.read())!=-1){
                    writer.write(tmp);
                }
            }

            //second way
        while((tmp=in.read())!=-1){
            writer.write(tmp);
        }
        //first
        System.out.println(System.currentTimeMillis()-time);
    }catch (IOException e){
        e.printStackTrace();
    }
    }
    private static void solutionThree(){
```

```
    try{
        BufferedReader reader=new BufferedReader(new FileReader ("src/
file/test.txt"));
        Scanner scanner=new Scanner(System.in);
        int count=0;
        int tmp=-1;
        StringBuilder stringBuilder=new StringBuilder();
        long time=System.currentTimeMillis();
        endProgram:
        while ((tmp=reader.read())!=-1){
            count++;
            stringBuilder.append((char)tmp);
            if(count==10){
                count=0;
                String str="";
                System.out.println(stringBuilder);
                stringBuilder.setLength(0);
                do{
                    long timeEnd=System.currentTimeMillis()-time;
                    System.out.println("");
                    System.out.println("");
                    System.out.println("处理时间"+timeEnd);
                    System.out.println("-------------------     结束
------------------------");
                    System.out.println("-------------------     继续  Y,
结束 END     ------------");
                    str=scanner.next();
                    if(str.equalsIgnoreCase("end")){
                        break endProgram;
                    }
                } while(!str.equalsIgnoreCase("y"));
            }
        }
    } catch (IOException e){
        e.printStackTrace();
    }
}
}
```

小　结

输入/输出是计算机的重要功能，Java 中使用流(stream)的模式来实现这些功能，在 java.io 包中提供了外围设备和计算机之间进行数据传输的输入、输出操作类。按照输入/输出方向分类，输入/输出处理分为输入流、输出流，流入计算机的数据流叫作输入流，由计算机发出的数据流叫作输出流。按照输入/输出处理对象分类，输入/输出处理分为字节流和字符流。按照输入/输出处理方式分类，输入/输出处理分为包装流、节点流，将对一个已存在的流的连接和封装称为包装流，从或向一个特定的地方

(节点)读写数据称为节点流。将数据对象转换为顺序的字节流，然后就可以使用 java.io 中提供的各种输入/输出操作方法进行数据传输称为串行化。

习　题

一、选择题

1. 程序经常要用到数据的输入/输出，关于 Java 中输入/输出方法的使用正确的是（　　）。

    A. Java 语言提供了两种数据输入方法，即命令行方式输入文本流读取的方式

    B. Java 中所有的输入都当作字符串来接收，必要时需要进行类型转换

    C. Java 中输入的数据可以直接参与指定类型的数据的运算

    D. Java 语言中 java.io 包为用户提供了输入/输出流

2. 下面（　　）流属于面向字符的输出流。

    A. BufferedWriter

    B. FileInputStream

    C. ObjectInputStream

    D. InputStreamReader

3. 输入流将数据从文件、标准输入或其他外部输入设备中加载到内存，在 Java 中其对应于抽象类（　　）及其子类。

    A. java.io.InputStream

    B. java.io.OutputStream

    C. java.os.InputStream

    D. java.os.OutputStream

4. java.io 包的 File 类是（　　）。

    A. 字符流类

    B. 字节流类

    C. 对象流类

    D. 不属于上面三者

5. 以下关于 File 类说法正确的是（　　）。

    A. 一个 File 对象代表了操作系统中的一个文件或者文件夹

    B. 可以使用 File 对象创建和删除一个文件

    C. 可以使用 File 对象创建和删除一个文件夹

    D. 当一个 File 对象被垃圾回收时，系统上对应的文件或文件夹也被删除

6. 新建一个流对象，下面（　　）选项的代码是错误的。

    A. new BufferedWriter(new FileWriter("a.txt"));

    B. new BufferedReader(new FileInputStream("a.dat"));

    C. new GZIPOutputStream(new FileOutputStream("a.zip"));

    D. new ObjectInputStream(new FileInputStream("a.dat"));

二、简答题

1. 简述流的概念。

2. Java 流被分为字节流、字符流两大流类，两者有什么区别？

3. 简要说明管道流。

三、编程题

1. 编写一个程序，要求输入 5 个学生的成绩（0～100 的整数），并将这 5 个整数存到文件 data.txt 文件中。

2. 编写一个程序实现如下功能，文件 input.txt 是无行结构（无换行符）的汉语文件，从 input 中读取字符，写入文件 output.txt 中，每 10 个字符一行（最后一行可能少于 10 个字）。

3. 使用 Java 的输入/输出流技术将一个文本文件的内容按行读出，每读出一行就顺序添加行号，并写入到另一个文件中。

第 10 章

多线程 ⋘

学习目标:

- 掌握多线程的实现方法。
- 熟练掌握多线程调度的函数。
- 掌握多线程周期概念。
- 熟练掌握多线程同步代码块和同步方法的使用。
- 掌握死锁的基本原理并掌握使用等待/唤醒机制来避免死锁。

线程是操作系统中执行任务的最小单元,多线程的环境对程序执行起到至关重要的作用。Java 中程序员可以随心所欲地创建、调度多线程,并可以使用同步的方法来访问共享资源。

10.1 多线程的概念和创建

进程是操作系统中正在运行的程序,是系统进行资源分配和调用的独立单元;线程是进程中执行运算的最小单位;一个线程只能属于一个进程,但是一个进程可以拥有多个线程。在 Java 中,Java 命令会启动 JVM（Java 虚拟机）,即启动了一个应用程序,也就是启动了一个进程。该进程运行时会启动一个主线程,主线程调用某个类的main 方法,开始程序的运行。

多线程顾名思义指的是程序（一个进程）运行时产生不止一个线程。假如计算机只有 1 个 CPU,单个 CPU 在某个时刻只能运行一条指令,线程只有得到 CPU 时间片,才可以执行指令。那么 CPU 如何对多线程进行有效分配呢？事实上,Java 虚拟机会通过并发（即 CPU 分成多个时间片让不同线程争夺使用）的方式来实现多线程处理。

Java 中实现多线程有两种方法：继承 Thread 类和实现 Runnable 接口。

（1）继承 Thread 类：①自定义类继承 Thread；②重写 Thread 类中 run( )方法,将需要被线程执行的代码写入 run( )方法；③产生对象后,使用 start( )方法生成一个新的线程。

```
package cn.test.thread;
class MyThreadDemo extends Thread{
//①设置类继承 Thread 类
public void run(){
for(int i=0;i<100;i++)
System.out.println(getName()+":"+i);
```

```
}
//②重写 Thread 类的 run()方法，将需要被线程执行 run()方法
}
public class ThreadDemo{
public static void main(String[]args){
    MyThreadmy1=newMyThread();
    MyThreadmy2=newMyThread();
    my1.start();
    my2.start();
//③创建对象后，使用 start 方法生成一个新的线程
}
}
```

（2）实现 Runnable 接口：①自定义类实现 Runnable 接口；②重写 run()方法；③创建自定义类对象；④创建 Thread 类对象，并把自定义类对象作为构造参数传递；⑤Thread 对象执行 start()方法。

```
class MyThread 1implements Runnable{
//①自定义类实现 Runnable 接口
public void run(){
for(int i=0;i<100;i++)
    System.out.println(Thread.currentThread().getName()+":"+i);
}
//②重写 run 方法
}
public class MythreadDemo{
public static void main(String[]args){
    MyThread1my3=new MyThread1();
//③创建自定义类对象
    Threadmy4=new Thread(my3);
//④创建 Thread 类对象，并把自定义类对象作为构造参数传递
    my4.start();
//⑤Thread 对象执行 start()方法
}
}
```

上述两种实现方法中，需要注意两点：①线程对象在启动时，要使用 start()方法，而不是直接调用 run()方法，因为 run()方法是普通方法，而 start()方法是先启动线程，再调用 run()方法里的内容；②在实际生产中，实现 runnable 接口的方法使用频率更高，因为可以解决 Java 单继承和共享资源访问的问题。

📚 10.2 线程的调度及生命周期

上节提到 Java 虚拟机通过并发的方式实现多线程调度，有两种调度模型：（1）分时调度模型，即所有线程轮流使用 CPU 的使用权，平均分配 CPU 的时间片；（2）抢占式调度模型，优先让优先级更高的线程使用 CPU，如果所有线程优先级相同，则CPU 随机选取要执行的线程。Java 使用的是抢占式模型。

10.2.1 线程调度

线程调度的主要函数包括：设置线程优先级、线程休眠、线程加入、线程礼让、后台线程和中断线程。

1. 设置线程优先级

线程的优先级用 1~10 之间的整数来表示，数字越大优先级越高。Thread 类提供 3 个静态常量表示线程的优先级：MAX_PRIORITY=10；MIN_PRIORITY=1；NORM_PRIORITY=5。

void setPriority(intnewPriority)：更改线程的优先级。值得注意的是，优先级调整的是抢占 CPU 的几率，而不是将优先级低的进程挂起。setPriority 告诉 JVM 线程的优先级，但 JVM 是否按请求（而非要求）不确定，即结果不确定。

```
package cn.test.thread;
class Threadpriority extends Thread{
    public void run(){
    for(int i=0;i<100;i++)
        System.out.println(getName()+":"+i);
    }
}
public class ThreadpriorityDemo{
    public static void main(String[]args){
        Threadprioritytp1=new Threadpriority();
        Threadprioritytp2=new Threadpriority();
        tp1.setName("线程1");
        tp2.setName("线程2");
        tp1.setPriority(10);
        tp2.setPriority(1);
//设置线程2优先级高于线程1优先级
        tp1.start();
        tp2.start();
    }
}
```

2. 设置线程休眠

public static void sleep(longmillis)：在指定的毫秒数内让当前正在执行的线程休眠（暂停执行），此操作受到系统计时器和调度程序精度和准确性的影响。

```
package cn.test.thread;
import java.util.Date;
class Threadsleep extends Thread{
    public void run(){
    for(int i=0;i<100;i++){
        System.out.println(getName()+":"+i+":日期:"+newDate());
        try{
            Thread.sleep(1000);
            //设置线程休眠，需抛异常
        }catch(InterruptedExceptione){
            e.printStackTrace();
```

```
            }
        }
    }
}
public class ThreadsleepDemo{
public static void main(String[]args){
    Threadsleepts=new Threadsleep();
    ts.setName("线程1");
    ts.start();
}
}
```

3. 线程加入

public final void join( )：等待该线程终止。join( )方法需在 start( )方法后调用。

```
package cn.test.thread;
class Threadjoin extends Thread{
    public void run(){
    for(int i=0;i<100;i++)
        System.out.println(getName()+":"+i);
    }
}
public class ThreadjoinDemo{
    public static void main(String[]args){
        Threadjointj1=new Threadjoin();
        Threadjointj2=new Threadjoin();
        tj1.setName("线程1");
        tj2.setName("线程2");
        tj1.start();
        try{
            tj1.join();
            //需等待线程1终止后，线程2才可以执行
        }catch(InterruptedExceptione){
            e.printStackTrace();
        }
        tj2.start();
    }
}
```

4. 线程礼让

public static void yield( )：暂停当前正在执行的线程对象，并执行其他线程。只能在一定程度上让线程的执行更加和谐。

```
package cn.test.thread;
class Threadyield extends Thread{
    public void run(){
    for(int i=0;i<100;i++){
        System.out.println(getName()+":"+i);
        Thread.yield();        //静态方法，让给其他线程执行
    }
```

```
        }
    }
public class ThreadyieldDemo{
    public static void main(String[]args){
        Threadyieldty1=new Threadyield();
        Threadyieldty2=new Threadyield();
        ty1.setName("线程 1");
        ty2.setName("线程 2");
        ty1.start();
        ty2.start();
    }
}
```

5. 后台线程

public final void setDaemon(booleanon)：将该线程标记为守护线程或用户线程。当正在运行的线程都是守护线程时，Java 虚拟机退出。该方法必须在启动线程前调用。

```
package cn.test.thread;
class ThreadsetDaemon extends Thread{
    public void run(){
    for(int i=0;i<100;i++)
        System.out.println(getName()+":"+i);
    }
}
public class ThreadsetDaemonDemo{
    public static void main(String[]args){
        ThreadsetDaemontd1=new ThreadsetDaemon();
        ThreadsetDaemontd2=new ThreadsetDaemon();
        td1.setName("线程 1");
        td2.setName("线程 2");
        td1.setDaemon(true);
        td2.setDaemon(true);
//标记线程 1 和线程 2 为守护线程，当线程 0 执行完后，JVM 只剩下守护线程。线程 1
//和线程 2 也会很快结束.
        td1.start();
        td2.start();
        Thread.currentThread().setName("线程 0");
        for(int i=0;i<6;i++){
            System.out.println(Thread.currentThread().getName()+":"+i);
        }
    }
}
```

6. 中断线程

（1）public final void stop( )：不推荐使用，该方法具有固有的不安全性。

（2）public void interrupt( )：终止线程执行，interrupt( )方法会终止线程状态，并抛出异常，将线程的其他部分完成。

```
package cn.test.thread;
import java.util.Date;
class Threadstop extends Thread{
    public void run(){
        System.out.println("开始时间:"+newDate());
        try{
            Thread.sleep(10000);
            //模拟线程执行 10s
        }catch(InterruptedExceptione){
            //e.printStackTrace();
            System.out.println("线程被终止");
        }
        System.out.println("结束时间:"+newDate());
    }
}
public class ThreadstopDemo{
    public static void main(String[]args){
        Threadstopts=new Threadstop();
        ts.start();
        try{
            Thread.sleep(3000);
            //模拟情况: 如果 3s 没有执行完, 则终止线程
            //ts.stop();
            ts.interrupt();
        }catch(InterruptedExceptione){
            e.printStackTrace();
        }
    }
}
```

10.2.2　线程生命周期

当线程被创建并启动后，并不能一启动就进入运行状态，也不能一直独占 CPU，在线程的生命周期中，它要经过新建（New）、就绪（Runnable）、运行（Running）、阻塞（Blocked）和死亡（Dead）5 种状态。当多个线程启动并运行后，线程会不断在运行和就绪状态间切换。

（1）新建：当程序中 New 关键字创建线程后，该线程就处于新建状态。该线程会被分配内存资源和成员变量，但此时没有执行资格。

（2）就绪：当线程对象使用 start( )方法后，线程处于就绪状态。该状态的线程没有运行，只表示线程可以运行。至于什么时候开始运行，取决于 JVM 的调度。

（3）运行：当就绪状态的线程获得了 CPU，开始执行 run( )方法中的代码，线程处于运行状态。

（4）阻塞：当运行中的线程发生如下情况时，进入阻塞：①使用 sleep( )方法；②调用阻塞式 IO；③等待某个通知；④被挂起。

（5）死亡：线程执行完，或抛出一个未捕获的异常和错误，或调用 stop( )方法将导致线程处于死亡状态。各个状态之间切换如图 10-1 所示。

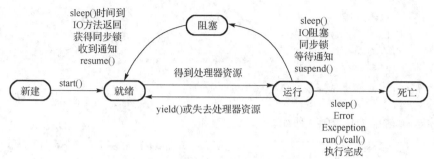

图 10-1　线程生命周期图

10.3　多线程同步

在单线程程序中，所有的工作必须线性安排，后面的事情哪怕比较紧急也要等待前面的事情完成才可以进行。但如果是多线程程序，就会发生多个线程抢占资源的问题，比如经典的电影院卖票问题。在多线程编程中，很重要的一部分是使用 Java 的同步机制来防止资源访问冲突的问题。

10.3.1　多线程同步

【例 10-1】以电影院售票为例，在代码中判断票数是否大于 0，如果大于 0 则同时启动三个窗口售票。

```java
package cn.test.thread;
class ThreadSynchronized implements Runnable{
private int tickets=100;
    public void run(){
            while(true){
            if(tickets>0){
                try{
                    Thread.sleep(100);
                }catch(InterruptedExceptione){
                    e.printStackTrace();
                }
                System.out.println(Thread.currentThread().getName()+"正在
出售第"+(tickets--)+"张票");
            }
        }
    }
}
public class ThreadSynchronizedDemo{
    public static void main(String[]args){
        //创建资源对象
        ThreadSynchronizedst=new ThreadSynchronized();
        //创建三个线程对象
        Threadt1=new Thread(st,"窗口 1");
        Threadt2=new Thread(st,"窗口 2");
        Threadt3=new Thread(st,"窗口 3");
```

```
        //启动线程
        t1.start();
        t2.start();
        t3.start();
    }
}
```

程序运行结果如图 10-2 所示。

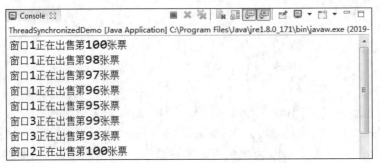

图 10-2　多线程访问共享资源冲突

从图 10-2 中可以看出，窗口 2 和窗口 1 都在出售第 100 张票。这是因为同时创建了 3 个线程，3 个线程都对 tickets 变量有修改的权限，当窗口 1 线程进入 run( )方法时，记录下 tickets 的值，但还没来得及执行 tickets，就通过 sleep( )方法进入休眠。这时，窗口 2 或窗口 3 获得 CPU 执行权，开始执行 run( )方法，发现 tickets 的值依然没有发生变化，但窗口 1 休眠时间已到，对 tickets 的值进行修改，而窗口 2 或窗口 3 在原来 tickets 的值进行修改，从而产生"一票多卖"的情况。

那么如何解决资源共享时的冲突问题呢？一种简单的解决冲突的思想：为共享资源上一把锁，当一个线程在访问共享资源时，其他线程不允许访问。当该线程访问完成后，将锁打开，其他线程才可以进入。Java 的同步机制可以解决上述问题，具体有两种方法：同步代码块和同步方法。

（1）同步代码块：同步代码块也被称为临界区，它使用 synchronized 关键字将共享资源保护起来。具体语法如下：

```
synchronized(Object){
    //被保护的共享资源
}
```

通常将共享资源的操作放在 synchronized 定义区域内，这样当其他线程也获取到锁时，必须等待锁被释放才能进入操作。Object 为任意对象，每个对象都有一个标志位，并具有 0 和 1 两个值。一个线程运行到同步块时检查标志位，若标志位为 0，表示同步块存在线程运行，需等待；若标志位为 1，该线程才能进入执行操作，并修改 Object 的标志位为 0，防止其他线程进入。

在上例中，将 ThreadSynchronized 类中的 if 判断保护起来即可实现多线程同步。

```
class ThreadSynchronized implements Runnable{
    private Objectob=new Object();
    private int tickets=100;
```

```
public void run(){
    while(true){
    synchronized(ob){
        if(tickets>0){
        try{
            Thread.sleep(100);
        }catch(InterruptedExceptione){
            e.printStackTrace();
        }
            System.out.println(Thread.currentThread().getName()+"正在
出售第"+(tickets--)+"张票");
        }
    }
    }
}
```

值得注意的是，上例中所有线程使用的同步锁 ob 必须是同一个锁，经常犯的一个错误在于将 private Objectob=new Object( );和 synchronized(ob)写成一行，即 synchronized (NewOjbect( ))，使得每个线程都会去生成一个"锁"对象，进而出错。

（2）同步方法：就是在方法前面修饰符 synchronized 的方法，语法如下：

```
Synchronized void f(){
}
```

当某个对象调用了同步方法时，该对象上的其他同步方法必须等待该同步方法执行完后必能被执行。必须将每个能访问共享资源的方法修饰为 synchronized，否则出错。

```
class ThreadSynchronized2 implements Runnable{
    private int tickets=100;
    public void run(){
        while(true){
            sellticket();
        }
    }
    public synchronized void sellticket(){
        if(tickets>0){
            try{
                Thread.sleep(100);
            }catch(InterruptedExceptione){
                e.printStackTrace();
            }
                System.out.println(Thread.currentThread().getName() +"正
在出售第"+(tickets--)+"张票");
        }
    }
}
```

将共享资源的操作放在同步方法中，运行结果与使用同步块的方法结果一致。但如果将同步方法和同步块一起使用，由于不确定同步方法使用的"锁"，则有可能导致新问题出现。

```java
class ThreadSynchronized3 implements Runnable{
    private Objectob=new Object();
    private int tickets=100;
private int x=0;
    public void run(){
            while(true){
                if(x%2==0){
                synchronized(this){            //同步块
                    if(tickets>0){
                        try{
                            Thread.sleep(100);
                        }catch(InterruptedExceptione){
                            e.printStackTrace();
                        }
System.out.println(Thread.currentThread().getName()+" 正 在 出 售 第
"+(tickets--)+"张票");
                    }
                }
            }
            else{
                sellticket();//同步方法
            }
            x++;
        }
    }
public synchronized void sellticket(){
    if(tickets>0){
        try{
            Thread.sleep(100);
        }catch(InterruptedExceptione){
            e.printStackTrace();
        }
System.out.println(Thread.currentThread().getName()+" 正 在 出 售 第
"+(tickets--)+"张票");
        }
    }
}
```

该例中，同时使用同步代码块和同步方法，应将同步块的"锁"对象设置为 this，即当前对象。如果同步方法为静态方法，同步块 synchronized 关键字后的"锁对象"应设置为当前类的字节码文件对象。

无论是同步方法还是同步块，都存在一定的弊端：（1）效率慢；（2）如果在同步嵌套，则容易导致死锁（关于死锁，详见 10.4.1 节）。

10.3.2 Lock 锁的使用

在上节中介绍了使用关键字 synchronized 来实现同步访问，其特性为：如果一个

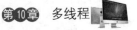

代码块被 synchronized 修饰了，当一个线程获取了对应的锁并执行代码块时，其他线程必须等待获取锁的线程释放锁。同步块和同步方法虽然解决了线程同步问题，但也有其缺陷：

（1）线程由于某些特定原因发生了阻塞，但是没有释放锁，其他线程只能继续等待。

（2）对于某些共享资源，读操作是不冲突的。但使用 synchronized 关键字后，只能一个线程读，其他线程等待。

（3）synchronized 同步代码块和同步方法同时使用时，对锁的要求是不一样的，很难判断 synchronized 获得正确的锁。

从 1.5 版本开始，Java 在 java.util.concurrent.locks 包下提供了 Lock 接口来实现同步访问。Lock 实现提供了比使用 synchronized 方法和语句可获得的更广泛的锁定操作。在大多数情况下，使用的是 Lock 的实现类 ReentrantLock，ReentrantLock 提供 Lock 方法获取锁，unlock( )方法释放，最经典的代码如下：

```
class X{
    private final ReentrantLocklock=new ReentrantLock();
    //...
    public void m(){
        lock.lock();           //阻塞，并等待条件
        try{
        //方法体
        }finally{
            lock.unlock()
        }
    }
}
```

ReentrantLock 除了实现 Lock 接口，还定义了 isLocked( )和 getLockQueueLength( )方法，以及一些相关的 protected 访问方法，这些方法对检测和监视很有用。

📚 10.4　线程间死锁与通信

在 Java 中，synchronized 关键字使得线程可以锁定并访问资源，其他线程必须等到锁定释放后才可以重新访问。但如果有多线程访问多个资源时，也可能导致一个称为死锁的问题。本节讨论多线程死锁的由来和解决方案。

10.4.1　线程死锁问题

死锁最简单的情形是线程 A 持有锁 L 并且想获得锁 M，线程 B 持有锁 M 并且想获得锁 L，线程 A 和线程 B 无限期地阻塞下去，最终程序不能继续执行。扩展该情形，可以得到死锁的概念：两个或者两个以上的线程在执行过程中，因争夺资源产生的一种互相等待现象，称为死锁。死锁产生的 4 个必要条件：

（1）互斥使用：当资源被一个线程使用时，别的线程不能使用。

（2）不可抢占：资源请求者不能从资源占有者手中夺取资源，资源只能由资源占有者主动释放。

（3）请求和保持：即当资源请求者在请求其他资源时同时保持对资源的占有。

（4）循环等待：即存在一个等待队列，线程 1 占有线程 2 的资源，线程 2 占有线程 3 的资源，线程 3 占有线程 1 的资源，形成一个等待环路。

当上述 4 个条件都成立时，便形成死锁。如果上述任意条件被打破，死锁也便消失。

【例 10-2】下例模拟死锁产生。

```
package cn.test.thread;
class ThreadDeadLock extends Thread{
    private boolean flag;
    public ThreadDeadLock(boolean flag){
        this.flag=flag;
    }
    public void run(){
        if(flag){
            synchronized(MyLock.objA){
                System.out.println(getName()+":"+"已经获得objA");
                try{
                    Thread.sleep(100);
                }catch(InterruptedExceptione){
                    e.printStackTrace();
                }
                synchronized(MyLock.objB){
                    System.out.println(getName()+":"+"已获得objB");
                }
            }
        }else{
            synchronized(MyLock.objB){
                System.out.println(getName()+":"+"已经获得objB");
                try{
                    Thread.sleep(100);
                }catch(InterruptedExceptione){
                    e.printStackTrace();
                }
                synchronized(MyLock.objA){
                    System.out.println(getName()+":"+"已经获得objA");
                }
            }
        }
    }
}
class MyLock{
    public static final ObjectobjA=new Object();
    public static final ObjectobjB=new Object();
}//创建两把锁对象
public class ThreadDeadLockDemo{
```

```
public static void main(String[]args){
    ThreadDeadLocktdl1=new ThreadDeadLock(true);
    ThreadDeadLocktdl2=new ThreadDeadLock(false);
    tdl1.setName("线程 1");
    tdl2.setName("线程 2");
    tdl1.start();
    tdl2.start();
    }
}
```

程序模拟两个资源 objA 和 objB，两个线程 1 和 2。程序运行时，线程 1 启动，flag 值为 true，先获得锁 objA，进而休眠 100 ms，此时线程 2 启动，flag 值为 false，获得锁 objB，线程 1 休眠完，继续请求 objB，却发现 objB 已经被线程 2 占用。

实例模拟结果与设计一致，线程 1 获得 objA，线程 2 获得 objB（见图 10-3），且两个线程都在等待对方释放资源，程序无法继续执行。死锁产生的根本原因是在申请锁时产生了环路，因此打破环路，就可以解决死锁问题。常见解决死锁的方法是等待/唤醒机制。

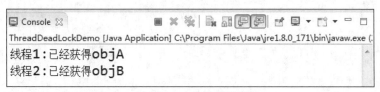

图 10-3　多线程死锁

10.4.2　线程间通信

从 JDK1.0 开始，Object 类作为类层次结构的根类，提供了 3 个方法：wait( )方法。notfify( )方法和 notifyAll( )方法。语法及说明如下：

（1）public final void wait( )：若 Java 对象调用 wait( )方法，那么当前线程就会从执行状态转变成等待状态，同时释放在实例对象上的锁，直到其他线程在刚才那个实例对象上调用 notify( )方法并且释放实例对象上的锁。

（2）public final void notify( )：唤醒在此对象上等待的单个线程。

（3）public final void notifyAll( )：唤醒在此对象上等待的所有线程。

上述 3 个方法必须通过锁对象调用，而锁对象可以是任意对象。所以，这些方法必须定义在 Oject 类中。

【例 10-3】wait( )方法与 notify( )方法的应用。

```
package cn.test.thread;
public class LockandNotifyDemo{
final static Objectperson=new Object();
public static class T1 extends Thread{
public void run(){
synchronized(person){
System.out.println(System.currentTimeMillis()+"T1come");
try{
    System.out.println(System.currentTimeMillis()+"T1wait");
```

```
        person.wait();
    }catch(InterruptedExceptionr){
        r.getStackTrace();
    }
    System.out.println(System.currentTimeMillis()+"T1over");
    }
    }
    }
public static class T2 extends Thread{
public void run(){
synchronized(person){
System.out.println(System.currentTimeMillis()+"T2come");
person.notify();
System.out.println(System.currentTimeMillis()+"T2over");
try{
    Thread.sleep(2000);
}catch(InterruptedExceptionr){
    r.getStackTrace();
}

}
}
}
public static void main(Stringargs[]){
try{
    Threadthread1=new T1();
    Threadthread2=new T2();
    thread1.start();
    thread2.start();
}catch(Exceptione){
    e.printStackTrace();
}
}
}
```

在上例中，线程 T1 获得 person 锁，打印 T1come，接着调用了 wait( )方法，释放了锁，线程 T2 获得 person 锁，打印 T2come 并唤醒线程 T1，但此时锁仍然在 T2 手中，T2 继续执行 T2over，并休眠 2s 后才将锁释放。重新获得锁的 T1 打印 T1over。程序运行结果如图 10-4 所示。

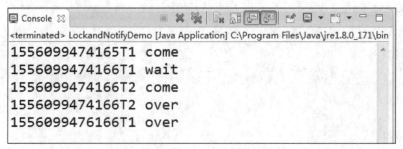

图 10-4　例 10-3 程序运行结果

10.5 综合案例

经典的生产者消费者案例，生产者生产蛋糕，消费者消费蛋糕。要求：

（1）生产者生产两种蛋糕，巧克力蛋糕和草莓蛋糕；消费者购买蛋糕。

（2）巧克力蛋糕 25 元，草莓蛋糕 20 元。

（3）生产者生产什么蛋糕，消费者就购买什么蛋糕。如果生产者没有生产，消费者无法购买；消费者购买蛋糕后，生产者才能生产。

分析：（1）经典的生产者、消费者案例通过多线程来实现。创建 1 个蛋糕类，具有 3 个属性：名称、价格和状态（false 表示无蛋糕，true 表示有蛋糕）。

```
package cn.test.thread;
class Cake{
public String name;
publicint price;
boolean flag;  //默认情况是 false--->没有蛋糕，如果是 true 说明有蛋糕}
```

（2）设置两个类实现 Runnable 接口：setThread 类产生蛋糕；getThread 类消费蛋糕。

```
class setThread implements Runnable{
    private Cakes;
    int x=0;
    public setThread(Cakes){
    this.s=s;
    }
public void run(){
    while(true){
    if(s.flag){
    if(x%2==0){
        s.name="巧克力蛋糕";
        s.price=25;
    }else{
        s.name="草莓蛋糕";
        s.price=20;
    }
    x++;
    s.flag=true;
    System.out.println("产生了"+s.name+"价格为"+s.price+"元");
}//if
    }//while
    }//run
}
class getThread implements Runnable{
private Cakes;
public getThread(Cakes){
this.s=s;
}
public void run(){
while(true){
```

```
if(!s.flag){           //如果有蛋糕就消费
System.out.println("购买了"+s.name+",共计: "+s.price+"元");
    //消费完毕后,数据没有了,修改标记
    s.flag=false;           //flag--->true: 消费数据
}//if
}//while
}//run
}
```

（3）setThread 线程和 getThread 线程会竞争 CPU，可能导致没有生产蛋糕就消费的情况，因此要对蛋糕加锁。

在 setThread 类中：

```
synchronized(s){
if(s.flag){
if(x%2==0){
    s.name="巧克力蛋糕";
    s.price=25;
}else{
    s.name="草莓蛋糕";
    s.price=20;
}
x++;
s.flag=true;
System.out.println("产生了"+s.name+"价格为"+s.price+"元");
}
```

在 getThread 类中：

```
synchronized(s){
if(!s.flag){
    System.out.println("购买了"+s.name+",共计: "+s.price+"元");
    //消费完毕后,数据没有了,修改标记
    s.flag=false;
}
```

（4）上例中，可能导致生产者还没有生产，但消费者已经购买的情况。因此需要加上 wait( )和 notify( )方法，消费者在没有蛋糕的时候执行 wait( )方法，生产者在生产后调用 nofify( )方法通知消费者。

在 getThread 类中

```
if(!s.flag){//flag--->false 执行 if 下面的代码: 表示没有数据就等待
try{
s.wait();    //在等待的时候立即释放锁,方便其他的线程使用锁。而且被唤醒时,就在
             //此处唤醒,
}catch(InterruptedExceptione){
    //TODOAuto-generatedcatchblock
    e.printStackTrace();
}
}
//flag--->true: 消费数据
```

```
System.out.println("购买了"+s.name+",共计: "+s.price+"元");
//消费完毕后，数据没有了，修改标记
s.flag=false;
//唤醒线程
//唤醒并不代表你立即可以得到执行权，此时仍然需要抢CPU的执行权，
s.notify();
```

在 setThread 类中：

```
if(s.flag){
try{
s.wait();
}catch(InterruptedExceptione){
    e.printStackTrace();
}
}
//一旦flag标记为false就执行下面的代码
if(x%2==0){
s.name="巧克力蛋糕";
s.price=25;
}else{
    s.name="草莓蛋糕";
    s.price=20;
}
x++;
//数据生产一次，此时有了数据需要修改标记，下一循环开始的时候，就暂时不在生产，
System.out.println("产生了"+s.name+"价格为"+s.price+"元");
s.flag=true;
//唤醒线程
s.notify();
```

程序运行结果如图 10-5 所示。

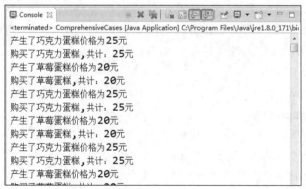

图 10-5 经典消费者生产者案例结果

 小 结

线程是操作系统运行的最小单元。通过使用多线程，可以实现共享资源的互斥访问；通过等待/唤醒机制，可以提高程序运行的效率。

总的来说，本章需要注意以下几点：

（1）多线程创建有两种方式，实现 Runnable 接口的方式优势更加明显。

（2）多线程调度方法中，有些方法的结果并不理想，其原理在于 Java 的抢占式资源调度策略。

（3）线程生命周期中，运行状态可以进入阻塞状态，反过来却不行。阻塞状态可以进入就绪状态，继续争抢 CPU 资源。

（4）同步块和同步方法都可以实现共享资源的互斥访问，但使用的锁是不同的。

（5）死锁构成的 4 个必要条件，只要打破一个即可解开死锁。

（6）等待/唤醒机制能有效地打破死锁，wait()和 notify()都继承于 Object 类。

 习　　题

一、选择题

1. 下列方法中可以用来创建一个新线程的是（　　　）。

　　A. 实现 java.lang.Runnable 接口并重写 run( )方法

　　B. 实现 java.lang.Runnable 接口并重写 start( )方法

　　C. 实现 java.lang.Thread 类并实现 start( )方法

　　D. 继承 java.lang.Thread 类并重写 run( )方法

2. 编写线程类，要继承的父类是（　　　）。

　　A. Object　　　　　　　　　　　　B. Runnable

　　C. Thread　　　　　　　　　　　　D. Serializable

　　E. Exception

3. 以下（　　　）最准确描述 synchronized 关键字。

　　A. 允许两线程并行运行，而且互相通信

　　B. 保证在某时刻只有一个线程可访问方法或对象

　　C. 保证允许两个或更多处理同时开始和结束

　　D. 保证两个或更多线程同时开始和结束

4. 下列（　　　）类实现了线程组。

　　A. java.lang.Object　　　　　　　B. java.1ang.ThreadGroup

　　C. Java.1ang.Thread　　　　　　　D. java.1ang.Runnable

5. 有关线程的叙述（　　　）是对的。

　　A. 一旦一个线程被创建，它就立即开始运行

　　B. 使用 start( )方法可以使一个线程成为可运行的，但是它不一定立即开始运行

　　C. 如果复用一个线程，可以调用再次调用 start( )方法，使已经结束的线程复活

　　D. join( )方法，可使当前线程阻塞，直到 thread 线程运行结束

6. 下面（　　　）是实现线程同步的方式。

　　A. Synchronized 关键字修饰方法

　　B. Synchronized 修饰代码块

　　C. 调用 wait( )方法协调线程

D. 调用 notify( )方协调线程

7. 一个线程在任何时刻都处于某种线程状态，例如运行状态、阻塞状态、就绪状态等。一个线程可以由选项中的（   ）线程状态直接到达运行状态。

A. 死亡状态   B. 阻塞状态（对象 lock 池内）

C. 阻塞状态（对象 wait 池内）   D. 就绪状态

二、简答题

1. 简述 sleep( )和 wait( )的区别。

2. 简述 Lock 和 synchronized 的异同。

3. 简述线程与进程的区别。

三、编程题

1. 使用多线程编程实现：3 个售票窗口同时出售 20 张票。

2. 使用多线程编程实现：AB 两个人使用一个账户，A 在柜台取钱，而 B 在 ATM 机取钱。

第 11 章

GUI 程序设计 《《《

学习目标：
- 了解 Java GUI 类的发展过程。
- 掌握 JavaFX 程序的基本结构。
- 掌握 GUI 程序的事件驱动方法。

计算机如何提高用户体验是一个重要课题，图形化的用户界面（Graphical User Interface，简称 GUI）的美观、易用是用户使用软件的重要指标。Java 语言提供了多种 GUI 的工具：AWT、Swing、FX，分别对应 AWT（AbstractWindowToolkit）抽象窗口工具包库，包含于所有的 JavaSDK 中；Swing 高级图形库，包含于 Java2SDK 中；JavaFX 富客户端平台。Java 通过 GUI 的工具的更新换代，用以构建符合软件发展的图形化用户界面。

11.1 GUI 类的发展

Java1.x 中内置了一种面向窗口应用的库，即 AWT，它的图形界面实现需要 Java 技术来控制图形、事件等，然后 Java 虚拟机再将请求传送到具体的平台图形和控件接口去交互。目前 AWT 库已经很少使用。

从 Java2 即 Java1.2 版本开始，在 JDK 中提供一套新的图形界面接口系统，称为 Swing，它使用 Java 代码在画布上直接绘制，Swing 更少依赖目标平台，且使用更少的本地 GUI 资源。

JavaFX 是 Sun 公司在 2007 年 JavaOne 大会上首次对外公布的以 Java 为基础构建的富客户端平台，当 Oracle 收购 Sun 后，进一步把 JavaFX 的 API 整合到 Java 中面去，后面的版本当中也默认捆绑了 JavaFX。

11.2 JavaFX 程序的基本结构

从一个简单的 JavaFX 程序开始，来演示一个 JavaFX 程序的基本结构。
【例 11-1】JavaFX 程序的基本结构。

```java
import javafx.application.Application;
import javafx.scene.Scene;
import javafx.scene.control.Button;
import javafx.stage.Stage;
```

```
public class TestJavaFX extends Application{


@Override
public void start(StageprimaryStage)throwsException{
Button bt=new Button("ok");
Scenescene=new Scene(bt,100,150);
primaryStage.setTitle("TestJavaFX");
primaryStage.setScene(scene);
primaryStage.show();

}

public static void main(String[]args){launch();}
```

以上程序可以在窗体中显示一个按钮，launch( )方法是一个定义在 Application 类中的静态方法,用于启动一个独立的 JavaFX 应用。当从一个不完全支持 JavaFX 的 IDE 中启动 JavaFX 程序时，可能需要 main( )方法，一般 JVM 自动调用 launch( )方法以运行应用程序。

我们定义的 TestJavaFX 需要重写定义在 javafx.application.Application 类中的 start 方法（public abstract void start(StageprimaryStage)throwsException;），通过该方法将 UI 组件放入一个场景（Scene）中，而场景是在窗体中。当应用程序启动时，JVM 自动创建一个称为主舞台的 Stage 对象，可以认为 JavaFX 是一个剧院，其中有支持场景的舞台，其中上演各种场景。

11.3 事件驱动的 GUI 程序

通过 JavaFX 可以生成各种窗体、按钮、图形，现在学习编写代码以处理诸如单击按钮、鼠标移动以及键盘按键之类的事件。

【例 11-2】在窗体中显示两个按钮，单击按钮时，命令行可以看到输出提示。

```
import javafx.application.Application;
import javafx.event.ActionEvent;
import javafx.event.EventHandler;
import javafx.geometry.Pos;
import javafx.scene.Scene;
import javafx.scene.control.Button;
import javafx.scene.layout.HBox;
import javafx.stage.Stage;
public class EventExample extends Application{
@Override
public void start(StageprimaryStage)throwsException{
    HBoxpane=new HBox(20);
    pane.setAlignment(Pos.CENTER);
    Button bt1=new Button("button1");
    Button bt2=new Button("button2");
```

```
    Handler1Classhandler1=new Handler1Class();
    bt1.setOnAction(handler1);
    Handler2Classhandler2=new Handler2Class();
    bt2.setOnAction(handler2);
    pane.getChildren().addAll(bt1,bt2);
    Scenescene=new Scene(pane);
    primaryStage.setTitle("HandleEvent");
    primaryStage.setScene(scene);
    primaryStage.show();
}
}
class Handler1Class implements EventHandler<ActionEvent>{
@Override
public void handle(ActionEventevent){
    System.out.println("buttononeclicked");
}
}

class Handler2Class implements EventHandler<ActionEvent>{

@Override
public void handle(ActionEventevent){
    System.out.println("buttontwoclicked");
}
}
```

在这段程序里，为每个按钮都定义了单独的处理类，当发生用户点击按钮事件时，相当于触发了一个告知程序点击事件发生的信号，程序可以自动处理该事件。产生一个事件并且触发它的组件称为事件源对象，简称为源对象或源组件。Button、TextField、RadioButton、CheckBox、ComboBox 这些都是源对象，均可以触发类型为 ActionEvent 的事件，可以通过 setOnAction 方法注册，然后由一个对该事件感兴趣的对象处理它，这个处理者称为事件处理器或者事件监听者。由于事件处理器需要实现的接口较多，我们一般会用匿名内部类、lambda 表达式来简化事件处理器定义，例如，以上介绍的两个按钮点击响应可以简化为如下代码。

【例 11-3】简化按钮响应代码。

```
public class EventExample extends Application{
@Override
public void start(StageprimaryStage)throws Exception{
    HBoxpane=new HBox(20);
    pane.setAlignment(Pos.CENTER);
    Button bt1=new Button("button1");
    Button bt2=new Button("button2");
    //匿名内部类
    bt1.setOnAction(newEventHandler<ActionEvent>(){
    @Override
    public void handle(ActionEventevent){
    System.out.println(event.getSource());
```

```
    }
});
//lambda 表达式
bt2.setOnAction(event->{
    System.out.println(event.getSource());
});
pane.getChildren().addAll(bt1,bt2);
Scenescene=new Scene(pane);
primaryStage.setTitle("HandleEvent");
primaryStage.setScene(scene);
primaryStage.show();
}
}
```

11.4 综合案例

在 JavaFX 项目开发中，可以使用 fxml 文件作为 UI 的基本描述，通过基于 XML 的 fxml，提供了将构建用户界面和应用程序逻辑代码分离的结构。使用 IDE 创建一个 JavaFX 项目，支持 SceneBuilder 工具进行画面、组件编辑。下面将演示一个多窗口消息传递示例：

使用 IDE 工具建立 JavaFX 项目，在 src 文件夹下建立 javafxcontrollercommunication 包，该包下创建两个子文件夹 scene1 和 scene2 用于两个场景。javafxcontrollercommunication 包下创建根场景，代码如下（省略了 main()方法）：

```
package javafxcontrollercommunication;
import javafx.application.Application;
import javafx.fxml.FXMLLoader;
import javafx.scene.Parent;
import javafx.scene.Scene;
import javafx.stage.Stage;
public class JavaFXControllerCommunication extends Application{
@Override
public void start(Stagestage)throwsException{
Parentroot=FXMLLoader.load(getClass().getResource("/javafxcontrolle
rcommunication/scene1/scene1.fxml"));
Scenescene=new Scene(root);
stage.setScene(scene);
stage.setTitle("FirstWindow");
stage.show();
}

}
```

该项目使用层叠样式表来修饰 fxml，我们在同目录下创建 style.css 文件，内容如下：

```
*{
-fx-base:#424242;
```

```
}

.text-field{
-fx-text-fill:yellow;
}
```

然后在 scene1 和 scene2 中使用该 css：

（1）scene1 目录下创建两个文件：scene1.fxml 和 Scene1Controller，内容如下：

```
<?xml version="1.0"encoding="UTF-8"?>
<?import javafx.scene.control.Button?>
<?import javafx.scene.control.Label?>
<?import javafx.scene.control.TextField?>
<?import javafx.scene.layout.AnchorPane?>
<?import javafx.scene.text.Font?>
<AnchorPaneid="AnchorPane"prefHeight="287.0"prefWidth="347.0"styles
heets="@../style.css"xmlns="http://javafx.com/javafx/8.0.171"xmlns:
fx="http://javafx.com/fxml/1"fx:controller="javafxcontrollercommuni
cation.scene1.Scene1Controller">
<children>
<TextFieldfx:id="inputField"layoutX="94.0"layoutY="76.0"prefHeight=
"42.0"prefWidth="161.0"promptText="Entermessagehere"/>
<LabellayoutX="291.0"layoutY="14.0"text="Scene1"/>
<Buttonfx:id="actionBtn"layoutX="85.0"layoutY="193.0"prefHeight="42
.0"prefWidth="178.0"text="Sendtosecondscene">
<font>
<Fontsize="14.0"/>
</font>
</Button>
</children>
</AnchorPane>
public class Scene1Controller implements Initializable{
@FXML
private TextFieldinputField;
@FXML
private ButtonactionBtn;

@Override
public void initialize(URLurl,ResourceBundlerb){
actionBtn.setOnAction(event->{
loadSceneAndSendMessage();
});
}
public void receiveMessage(Stringmessage){

}
private void loadSceneAndSendMessage(){
try{
    FXMLLoaderloader=new FXMLLoader(getClass().getResource
("/javafxcontrollercommunication/scene2/scene2.fxml"));
    Parentroot=loader.load();
```

```
    //Getcontrollerofscene2
    Scene2Controllerscene2Controller=loader.getController();
    scene2Controller.transferMessage(inputField.getText());
    Stagestage=newStage();
    stage.setScene(newScene(root));
    stage.setTitle("SecondWindow");
    stage.show();
}catch(IOExceptionex){
    System.err.println(ex);
}
}
}
```

（2）scene2 目录下创建两个文件：scene2.fxml 和 Scene2Controller，内容如下：

```
<?xml version="1.0"encoding="UTF-8"?>
<?import javafx.scene.control.Label?>
<?import javafx.scene.control.TextField?>
<?import javafx.scene.layout.AnchorPane?>
<?import javafx.scene.text.Font?>
<AnchorPaneid="AnchorPane"prefHeight="287.0"prefWidth="347.0"styles
heets="@../style.css"xmlns="http://javafx.com/javafx/8.0.171"xmlns:
fx="http://javafx.com/fxml/1"fx:controller="javafxcontrollercommuni
cation.scene2.Scene2Controller">
<children>
<TextFieldfx:id="display"editable="false"layoutX="69.0"layoutY="179
.0"prefHeight="42.0"prefWidth="210.0">
<font>
<Fontsize="15.0"/>
</font></TextField>
<LabellayoutX="291.0"layoutY="14.0"text="Scene2"/>
<LabellayoutX="69.0"layoutY="144.0"prefHeight="17.0"prefWidth="137.
0"text="Firstscenesaid:-"/>
</children>
</AnchorPane>
package javafxcontrollercommunication.scene2;
import java.net.URL;
import java.util.ResourceBundle;
import javafx.fxml.FXML;
import javafx.fxml.Initializable;
import javafx.scene.control.TextField;
public class Scene2Controller implements Initializable{
@FXML
private TextFielddisplay;
@Override
public void initialize(URLurl,ResourceBundlerb){
}
public void transferMessage(Stringmessage){
display.setText(message);
}
}
```

运行该程序后，可以通过 FirstWindow 发消息给 SecondWindow，如图 11-1 所示。

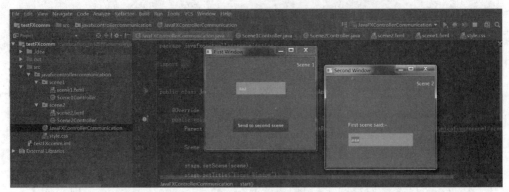

图 11-1　通过 FirstWindow 发消息给 SecandWindow

 小　　结

　　Java 图形化的用户界面通过 AWT→Swing→JavaFX 的发展，通过 JavaFX 工具能够构建出美观的图形化界面。图形化界面设计的重点是响应用户指令，通过事件驱动的 GUI 程序，JavaFX 界面做到了用户易用与构建简便的统一。

习　　题

一、选择题

1. 以下关于布局的说法，错误的是（　　）。
   A. BorderLayout 是边框布局，它是窗体的默认布局
   B. null 是空布局，它是面板的默认布局
   C. FlowLayout 是流布局，这种布局将其中的组件按照加入的先后顺序从左向右排列，一行排满之后就转到下一行继续从左至右排列
   D. GridLayout 是网格布局，它以矩形网格形式对容器的组件进行布置。容器被分成大小相等的矩形，一个矩形中放置一个组件

2. 以下用于创建容器对象的类是（　　）（选择两项）。
   A. Frame　　　　　　　B. Checkbox　　　C. Panel　　　　　　　D. TextField

二、简答题

简述 GUI 中实现事件监听的步骤。

三、编程题

1. 编写一个 Java 程序，在程序中生成一个框架窗口，不使用窗口的布局管理器，加入组件，制作密码验证窗口。

2. 编程实现具有用户图形界面的计算器程序。

JDBC 数据库编程 <<<

第 12 章

学习目标：

- 学会 MySQL 数据库的安装与使用、使用 Navicat 操作 MySQL 数据库。
- 掌握 JDBC 访问数据库的方法和步骤。
- 掌握 JDBC API 的使用。
- 掌握 JDBC 访问 MySQL 数据库的方法。
- 掌握 JDBC 访问 SQL Server 数据库的方法。

由于数据库在数据查询、修改、保存、安全等方面有着其他数据处理手段无法替代的地位，因此许多应用程序都使用数据库进行数据的存储与查询。本章中增加了深受中小企业欢迎的 MySQL 数据库的使用，重点讲解了 Java 使用 JDBC 操作 MySQL、SQL Server 数据库的方法。

12.1　JDBC 体系结构

12.1.1　JDBC 的结构

JDBC（Java Database Connectivity，Java 数据库连接）是一种用于执行 SQL 语句的 Java API，可以为多种关系数据库提供统一访问，它由一组用 Java 语言编写的类和接口组成，这些类和接口称为 JDBC API。JDBC API 为 Java 语言提供一种通用的数据访问接口。JDBC 并不能直接访问数据库，需要借助于数据库厂商提供的 JDBC 驱动程序。JDBC 驱动程序 API 与驱动程序进行通信，并且返回查询的信息，或者执行由查询规定的操作。JDBC 的结构图如图 12-1 所示。Java 应用程序通过 JDBC 驱动程序管理器加载相应的驱动程序，通过驱动程序与具体的数据库连接，然后访问数据库。JDBC 的基本功能包括：建立与数据库的连接；发送 SQL 语句；处理数据库操作结果。

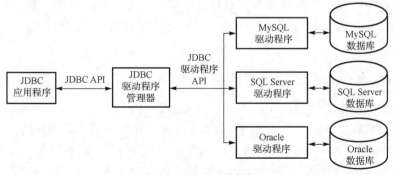

图 12-1　JDBC 结构图

Java 程序与数据库的连接方法有两种：一种是使用 JDBC-ODBC 桥接器与数据库连接；一种是用纯 Java 的 JDBC 驱动程序实现与数据库连接。在 Java SE8 中已经不支持 JDBC-ODBC 桥接器与数据库连接。本章主要介绍第 2 种连接方法。

12.1.2　JDBC API

JDBC API 是一系列接口，它使得应用程序能够进行数据库连接，执行 SQL 语句，并且得到返回结果。在 Java 8 中 JDBC 的版本是 4.2，JDBC API 提供的类和接口在 java.sql 和 javax.sql 包中定义。

（1）java.sql 包提供了为基本的数据库编程服务的类和接口，如驱动程序管理的 DriverManager 类、创建数据库连接的 Connection 接口、执行 SQL 语句以及处理查询结果的类和接口等。java.sql 包中常用的类和接口之间的关系如图 12-2 所示。图中类与接口之间的关系表示通过使用 DriverManager 类可以创建 Connection 连接对象，通过 Connection 对象可以创建 Statement 语句对象或 PreparedStatement 语句对象，通过语句对象可以创建 ResultSet 结果集对象。

（2）javax.sql 包主要提供服务器端访问与处理数据源的类和接口，如 DataSource、RowSet、RowSetMetaData、PooledConnection 接口等。它们可以实现数据源管理、行集管理以及连接池管理等。

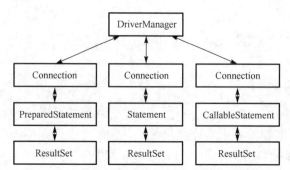

图 12-2　java.sql 包中接口和类之间的生成关系

12.2　MySQL 数据库

MySQL 是一个关系型数据库管理系统，由瑞典 MySQL AB 公司开发，目前属于 Oracle 旗下产品。MySQL 软件采用了双授权政策，分为社区版和商业版，由于其体积小、速度快、成本低和开放源码等特点，一般中小型网站的开发都选择 MySQL 作为网站数据库。

12.2.1　在 Windows 系统上安装 MySQL

Windows 平台下提供两种安装 MySQL 的方式：MySQL 二进制分发版（.msi 安装文件）和免安装版（压缩文件）。用户可以根据自身的操作系统类型，从 MySQL 官方下载页面 https://www.mysql.com/downloads/ 免费下载相应的服务器安装包。本书以 MySQL 5.7.17 二进制分发版为例，介绍其在 Windows 7 操作系统下的安装和配置过程。

用户使用图形化安装包安装 MySQL 的步骤如下：

（1）双击下载的 MySQL 安装文件，进入 MySQL 安装界面，首先进入"License Agreement"窗口，选中 I accept the license terms 复选框（见图 12-3），单击 Next 按钮。进入 Choosing a Setup Type 窗口（见图 12-4），根据右侧的安装类型描述文件选择适合自己的安装类型，这里选择默认的安装类型。

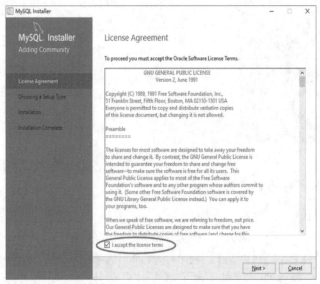

图 12-3　License Argeement 窗口

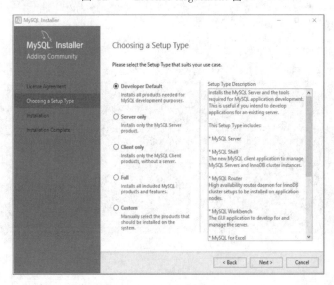

图 12-4　Choosing a Setup Type 窗口

（2）按照相应的提示安装完成后，需要对 MySQL 进行配置，如图 12-5 所示，配置信息如下：选择 Development Machine；打开 TCP/IP 网络；设置数据库的端口号，默认值为 3306；单击 Next 按钮，输入 root 账户的密码。本章中将密码设置为 hynujsjxy；Windows 服务名为 MYSQL57。

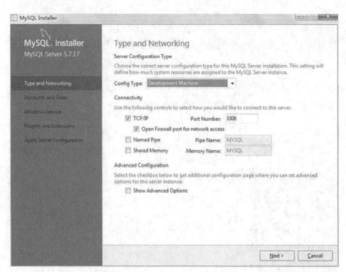

图 12-5　MySQL 配置界面

12.2.2　使用 MySQL 命令行工具

使用 MySQL 命令行工具有两种方法：

（1）选择"开始"→"所有程序"→MySQL→MySQL Server 5.7→MySQL 5.7 Command Line Client 命令，打开命令行窗口，输入 root 账户密码，出现"mysql>"提示符，如图 12-6 所示。在这种模式下，每条命令结束时要有分号"；"结束符。

（2）打开命令窗口，然后进入目录 mysql\bin，通过 mysql 命令连接上 MySQL 数据库。连接成功后出现"mysql>"提示符。

在 MySQL 命令提示符下，可以通过命令操作数据库。

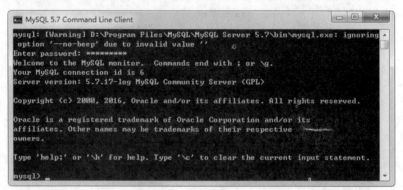

图 12-6　MySQL 命令行界面

1. 连接 MySQL

格式：`mysql-h 主机地址-u 用户名-p 用户密码`

或者：`mysql-u 用户名-p`　//回车后要求输入密码，密码不可见

对于 MySQL 5.7 Command Line Client 已经连接到数据库，所以不需要通过命令连接。

（1）连接到本机上的 MySQL。首先打开命令窗口，然后进入目录 mysql\bin，再输入命令 mysql –u root –p，回车后提示输入密码。注意用户名前可以有空格也可以没有空格，但是如果–p 后带有用户密码，那么–p 与密码之间没有空格，否则需要重新输入密码。例如，以下都是合法的登录：

```
mysql-u root -p
mysql-u root -p
mysql-u root -phynujsjxy
```

（2）连接到远程主机上的 MySQL。假设远程主机的 IP 为 192.160.10.52，则输入以下命令：

```
mysql-h192.160.10.52 -uroot -phynujsjxy
```

（3）退出 MYSQL 命令。

```
mysql>exit;
mysql>quit;
mysql>\q;
```

2．MySQL57Services 的停止与启用

打开命令窗口，然后进入目录 mysql\bin，停止和启动 MySQL57Services 的语法如下：

```
net stop MySQL57
net start MySQL57
```

命令执行的过程如图 12-7 所示。

注意：MySQL57 Services 的停止与启用的命令在 MySQL 5.7 Command Line Client 模式下不能使用。

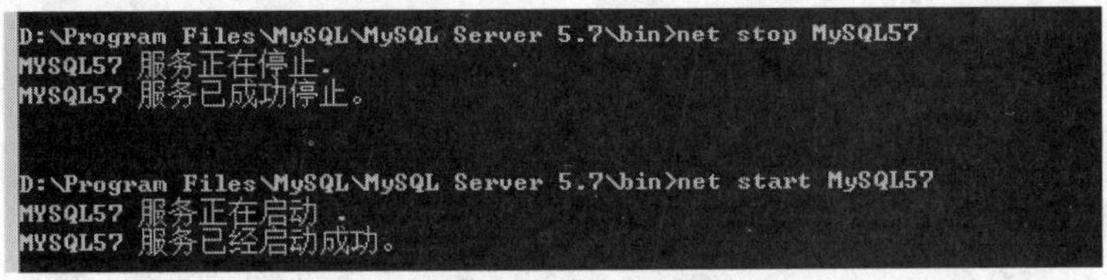

图 12-7　MySQL 57 Services 的停止与启用

3．修改密码

命令：set password for 'username'@'host'=password('newpassword');
如果是当前登录用户用 set password=password("newpassword");
其他主机登录用户用 set password for 'mike'@'%'=password("123456");

4．增加新用户

命令：create user 'username'@'localhost' identified by 'password';
说明：username 是创建的用户名，localhost 是指本地用户，如果想让该用户可以从任意远程主机登录，可以使用通配符%。password 是设置的登录密码，密码可以为空，如果为空则该用户可以不需要密码登录服务器。例如：

```
create user 'mike'@'localhost'identified by '123456';
create user 'jack'@'192.168.1.101_'idendified by '123456';
create user 'andy'@'%'identified by '123456';
```

```
create user 'jully'@'%'identified by '';
create user 'alice'@'%';
```

5．删除用户

命令：drop user 'username'@'host';

6．显示当前的 user

命令：mysql>select user();

7．授权

命令：grant privileges on databasename.tablename to 'username'@'host';

说明：privileges 是用户的操作权限，如 select、insert、update 等，如果要授予所有的权限则使用 all；databasename 是数据库名；tablename 是表名，如果要授予该用户对所有数据库和表的相应操作权限则可用*表示，如*.*。

```
grant select on test.* to 'mike'@'localhost' identified by '123456';
grant select on *.* to 'mike'@'localhost' identified by '123456';
grant select,insert on test.user to 'mike'@'%';
grant all on *.* to 'mike'@'%';
```

8．对数据库的操作

（1）显示当前数据库服务器中的数据库列表：

```
mysql>show databases;
```

（2）显示数据库中的数据表：

```
mysql>use 数据库名;
mysql>show tables;
```

（3）显示 use 的数据库名：

```
mysql>select database();
```

（4）建立数据库：

```
mysql>create database 数据库名;
```

（5）删除数据库：

```
mysql>drop database 数据库名;
```

（6）导入.sql 文件命令

```
mysql>use 数据库名;
mysql>source d:/mysql.sql;
```

也可以在 DOS 环境下输入以下命令进行导入：

```
mysql -uroot -proot databasename<databasename.sql
```

注意：导入前请保证 MySQL 中必须有 databasename 这个数据库。

9．对表的操作

（1）显示数据表的结构：

```
mysql>describe 表名;
```

（2）建立数据表：

```
mysql>use 数据库名;//进入数据库
mysql>create table 表名(字段名 varchar(20),字段名 char(1));
```

（3）删除数据表：

```
mysql>drop table 表名;
```

（4）重命名数据表：

```
alter table t1 renamet2;
```

（5）显示表中的记录：

```
mysql>select*from 表名;
```

（6）往表中插入记录：

```
mysql>insert into 表名 values("hyq","m");
```

（7）更新表中数据：

```
mysql->update 表名 set 字段名 1='a',字段名 2='b' where 字段名 3='c';
```

（8）将表中记录清空：

```
mysql>delete from 表名;
```

（9）用文本方式将数据装入数据表中：

```
mysql>load data local infile"d:/mysql.txt" into table 表名;
```

（10）显示表的定义

```
mysql>show create table 表名;
```

操作技巧：

（1）如果输入命令时，回车后发现忘记加分号，这时只要在新的行输入分号回车即可。也就是说，可以把一个完整的命令分成几行来输入，完后用分号作结束标志。

（2）可以使用光标上下键调出以前的命令。

12.2.3 使用 Navicat 操作 MySQL 数据库

Navicat for MySQL 是一款专为 MySQL 设计的高性能数据库管理及开发工具，为数据库管理、开发和维护提供了直观而强大的图形界面，给 MySQL 新手以及专业人士提供了一组全面的工具。它可以用于任何 MySQL 数据库服务器，并支持大部分 MySQL 最新版本的功能，包括触发器、存储过程、函数、事件、检索和权限管理等。Navicat for MySQL 的运行界面如图 12-8 所示。

使用 Navicat 也可以进行 MySQL 命令行操作，选择"工具"→"命令列界面"命令，进入了 MySQL 命令行状态，例如输入 MySQL 命令"show databases;"显示所有数据库，结果如图 12-9 所示。

图 12-8　Navicat for MySQL 的运行界面

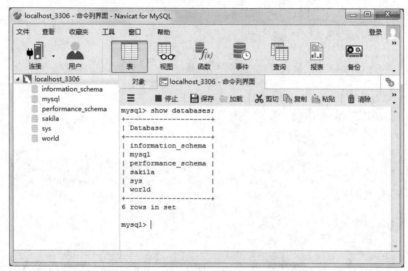

图 12-9　Navicat for MySQL 的命令行操作

12.3　通过 JDBC 访问数据库

12.3.1　数据库的访问步骤

使用 JDBC 访问数据库一般包括以下 5 个步骤：

1．加载与注册 JDBC 驱动程序

加载 JDBC 驱动程序需调用 Class 类的静态方法 forName( )，向其传递要加载的 JDBC 驱动的类名。DriverManager 类是驱动程序管理器类，负责管理驱动程序。通常不用显式调用 DriverManager 类的 registerDriver( )方法来注册驱动程序类的实例，因为 Driver 接口的驱动程序类都包含了静态代码块，在这个静态代码块中，会调用 DriverManager.registerDriver( )方法来注册自身的一个实例。

对于不同的数据库，驱动程序的类名不同。下面分别列举了加载 MySQL、SQL Server 和 Oracle 数据库的驱动程序。

```
//加载 MySQL 数据库的驱动程序
Class.forName("com.mysql.cj.jdbc.Driver");
//加载 SQL Server 数据库的驱动程序
Class.forName("com.microsoft.sqlserver.jdbc.SQLServerDriver");
//加载 Oracle 数据库的驱动程序
Class.forName("oracle.jdbc.driver.oracleDriver");
```

2．建立连接

可以调用 DriverManager 类的 getConnection( )方法建立到数据库的连接。JDBC URL 用于标识一个被注册的驱动程序，驱动程序管理器通过这个 URL 选择正确的驱动程序，从而建立到数据库的连接。

JDBC URL 的标准由三部分组成，各部分间用冒号分隔，jdbc:<子协议>:<子名称>，格式如图 12-10 所示。

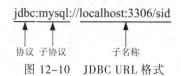

图 12-10　JDBC URL 格式

- 协议：JDBC URL 中的协议总是 jdbc。
- 子协议：子协议用于标识一个数据库驱动程序。
- 子名称：一种标识数据库的方法，Localhost 表示本地主机，如果是远程主机使用 IP 地址；3306 表示端口号；sid 表示数据库名称。子名称可以按不同的子协议而变化，用子名称的目的是为了定位数据库提供足够的信息。

（1）对于 MySQL 数据库连接，采用如下形式：

```
jdbc:mysql://localhost:3306/sid
```

（2）对于 SQL Server 数据库连接，采用如下形式：

```
jdbc:microsoft:sqlserver//localhost:1433;DatabaseName=sid
```

（3）对于 Oracle 数据库连接，采用如下形式：

```
jdbc:oracle:thin:@localhost:1521:sid
```

3．执行 SQL 语句

数据库连接被用于向数据库服务器发送命令和 SQL 语句，在连接建立后，需要对数据库进行访问，执行 SQL 语句。

在 java.sql 包中提供了 3 个类，用于向数据库发送 SQL 语句。Connection 接口中的 3 个方法可用于创建这些类的实例。下面列出这些类及其创建方法：

（1）Statement：Statement 对象由方法 createStatement( )所创建，用于执行静态的 SQL 语句，并且返回执行结果。Statement 接口中定义了下列方法用于执行 SQL 语句：

```
ResultSet excuteQuery(String sql)
int excuteUpdate(String sql)
```

（2）PreparedStatement

PreparedStatement 对象由方法 PrepareStatement( )所创建，用于发送带有一个或多个输入参数的 SQL 语句。PreparedStatement 拥有一组方法，用于设置输入参数的值。执行语句时，这些输入参数将被送到数据库中。PreparedStatement 的实例扩展了 Statement，因此它们都包括了 Statement 的方法。

（3）CallableStatement

CallableStatement 对象由方法 prepareCall()所创建，用于执行 SQL 存储过程（一组可通过名称来调用的 SQL 语句）。

4．检索结果

ResultSet 对象由 Statement 对象的 excuteQuery( )方法创建，它以逻辑表格的形式封装了执行数据库操作的结果集。结果集一般是一个记录表，其中包含列标题和多个记录行，一个 Statement 对象一个时刻只能打开一个 ResultSet 对象。ResultSet 对象维持了一个指向当前数据行的游标，初始的时候，游标在第一行之前，可以通过 ResultSet 对象的 next( )方法移动到下一行。如果游标指向一个具体的行，可以调用 ResultSet 对象的方法对查询结果处理。

5．关闭连接，释放资源

在对象使用完毕后，应当使用 close( )方法解除与数据库的连接，并关闭数据库。

12.3.2　访问 MySQL 数据库

1．使用 Eclipse 连接到 MySQL 数据库的配置操作

（1）连接 MySQL 数据库首先要下载 JDBC 驱动程序（mysql-connector-java-8.0.15.jar），下载 Connector/J 的官网地址 http://www.mysql.com/downloads/connector/j/，如图 12-11所示。下载后是个压缩文件，只需解压出里面的 jar 库文件，然后导入到项目工程中。

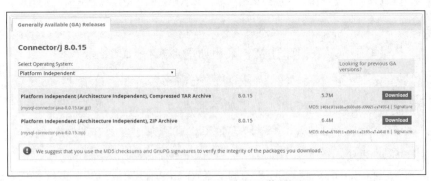

图 12-11　Connector/J 下载界面

（2）打开 Eclipse IDE，创建一个 Java 项目，在项目名上右击"构建路径"，选择"配置构建路径"命令，打开如图 12-12 所示对话框。然后，单击"添加外部 JAR"按钮，打开"选择 JAR"对话框，如图 12-13 所示。然后选择下载的 mysql-connector-java-8.0.15.jar 文件，单击"打开"按钮，打开如图 12-14 所示的对话框，单击"应用并关闭"按钮。在创建的工程"引用的库"中可以看到已经导入的驱动程序。添加完成之后，才可以使用 Eclipse 连接 MySQL 数据库。

图 12-12 构建路径

图 12-13 "选择 JAR" 对话框

图 12-14 重新构建路径后的界面

2．使用 JDBC 访问 MySQL 数据库

MySQL 数据库连接的用户名是 root，密码是 hynujsjxy，端口是 3306，里面有一数据库名为 world，world 中包含了一个 country 表。

创建一个以 JDBC 连接数据库的程序，包含 7 个步骤：

（1）加载 JDBC 驱动程序。在连接数据库之前，首先要加载 MySQL 数据库的驱动程序到 JVM，通过 java.lang.Class 类的静态方法 forName(StringclassName)实现。

```
try{
    Class.forName("com.mysql.cj.jdbc.Driver");        //加载 MySQL 的驱动类
    }catch(ClassNotFoundException e){
    System.out.println("找不到驱动程序类，加载驱动失败！");
    e.printStackTrace();
}
```

成功加载后，会将 Driver 类的实例注册到 DriverManager 类中。

（2）提供 JDBC 连接的 URL。例如：MySQL 的连接 URL

```
"jdbc:mysql://localhost:3306/world?useUnicode=true&characterEncodin
g=utf8&serverTimezone=GMT%2B8";
```

useUnicode=true，表示使用 Unicode 字符集；characterEncoding=utf8，表示字符编码方式为 utf8；serverTimezone=GMT%2B8，将时区设置为东八区，由于数据库和系统时区存在差异，因此需要设置，否则会被解析为空。

（3）创建数据库的连接。要连接数据库，需要向 java.sql.DriverManager 请求并获得 Connection 对象，该对象就代表一个数据库的连接。

使用 DriverManager 的 getConnection(Stringurl,Stringusername,Stringpassword)方法传入指定的数据库的路径、用户名和密码。

```
//连接 MySQL 数据库，数据库名为 world，用户名为 root，密码为 hynujsjxy
String url="jdbc:mysql://localhost:3306/world?"+"useUnicode=
true&characterEncoding=utf8&serverTimezone=GMT%2B8";
String username="root";
String password="hynujsjxy";
try{
    Connection con=DriverManager.getConnection(url,username,password);
}catch(SQLException se){
    System.out.println("数据库连接失败！");
    se.printStackTrace();
}
```

（4）创建一个 Statement。具体的实现方式：

```
Statement stmt=con.createStatement();
PreparedStatement pstmt=con.prepareStatement(sql);
CallableStatement cstmt=con.prepareCall("{CALLdemoSp(?,?)}");
```

（5）执行 SQL 语句。具体实现的代码：

```
ResultSet rs=stmt.executeQuery("SELECT * FROM...");
int rows=stmt.executeUpdate("INSERT INTO...");
boolean flag=stmt.execute(String sql);
```

（6）处理结果。ResultSet 包含符合 SQL 语句中条件的所有行，并且它通过一套 get( )
方法提供了对这些行中数据的访问。使用结果集（ResultSet）对象的访问方法获取数据：

```
while(rs.next()){
    String name=rs.getString("name");
    String pass=rs.getString(1);//此方法比较高效，列是从 1 开始从左到右编号
}
```

（7）关闭 JDBC 对象。通过调用 close( )方法把所有使用的 JDBC 对象全都关闭，
以释放 JDBC 资源，关闭顺序和声明顺序相反：关闭 ResultSet 记录集；关闭 Statement；
关闭连接 Connection 对象。

【例 12-1】使用 JDBC 连接 MySQL 数据库。

```
import java.sql.Connection;
import java.sql.DriverManager;
import java.sql.ResultSet;
import java.sql.SQLException;
import java.sql.Statement;
public class JdbcConMySql{
public static void main(String[]args){
Connection conn=null;
Statement stmt=null;
ResultSet rs=null;
//MySQL 的 JDBC 连接语句
//URL 编写格式: jdbc:mysql: //主机名称: 连接端口/数据库的名称?参数=值
Stringurl="jdbc:mysql://localhost:3306/world?"+
"useUnicode=true&characterEncoding=utf-8&serverTimezone=GMT%2B8";
String user="root";
String password="hynujsjxy";
//数据库执行的语句
String sql="select * from country";    //查询语句
try{
    Class.forName("com.mysql.cj.jdbc.Driver");//加载驱动
    conn=DriverManager.getConnection(url,user,password);//获取数据库连接
    stmt=conn.createStatement();    //创建执行环境
    //读取数据
    rs=stmt.executeQuery(sql);        //执行查询语句，返回结果数据集
    rs.last();//将光标移到结果数据集的最后一行，用来下面查询共有多少行记录
    System.out.println("共有"+rs.getRow()+"行记录: ");
    rs.beforeFirst();            //将光标移到结果数据集的开头
    int i=0;
    System.out.println("No"+""+"Code"+""+"Name");
    while(rs.next()){            //循环读取结果数据集中的所有记录
    i+=1;
        System.out.println(Integer.toString(i)+""+rs.getString(1)
    +""+rs.getString("name"));
        //name 为表中的成员的名称
}
}catch(ClassNotFoundException e){
    System.out.println("加载驱动异常");
```

```
    e.printStackTrace();
}catch(SQLException e){
    System.out.println("数据库异常");
    e.printStackTrace();
}finally{
try{
    if(rs!=null)
    rs.close();                    //关闭结果数据集
    if(stmt!=null)
    stmt.close();                  //关闭执行环境
    if(conn!=null)
    conn.close();                  //关闭数据库连接
}catch(SQLException e){
e.printStackTrace();
}
}
}
}
```

程序运行结果：

```
共有 239 行记录:
No Code Name
1 ABW Aruba
2 AFG Afghanistan
3 AGO Angola
4 AIA Anguilla
5 ALB Albania
6 AND Andorra
...
```

12.3.3 访问 SQLServer 数据库

1. 使用 Eclipse 连接到 SQLServer 数据库的配置操作

（1）不同的数据库实现 JDBC 接口不同，所以就产生了不同的数据库驱动包。连接 SQL Server 2017 数据库首先要下载对应的 JDBC 驱动程序，Microsoft JDBC driver 7.0 for SQL Server 的下载地址 https://www.microsoft.com/zh-CN/download/details.aspx?id=57175，如图 12-15 所示。单击"下载"按钮后，下载第二个压缩文件，如图 12-16 所示。然后解压出里面的 jar 库文件（mssql-jdbc-7.0.0.jre8.jar），导入项目工程中。

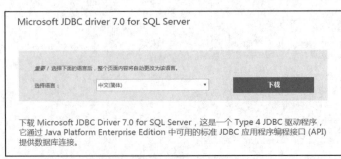

图 12-15　mssql-jdbc 下载界面

图 12-16　选择下载界面

（2）打开 Eclipse IDE，创建一个 javaproject，在项目名上右击"构建路径"，选择"配置构建路径"命令，然后单击"添加外部 JAR"按钮，接着选择下载解压缩后的 mssql-jdbc-7.0.0.jre8.jar 文件（与本文使用的 jdk 版本 1.8 相对应），单击"打开"按钮。回到如图 12-17 所示的界面，单击"应用并关闭"。在创建的工程"引用的库"中可以看到已经导入的驱动程序。添加完成之后，才可以使用 Eclipse 连接 SQL Server数据库。

图 12-17　配置界面

2. 使用 JDBC 访问 SQL Server 数据库

SQL Server 2017 数据库的用户名是 sa，密码是 hynujsjxy，端口是 1433，新建了一个 TestDB 数据库，其中包含一个 student 表。

创建一个以 JDBC 连接 SQL Server 2017 数据库的程序，操作步骤如下：

（1）加载 JDBC 驱动程序。

在程序中利用 Class.forName( ) 方法加载 SQLServer 的驱动程序：

```
Class.forName("com.microsoft.jdbc.sqlserver.SQLServerDriver");
```

（2）提供 JDBC 连接的 URL。

以下代码是连接 SQLServer 数据库的 URL：

```
jdbc:microsoft:sqlserver//localhost:1433;DatabaseName=sid
```

该数据库的 URL 说明利用 microsoft 提供的机制，用 sqlserver 驱动，通过 1433 端口访问本机上的 sid 数据库。

（3）创建数据库的连接。

使用驱动程序管理器（DriverManager）的方法 getConnection( )建立连接，传入指定的数据库的路径、用户名和密码。

（4）创建一个 Statement。

（5）执行 SQL 语句。

（6）处理结果。

（7）关闭 JDBC 对象。

【例 12-2】使用 JDBC 连接 SQL Server 数据库。

```java
import java.sql.Connection;
import java.sql.DriverManager;
import java.sql.PreparedStatement;
import java.sql.ResultSet;
import java.sql.SQLException;
public class JdbcConSqlServer{
public static void main(String[]args){
    String JDriver="com.microsoft.sqlserver.jdbc.SQLServerDriver";
    String conURL="jdbc:sqlserver://localhost:1433;database=TestDB";
    String user="sa";
    String password="hynujsjxy";
    PreparedStatement pstm=null;
    Connection conn=null;
    ResultSet rs=null;
    try{
        Class.forName(JDriver);
        conn=DriverManager.getConnection(conURL,user,password);
        System.out.println("连接成功");
        Stringsql="select count(*) as sum from student";
        //COUNT(*)函数返回表中的记录数
        pstm=conn.prepareStatement(sql);
        //执行查询
        rs=pstm.executeQuery();
        //计算有多少条记录
        intcount=0;
        while(rs.next()){
        count=rs.getInt(1);}
        System.out.println("共有"+count+"条记录");
    }catch(ClassNotFoundException|SQLException e){
        System.out.println("加载失败"+e.getMessage());
    }finally{
        try{
                if(rs!=null)
                rs.close();           //关闭结果数据集
                if(pstm!=null)
                pstm.close();         //关闭执行环境
                if(conn!=null)
```

```
            conn.close();        //关闭数据库连接
        }catch(SQLException e){
        e.printStackTrace();
        }
    }
}
}
```

程序运行结果：

```
连接成功
共有 40 条记录
```

12.4 综合案例

【例 12-3】使用 Java+MySQL 数据库实现一个简单的登录窗口界面，如图 12-18 所示。实现要求：当用户不存在时，可以实现用户注册。图 12-19 所示为用户注册的部分功能，并将用户信息保存在后台数据库中；当用户存在时，输入正确的用户名和密码即可实现登录，否则，将提示用户；图 12-20 所示为用户登录的部分功能。程序界面美观，具有健全的容错机制。

图 12-17 登录界面

  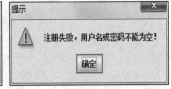

图 12-18 用户注册

图 12-19 用户登录

（1）使用 Navicat for MySQL 在 MySQL 数据库中新建一个 userinfo 库，在库中添加了 user 表，表结构如图 12-21 所示。

名	类型	长度	小数点	不是 null	
username	char	10	0	☑	🔑1
▶ password	char	16	0	☑	

图 12-21　user 表结构

（2）编写一个连接数据库类 MySQLCon，代码如下：

```java
package datas;
import java.sql.Connection;
import java.sql.DriverManager;
import java.sql.SQLException;
import java.sql.Statement;
public class MySQLCon{
private String DBDriver;//连接类
private String DBURL;
private String DBUser;
private String DBPass;
private Connection conn=null;
private Statement stmt=null;
public MySQLCon(Stringdriver,Stringdburl,Stringuser,Stringpass){
    DBDriver=driver;
    DBURL=dburl;
    DBUser=user;
    DBPass=pass;
    try{
        Class.forName(DBDriver);            //加载驱动程序
    }catch(Exception e){
        e.printStackTrace();
    }
    try{
        conn=DriverManager.getConnection(DBURL,DBUser,DBPass);
                                            //取得连接对象
        stmt=conn.createStatement();    //取得 SQL 语句对象
    }catch(Exception e){
        e.printStackTrace();
    }
}
public Connection getMyConnection(){
    return conn;
}
public Statement getMyStatement(){
    return stmt;
}
public void closeMyConnection(){
    try{
        stmt.close();
        conn.close();
    }catch(SQLException e){
        e.printStackTrace();
    }
}
}
```

```
public String toString(){
    return"数据库驱动程序"+DBDriver+",链接地址"+DBURL+",用户名"+DBUser+"
密码"+DBPass;
}
}
```

（3）编写一个关于数据库的数据操作类 DatabaseOperation，包括基本的增、删、查、改的功能，代码如下：

```
package datas;
import java.sql.Connection;
import java.sql.ResultSet;
import java.sql.SQLException;
import java.sql.Statement;
public class DatabaseOperation{
private MySQLCon myDB=null;
private Connection conn=null;
private Statement stmt=null;
private int num1;
private int num2;
private String name;
private String password;
public DatabaseOperation(MySQLCon myDB){
    conn=myDB.getMyConnection();
    stmt=myDB.getMyStatement();
    num1=0;
    num2=0;
}
public void insertData(String name,String password){
    try{
        Stringsql="INSERT INTO user(username,password)VALUES('"+name+"',
'"+password+"')";
        stmt.executeUpdate(sql);          //更新语句
    }catch(Exceptione1){
        e1.printStackTrace();
    }
}
public void deleteData(String name){
    Stringsql="DELETE FROM user WHEREusername="+name+"";
    System.out.print(sql);
    try{
        stmt.executeUpdate(sql);
    }catch(SQLException e){
        e.printStackTrace();
    }
}
public void updateData(String name,String password){     //修改
    Stringsql="UPDATE user SET name='"+name+"',password=
'"+password+"'where name='"+name+"'&&password='"+password+"'";
    try{
        stmt.executeUpdate(sql);
```

```
        }catch(SQLException e){
            e.printStackTrace();
        }
}
public boolean selectPassword(String mpassword){
    String sql="SELECT * FROM user";
    try{
        ResultSet rs=stmt.executeQuery(sql);  //返回结果集
        while(rs.next()){                           //指针向后移动
            password=rs.getString("password");
            num2++;
            if(password.equals(mpassword)&&(num2==num1)){
                return true;
            }
        }
    }catch(Exception e){
        e.printStackTrace();
    }
    return false;
}
public boolean selectName(String mname){
    String sql="SELECT * FROM user";
    try{
        ResultSet rs=stmt.executeQuery(sql);  //返回结果集
        while(rs.next()){//指针向后移动
            name=rs.getString("username");
            num1++;
            if(name.equals(mname)){
                return true;
            }
        }
    }catch(Exception e){
        e.printStackTrace();
    }
    return false;
}
public void selectAll(){
    Stringsql="SELECT * FROM user";
    try{
        ResultSetrs=stmt.executeQuery(sql);  //返回结果集
        while(rs.next()){                           //指针向后移动
            name=rs.getString("username");
            password=rs.getString("password");
        }
    }catch(Exception e){
        e.printStackTrace();
    }
}
public String getName(){
    return name;
```

```
}
public String getPassword(){
    return password;
}
public void setNum1(){
    num1=0;
}
public void setNum2(){
    num2=0;
}
}
```

（4）编写一个简单的登录界面窗口类 WindowDesign，代码实现如下：

```
package ui;
import java.awt.Color;
import java.awt.Font;
import java.awt.Graphics;
import java.awt.Image;
import java.awt.event.*;
import java.io.File;
import java.io.IOException;
import javax.imageio.ImageIO;
import javax.swing.*;
import datas.DatabaseOperation;
import datas.MySQLCon;
public class WindowDesign implements MouseListener{
public Jframe frame=new JFrame("登录窗口");
private Jlabel lbl_usn=new JLabel("用户名:");
private JtextField txt_username=new JTextField();
private JLabellbl_psw=new JLabel("密码:");
private JPasswordFieldtxt_psw=new JPasswordField();
private Jbutton btn_login=new JButton("登录");
private Jbutton btn_reg=new JButton("注册");
private Jbutton btn_exit=new JButton("退出");
private String username;
private String password;
private int distinguish;
String Driver="com.mysql.cj.jdbc.Driver";
String URL="jdbc:mysql://localhost:3306/userinfo"
+"?useUnicode=true&characterEncoding=utf8&serverTimezone=GMT%2B8";
String user="root";
String dbpsw="hynujsjxy";
MySQLCon myDB=new MySQLCon(Driver,URL,user,dbpsw);
public DatabaseOperation myOpr=new DatabaseOperation(myDB);
public WindowDesign(){
}
public void show(){
```

```
frame.setLayout(null);
frame.setSize(470,300);
frame.setLocation(400,200);
Fontfont=newFont("宋体",Font.BOLD,18);
lbl_usn.setFont(font);
lbl_usn.setForeground(Color.black);
lbl_psw.setFont(font);
lbl_psw.setForeground(Color.black);
txt_username.setBackground(Color.white);
txt_username.setFont(font);
txt_psw.setBackground(Color.white);
txt_psw.setFont(font);
btn_login.setContentAreaFilled(false);
btn_login.setFont(font);
btn_login.setForeground(Color.black);
btn_login.setBorder(BorderFactory.createRaisedBevelBorder());
btn_reg.setContentAreaFilled(false);
btn_reg.setFont(font);
btn_reg.setBorder(BorderFactory.createRaisedBevelBorder());
btn_reg.setForeground(Color.black);
btn_exit.setContentAreaFilled(false);
btn_exit.setFont(font);
btn_exit.setBorder(BorderFactory.createRaisedBevelBorder());
btn_exit.setForeground(Color.black);
Jpanel bj=new JPanel(){
    private static final long serialVersionUID=-4698290663120115225L;
    protected void paintComponent(Graphics g){
        Imagebg_image;
        try{
            bg_image=ImageIO.read(newFile("src/images/背景.jpg"));
            g.drawImage(bg_image,0,0,getWidth(),getHeight(),null);
        }catch(IOException e){
            e.printStackTrace();
        }
    }
};
lbl_usn.setBounds(120,40,100,100);
txt_username.setBounds(200,80,150,26);
lbl_psw.setBounds(120,70,100,100);
txt_psw.setBounds(200,110,150,26);
btn_login.setBounds(100,180,80,26);
btn_reg.setBounds(190,180,80,26);
btn_exit.setBounds(280,180,80,26);
frame.setContentPane(bj);
frame.setLayout(null);
frame.add(lbl_usn);
```

```
    frame.add(txt_username);
    frame.add(lbl_psw);
    frame.add(txt_psw);
    frame.add(btn_login);
    frame.add(btn_reg);
    frame.add(btn_exit);
    btn_login.addMouseListener(this);
    btn_reg.addMouseListener(this);
    btn_exit.addMouseListener(this);
    frame.setVisible(true);
}
public void mouseClicked(MouseEvent arg0){
username=txt_username.getText();
password=new String(txt_psw.getPassword());
if(distinguish==1){
if(myOpr.selectName(username)){
    if(myOpr.selectPassword(password)){
        JOptionPane.showMessageDialog(null,"登录成功","提示",2);
            txt_username.setText("");
            txt_psw.setText("");
            distinguish=4;
            frame.setVisible(false);
    }else{
        JOptionPane.showMessageDialog(null,"密码错误","提示",2);
            txt_psw.setText("");
            myOpr.setNum1();
            myOpr.setNum2();
    }
}else{
    JOptionPane.showMessageDialog(null,"此用户不存在，请注册","提示",2);
        txt_username.setText("");
        txt_psw.setText("");
}
}
if(distinguish==2){
    String usn=(String)JOptionPane.showInputDialog(null,"请输入你的用
户名：\n","注册",JOptionPane.PLAIN_MESSAGE,null,null,"");
    Stringpsw=(String)JOptionPane.showInputDialog(null,"请输入你的密
码：\n","注册",JOptionPane.PLAIN_MESSAGE,null,null,"");
if(usn!=null&&usn.length()!=0&&psw!=null&&psw.length()!=0){
        myOpr.insertData(usn,psw);
        JOptionPane.showMessageDialog(null,"注册成功","提示",2);
        }else{
        JOptionPane.showMessageDialog(null,"注册失败，用户名或密码不能为
空！","提示",2);
        }
```

```
    }
    if(distinguish==3){
        int n=JOptionPane.showConfirmDialog(null,"是否退出?","结束登录",
JOptionPane.YES_NO_OPTION);
        myDB.closeMyConnection();
            if(n==JOptionPane.YES_OPTION){
            System.exit(1);
            }
    }
    }
    public void mouseEntered(MouseEvent arg0){
        if(arg0.getSource()==btn_login){
            distinguish=1;
            btn_login.setForeground(Color.blue);
            btn_login.setBorder(BorderFactory.createLoweredBevelBorder());
            btn_reg.setForeground(Color.black);
            btn_reg.setBorder(BorderFactory.createRaisedBevelBorder());
            btn_exit.setForeground(Color.black);
            btn_exit.setBorder(BorderFactory.createRaisedBevelBorder());
        }
        if(arg0.getSource()==btn_reg){
            distinguish=2;
            btn_login.setForeground(Color.black);
            btn_login.setBorder(BorderFactory.createRaisedBevelBorder());
            btn_reg.setForeground(Color.blue);
            btn_reg.setBorder(BorderFactory.createLoweredBevelBorder());
            btn_exit.setForeground(Color.black);
            btn_exit.setBorder(BorderFactory.createRaisedBevelBorder());
        }
        if(arg0.getSource()==btn_exit){
            distinguish=3;
            btn_login.setForeground(Color.black);
            btn_login.setBorder(BorderFactory.createRaisedBevelBorder());
            btn_reg.setForeground(Color.black);
            btn_reg.setBorder(BorderFactory.createRaisedBevelBorder());
            btn_exit.setForeground(Color.blue);
            btn_exit.setBorder(BorderFactory.createLoweredBevelBorder());
            }
    }
    public void mouseExited(MouseEventarg0){
        distinguish=0;
        lbl_usn.setForeground(Color.black);
        lbl_psw.setForeground(Color.black);
        txt_username.setOpaque(false);
        txt_psw.setOpaque(false);
        btn_login.setContentAreaFilled(false);
```

```
    btn_login.setForeground(Color.black);
    btn_login.setBorder(BorderFactory.createRaisedBevelBorder());
    btn_reg.setContentAreaFilled(false);
    btn_reg.setBorder(BorderFactory.createRaisedBevelBorder());
    btn_reg.setForeground(Color.black);
    btn_exit.setContentAreaFilled(false);
    btn_exit.setBorder(BorderFactory.createRaisedBevelBorder());
    btn_exit.setForeground(Color.black);
}
public void mousePressed(MouseEvent arg0){
}
public void mouseReleased(MouseEvent arg0){
}
public String getusername(){
    return username;
}
public String getpassword(){
    return password;
}
public int getDistinguish(){
    return distinguish;
}
}
```

（5）编写程序运行的主类 Login，代码实现如下：

```
package ui;
public class Login{
public static void main(String[]args){
    WindowDesign wd=new WindowDesign();
    wd.show();
}
}
```

小　　结

Java 应用程序通过 JDBC 驱动程序管理器加载相应的驱动程序，通过驱动程序与具体的数据库连接，然后访问数据库。

（1）JDBC 访问数据库一般包括 5 个步骤：加载与注册 JDBC 驱动程序；建立连接；执行 SQL 语句；检索结果；关闭连接，释放资源。

（2）不同的数据库实现 JDBC 接口不同，所以就产生了不同的数据库驱动包，在使用 Eclipse 连接到 MySQL、SQL Server 等数据库时需要选择相应的驱动包进行配置。

（3）执行静态 SQL 语句。通常通过 Statement 实例实现。

（4）执行动态 SQL 语句。通常通过 PreparedStatement 实例实现。

（5）执行数据库存储过程。通常通过 CallableStatement 实例实现。

（6）程序运行时要确保 MySQL、SQL Server 数据库服务已启动，且源代码的用户名和密码、端口、数据库名、表名要与数据库的一致，否则将抛出异常。

习 题

一、选择题

1. 以下关于数据库的访问接口中的 JDBC 接口正确的是（　　）。

    A. JDBC 全称是 Java Database Connection

    B. 是一种用于执行 SQL 语句的 Java API 的面向对象的应用程序接口

    C. 由一组用 Java 语言编写的类和接口组成

    D. JDBC 可做三件事：与数据库建立连接、发送 SQL 语句并处理结果

2. 在 JDBC 编程中执行完下列 SQL 语句 SELECT name,rank,serialNo FROM employee，能得到 rs 的第一列数据的代码是（　　）。

    A. rs.getString(0);

    B. rs.getString("name");

    C. rs.getString(1);

    D. rs.getString("ename");

3. 下面的选项加载 MySQL 驱动正确的是（　　）。

    A. Class.forname("com.mysql.JdbcDriver");

    B. Class.forname("com.mysql.jdbc.Driver");

    C. Class.forname("com.mysql.cj.jdbc.MySQLDriver");

    D. Class.forName("com.mysql.cj.jdbc.Driver");

4. 下面选项的 MySQL 数据库 URL 正确的是（　　）。

    A. jdbc:mysql://localhost/company

    B. jdbc:mysql://localhost:3306:company

    C. jdbc:mysql://localhost:3306/company

    D. jdbc:mysql://localhost:3306/company

5. 如果数据库中某个字段为 numberic 型，可以通过结果集中的（　　）方法获取。

    A. getNumberic( )　　　　　　B. getDouble( )

    C. getBigDecimal( )　　　　　D. getFloat( )

6. 下面叙述（　　）是不正确的。

    A. 调用 DriverManager 类的 getConnection( )方法可以获得连接对象

    B. 调用 Connection 对象的 CreateStatement( )方法可以得到 Statement 对象

    C. 调用 Statement 对象的 executeQuery( )方法可以得到 ResultSet 对象

    D. 调用 Connection 对象的 PreparedStatement( )方法可以得到 Statement 对象

二、编程题

在 SQL Server 的 TestDB 数据库中创建一个学生信息表 student，它包括的字段及数据类型如表 12-1 所示。

表 12-1　学生信息表包括的字段与数据类型

字　段	数 据 类 型	允 许 空	备　注
id	int	NOTNULL	学号
name	varchar(10)	NULL	姓名
age	int	NULL	年龄
sex	varchar(2)	NULL	性别

编写程序实现如图 12-22 所示的功能。

图 12-22　编程题图示

第 13 章

网络编程 ≪≪

学习目标：

- 理解网络编程基础知识。
- 掌握 InetAddress 类的用法。
- 熟练掌握 TCP 网络编程。
- 掌握 UDP 网络编程。

网络编程是当前一种主流的编程技术，随着互联网广泛应用以及网络应用程序的大量出现，在实际的开发中网络编程技术得到了大量的使用。网络编程是指编写运行在多个计算机设备上的程序，这些程序都通过网络实现数据通信。java.net 包中具有许多与网络编程有关的类和接口，它们提供底层的通信细节。用户可以直接使用这些类和接口，来专注于解决问题，而不用关注底层通信细节。java.net 包中提供了两种常见的网络协议的支持：TCP（传输控制协议）和 UDP（用户数据报协议）。本章主要介绍这两种协议的网络编程。

13.1 网络编程基础

网络编程基础知识内容丰富，为了方便读者学习 Java 中的 TCP 和 UDP 编程，本节简单介绍网络通信有关的基础知识以及 Java 网络编程中常用的基础类，如 InetAddress 类等，如需了解网络通信底层细节，请阅读《计算机网络》等相关文献。

13.1.1 网络基础知识

七层模型，亦称 OSI 参考模型，是国际标准化组织（ISO）制定的一个用于计算机或通信系统间互连的标准体系。TCP/IP 协议簇是一个网络通信模型，是互联网的基础通信架构。OSI 参考模型与 TCP/IP 协议的对应关系如图 13-1 所示。

其中，常见的协议分别位于如下几层。网络层：IP（网络之间的互联协议）；传输层：TCP（传输控制协议）和 UDP（用户数据报协议）；应用层：Telnet（Internet 远程登录服务的标准协议和主要方式）、FTP（文本传输协议）、HTTP（超文本传送协议）。

IP 地址与端口号：IP 地址用于唯一标识网络中的一个通信实体，这个通信实体可以是一台主机，也可以是一台打印机，或者是路由器的某一个端口。而在基于 IP 协议网络中传输的数据包，必须使用 IP 地址来进行标识。每个被传输的数据包中都包括了一个源 IP 和目标 IP。IP 地址唯一标识了通信实体，但是一个通信实体可以有多个通信程序同时提供网络服务。这时就需要通过端口来区分具体的通信程序。一个通信实体上不能有两个通信程序使用同一个端口号（Port）。IP 地址和端口号，就如同出差去外地入住酒店，IP 地址表示了酒店的具体位置，而端口号则表示了入住在酒店的具体房间号。

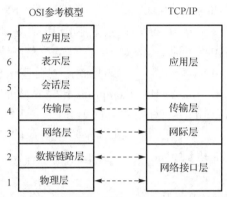

图 13-1　OSI 参考模型与 TCP/IP 协议的对应关系

TCP 和 UDP：TCP 是一种面向连接的保证可靠传输的协议。通过 TCP 协议传输，得到的是一个顺序的无差错的数据流。它能够提供两台计算机之间的可靠的数据流，HTTP、FTP、Telnet 等应用都需要这种可靠的通信通道。UDP 是一种无连接的协议，每个数据报都是一个独立的信息，包括完整的源地址或目的地址，它在网络上以任何可能的路径传送至目的地，至于能否到达目的地、到达目的地的时间以及内容的正确性都是不能保证的。既然有了保证可靠传输的 TCP 协议，为什么还要非可靠传输的 UDP 协议不可呢？原因有两个：（1）可靠的传输是要付出代价的，对数据内容的正确性的检验必然会占用计算机处理时间和网络带宽，因此 TCP 的传输效率不如 UDP 高。（2）许多应用中并不需要保证严格的传输可靠性，比如视频会议系统，并不要求视频音频数据绝对正确，只要能够连贯即可。所以在这些场景下，使用 UDP 更合适。

URL 访问网上资源：URL 对象代表统一资源定位器，是指向互联网"资源"的指针。它是用协议名、主机、端口和资源组成，即满足如下格式：

```
protocol://host:port/resourceName
```

例如，http://www.crazyit.org/index.php。

通过 URL 对象的方法可以访问该 URL 对应的资源，如 getFile( )获取该 URL 的资源名、getHost( )获取主机名、getPath( )获取路径部分、getPort( )获取端口号等。

13.1.2　InetAddress 类

IP 地址是 IP 使用的 32 位（IPv4）或者 128 位（IPv6）位无符号数字，它是传输层协议 TCP 和 UDP 的基础。InetAddress 是 Java 对 IP 地址的封装，其具有两个子类：Inet4Address 和 Inet6Address，分别代表 IPv4 和 IPv6 地址。在 java.net 包中有许多类使用到 InetAddress 类，如 ServerSocket、Socket 和 DatagramSocket 等。

InetAddress 的构造器不是公开的（public），需要通过它提供的如下常用的静态方法来获取 InetAddress 对象。

（1）static InetAddress getByAddress(byte[] addr)：根据原始 IP 地址来获取对应的 InetAddress 对象。

（2）static InetAddress getByName(String host)：根据主机名获取对应的 InetAddress 对象，如主机名为 www.baidu.com，InetAddress 会尝试连接 DNS 服务器来获取 IP 地址。

（3）static InetAddress getLocalHost( )：获取本机 IP 地址对应的 InetAddress 对象。

这些静态方法可能会抛出异常，如果安全管理器不允许访问 DNS 服务器或禁止网络连接，会抛出 SecurityException 异常；如果找不到对应主机的 IP 地址，或者发生其他网络 I/O 错误，会抛出 UnknowHostException 异常。另外，InetAddress 类还提供了如下几个方法来获取 InetAddress 对象对应的 IP 地址和主机名。

（1）String getHostName( )：返回 InetAddress 对象对应的 IP 地址的主机名。

（2）String getCanonicalHostName( )：返回 InetAddress 对象对应的 IP 地址的全限定域名。

（3）StringgetHostAddress( )：返回该 InetAddress 对象对应的 IP 地址字符串。

（4）byte[] getAddress( )：返回该 InetAddress 对象对应的 IP 地址的 byte 数组。

（5）boolean isReachable(int timeout)：用于测试是否可达该地址，该方法将尽最大努力试图到达主机，timeout 为超时时间，单位为毫秒。

【例 13-1】InetAddress 类的常用用法。

```java
import java.net.*;
class InetAd dressTest
{
    public static void main(String[] args)throws Exception
    {
        InetAddress ip1=InetAddress.getByName("www.baidu.com");
        System.out.println("百度是否可达: "+ip1.isReachable(3000));
        System.out.println("百度的IP地址是: "+ip1.getHostAddress());
        InetAddress localip=InetAddress.getLocalHost();
        System.out.println("本机的主机名是: "+localip.getHostName());
        byte[] bt=new byte[]{(byte)192,(byte)168,59,74};
        InetAddress ip2=InetAddress.getByAddress(bt);
        System.out.println("全限定域名是: "+ip2.getCanonicalHostName());
    }
}
```

程序运行结果：

```
百度是否可达: true
百度的IP地址是: 14.215.177.38
本机的主机名是: liuqy-PC
全限定域名是: 192.168.59.74
```

13.2 URL 通 信

URL（Uniform Resource Locater）是统一资源定位器的简称，URL 的值表示网络上某个资源的地址。使用 URL 规则正确定义某个网络资源，可使用相应的方法对其进行访问。它是用协议名、主机、端口和资源组成，即满足如下格式：

```
protocol://host:port/resourceName
```

例如：http://www.crazyit.org/index.php。

其中，protocol 指定获取资源所使用的传输协议，如 HTTP、FTP 和 FILE 等。host 指定资源所在的计算机，可以是 IP 地址、主机名或域名；port 为端口号，可选；resourceName 指定该文件的完整路径。在 HTTP 协议中，如果文件路径缺省则为默认资源名 index.html。

13.2.1 URL 类

为了表示 URL，Java 定义了 URL 类，其对象代表统一资源定位器，是指向互联网"资源"的指针。URL 类中有 6 个构造器可创建对象，常用的有以下几个：

（1）URL(String spec)，通过网络资源地址字符串 spec 来创建 URL 对象，用法如下：

```
URL url=new URL("https://i.cnblogs.com/EditPosts.aspx?opt=1");
```

（2）URL(String protocol,String host,[int port,]String file)，将（1）中的 spec 地址进行分解，分别指定协议、主机、端口（可选）和资源文件的路径，用法如下：

```
URL url=new URL("https","i.cnblogs.com","80","docs/EditPosts.html");
```

（3）URL(URL context,String spec)，基于一个已存在的 URL 对象创建新的 URL 对象，多用于访问同一个主机上不同路径的文件，用法如下：

```
URL url1=new URL("https://i.cnblogs.com/docs/");
URL url2=new URL(url1,"index.html");
URL url3=new URL(url1,"tutorial.html");
```

另外，在使用 URL 构造器创建对象时，会自动抛出一个非运行时异常 MalformedURLException，因此在创建 URL 对象时需要对该异常进行相应的处理。

URL 对象创建后，可使用如表 13-1 所示的方法来获取 URL 的各种属性。

表 13-1　获取 URL 属性的方法

方　法	说　明
public String getPath()	返回 URL 路径部分
public String getQuery()	返回 URL 查询部分
public String getAuthority()	获取此 URL 的授权部分
public int getPort()	返回 URL 端口部分
public int getDefaultPort()	返回协议的默认端口号
public String getProtocol()	返回 URL 的协议

续表

方　法	说　明
Public String getHost()	返回 URL 的主机
public String getFile()	返回 URL 文件名部分
public String getRef()	获取此 URL 的锚点（也称为"引用"）
public URLConnection openConnection() throws IOException	打开一个 URL 连接，并运行客户端访问资源

如下程序展示了 URL 类的获取相关属性的方法。

```java
import java.net.*;
import java.io.*;
public class URLDemo{
public static void main(String[] args){
try
{
    URL url=new URL("http://www.runoob.com/index.html?language=cn#j2se");
    System.out.println("URL 为: "+url.toString());
    System.out.println("协议为: "+url.getProtocol());
    System.out.println("验证信息: "+url.getAuthority());
    System.out.println("文件名及请求参数: "+url.getFile());
    System.out.println("主机名: "+url.getHost());
    System.out.println("路径: "+url.getPath());
    System.out.println("端口: "+url.getPort());
    System.out.println("默认端口: "+url.getDefaultPort());
    System.out.println("请求参数: "+url.getQuery());
    System.out.println("定位位置: "+url.getRef());
    }catch(IOException e){
    e.printStackTrace();
}
}
}
```

程序运行结果：

```
URL 为: http://www.runoob.com/index.html?language=cn#j2se
协议为: http
验证信息: www.runoob.com
文件名及请求参数: /index.html?language=cn
主机名: www.runoob.com
路径: /index.html
端口: -1
默认端口: 80
请求参数: language=cn
定位位置: j2se
```

　　URL 对象创建后，不仅可以通过上述方法获取 URL 对象的相关属性信息，也可以使用 openStream( )方法来访问其指定的 www 资源，如下的程序展示了使用 URL 对象的方法来获取网页资源并打印百度首页的 HTML 源代码。

```java
import java.io.*;
import java.net.*;
public class UrlDemo2{
    public static void main(String[]args)throws IOException{
        URL url=new URL("http://www.baidu.com");
        InputStreamReader isr=new InputStreamReader(url.openStream());
        BufferedReader br=new BufferedReader(isr);
        String str;
        while((str=br.readLine())!=null)
            System.out.println(str);
        br.close();
    }
}
```

13.2.2 URLConnection 类

在 13.2.1 的程序中展示了通过 URL 对象访问 www 资源的方法，但是在实际应用中，只能读取 www 数据是不够的，在很多情况下，需要向服务器发送一些数据，这就需要实现同网络资源的双向通信。调用 URL 对象的 openConnection( )方法可返回一个 URLConnection 对象，URLConnection 类即可用来实现客户端与服务器之间的双向通信。

URLConnection 类的如下 2 个方法用来实现双向通信：

（1）public InputStream getInputStream( ) throws IOException：返回 URL 的输入流，用于读取资源。

（2）public OutputStream getOutputStream( ) throws IOException：返回 URL 的输出流，用于写入资源。

下列程序展示了 URLConnection 实现客户端与服务器双向通信的简单使用方法。

```java
import java.io.*;
import java.net.*;
public class ComWithCgi{
    public static void main(String[]args)throws Exception{
        URL url=new URL("http:/127.0.0.1/test.cgi");
        URLConnection connection=url.openConnection();
        connection.setDoOutput(true);
        PrintStream ps=new PrintStream(connection.getOutputStream());
        ps.println("0123456789");          //向服务器输出数据
        ps.close();
        DataInputStream dis=new DataInputStream(connection.getInputStream());
        String inputLine;
        while((inputLine=dis.readLine())!=null){          //从服务器读数据
            System.out.println(inputLine);
        }
        dis.close();
    }
}
```

13.3 TCP 通 信

在 Java 中，客户端与服务器之间的通信通常基于 Socket（套接字），Socket 是两台机器间通信的有效端点，必须成对存在才能通信。Socket 本质是编程接口，是对TCP/IP 的封装，对用户而言，只要通过简单的 API 即可实现客户端与服务器的双向通信。Socket 通信可简单分为 4 个步骤：（1）建立服务端 ServerSocket 和客户端 Socket；（2）打开连接到 Socket 的输入/输出流；（3）按照协议进行读/写操作；（4）关闭相对应的资源。

13.3.1 使用 ServerSocket 创建服务器端

ServerSocket 类是与 Socket 类相对应的用于表示通信双方中的服务器端，用于在服务器上打开一个端口，被动地等待数据（使用 accept( )方法）并建立连接进行数据交互。

服务器套接字一次可以与一个套接字连接，如果多台客户端同时提出连接请求，服务器套接字会将请求连接的客户端存入队列中，然后从中取出一个套接字与服务器新建的套接字连接起来。若请求连接大于最大容纳数，则多出的连接请求被拒绝；默认的队列大小是 50。

ServerSocket 类具有如下 4 个构造器：

（1）ServerSocket( )：无参构造器。

（2）ServerSocket(int port)：创建绑定到特定端口的服务器套接字。

（3）ServerSocket(int port,int backlog)：使用指定的 backlog 创建服务器套接字并将其绑定到指定的本地端口。

（4）ServerSocket(int port,int backlog,InetAddress bindAddr)：使用指定的端口、监听 backlog 和要绑定到本地的 IP 地址创建服务器。

在上述构造器的参数中，port 是指是本地 TCP 端口，backlog 是指是监听 backlog，bindAddr 是指将服务器绑定到的 InetAddress。创建 ServerSocket 时可能会抛出IOException 异常，需要进行异常捕捉。

ServerSocket 类具有如下常用方法：

（1）Socket accept( )：监听并接收到此套接字的连接。

（2）void bind(SocketAddress endpoint)：将 ServerSocket 绑定到指定地址（IP 地址和端口号）。

（3）void close( )：关闭此套接字。

（4）InetAddress getInetAddress( )：返回此服务器套接字的本地地址。

（5）int getLocalPort( )：返回此套接字监听的端口。

（6）SocketAddress getLocalSoclcetAddress( )：返回此套接字绑定的端口的地址，如果尚未绑定则返回 null。

（7）int getReceiveBufferSize( )：获取此 ServerSocket 的 SO_RCVBUF 选项的值，该值是 ServerSocket 接收的套接字的建议缓冲区大小。

在 Socket 通信中，服务器的工作分为 5 个步骤：（1）创建 ServerSocket 对象，绑定监听端口；（2）通过 accept( )方法监听客户端请求；（3）连接建立后，通过输入流读取客户端发送的请求信息；（4）通过输出流向客户端发送响应信息；（5）关闭相关资源。

　　其中，调用 accept( )方法会返回一个和客户端 Socket 对象相连接的 Socket 对象，服务器端的 Socket 对象使用 getOutputStream( )方法获得的输出流与客户端 Socket 对象使用 getInputStream( )方法获得的输入流相连接。同样，服务器端使用 getInputStream( )方法获得的输入流与客户端使用 getOutputStream( )方法获得的输出流相连接。当服务器向输出流写入信息时，客户端即可通过相应的输入流读取信息，反之亦然。

　　如下的程序展示了通过 ServerSocket 创建服务器，并与客户端实现数据的双向通信。

```java
import java.io.*;
import java.net.*;
public class ServerSocketDemo{
public static void main(String[]args){
try{
    ServerSocket serverSocket=new ServerSocket(8888);
    System.out.println("服务端已启动，等待客户端连接..");
    Socket socket=serverSocket.accept();
    InputStream inputStream=socket.getInputStream();
    InputStreamReader inputStreamReader=new InputStreamReader(inputStream);
    BufferedReader bufferedReader=new BufferedReader(inputStreamReader);
    String temp=null;
    String info="";
    while((temp=bufferedReader.readLine())!=null){
    info+=temp;
    System.out.println("接收到客户端连接");
    System.out.println("接收到客户端信息: "+info+");
    System.out.println("客户端 ip: "+socket.getInetAddress().getHost-
Address());
}
OutputStream outputStream=socket.getOutputStream();
PrintWriter printWriter=new PrintWriter(outputStream);
printWriter.print("你好，服务端已接收到您的信息");
printWriter.flush();
socket.shutdownOutput();//关闭输出流
//关闭相对应的资源
printWriter.close();
outputStream.close();
bufferedReader.close();
inputStream.close();
socket.close();
}catch(IOException e){
e.printStackTrace();
}
}
}
```

在上述程序中，ServerSocket 通过端口 10000 创建服务器，不需要使用 IP 地址，因为它在本机上运行。然后，调用 accept( )方法等待客户端的连接。当客户端连接后，通过 getInputStream( )方法获取客户端发送过来的数据，并进行相应的包装和打印，再通过 getInputStream( )方法向客户端发送回送信息，最后通过 close( )方法关闭相应的套接字。

13.3.2 使用 Socket 进行通信

服务器和客户端都使用 Socket 进行通信，其中，服务器端需要先创建 ServerSocket 对象，调用 accept( )方法来返回 Socket 对象。客户端则直接通过 Socket 类的构造器创建 Socket 对象，通过端口连接到服务器。与服务器端相同，客户端 Socket 也使用 getInputStream( )方法和 getOutputStream( )方法获得输入流和输出流，与服务器进行数据读/写操作。

Socket 类具有如下 4 个构造器：

（1）Socket(InetAddress address,int port)：创建一个套接字并将其连接到指定 IP 地址的指定端口号。

（2）Socket(String host,int port)：创建一个套接字并将其连接到指定主机上的指定端口号。

（3）Socket(InetAddress address,int port,InetAddress localAddr,int localPort)：创建一个套接字并将其连接到指定远程地址上的指定远程端口。

（4）Socket(String host,int port,InetAddress localAddr,int localPort)：创建一个套接字并将其连接到指定远程主机上的指定远程端口。

其中，address、host 和 port 分别为双向连接另一方的 IP 地址、主机名和端口号，stream 指明 Socket 是流 Socket 还是数据报 Socket。

客户端使用 Socket 与服务器进行数据通信的步骤如下：（1）创建 Socket 对象，指定服务端的地址和端口号；（2）建立连接后，通过输入/输出流进行读/写操作；（3）通过输入/输出流获取服务器返回信息；（4）关闭相关资源。

如下的程序展示了客户端创建 Socket 并与服务器进行数据通信。

```
import java.io.*;
import java.net.*;
public class Client{
public static void main(String[]args){
try{
    Socket socket=new Socket("localhost",8888);
    OutputStream outputStream=socket.getOutputStream();
    PrintWriter printWriter=new PrintWriter(outputStream);
    printWriter.print("服务端你好，我是Balla_兔子");
    printWriter.flush();
    socket.shutdownOutput();
    InputStream inputStream=socket.getInputStream();
    InputStreamReader inputStreamReader=new InputStreamReader(inputStream);
    BufferedReader bufferedReader=new BufferedReader(inputStreamReader);
    String info="";
```

```
        String temp=null;
        while((temp=bufferedReader.readLine())!=null){
        info+=temp;
        System.out.println("客户端接收服务端发送信息: "+info);
}
bufferedReader.close();
inputStream.close();
printWriter.close();
outputStream.close();
socket.close();
}catch(UnknownHostException e){
e.printStackTrace();
}catch(IOException e){
e.printStackTrace();
}
}
}
```

从上述程序可见，与服务器 Socket 不同的是，客户端需要通过 Socket 类的构造器来创建 Socket 对象，并且必须指定服务器的地址（或主机名）。在客户端与服务器进行 Socket 数据通信中，均使用相同的方法进行数据的发送与接收。

13.4　UDP　通　信

UDP 协议（用户数据报协议）是无连接、不可靠、无序和速度快的传输层协议。在 Java 中 UDP 通信使用 java.net 包下的 DatagramSocket 和 DatagramPacket 类，可以方便地控制用户数据报文。

13.4.1　DatagramSocket 类和 DatagramPacket 类

Java 使用 DatagramSocket 代表 UDP 协议的 Socket，DatagramSocket 不维护状态，也不能产生 IO 流，它的唯一作用就是接收和发送数据报。Java 使用 DatagramPacket 来代表数据报。在数据发送时，DatagramPacket 类将数据字节填充到数据报中，通过 DatagramSocket 发送该数据报。在接收数据时，从 DatagramSocket 中接收一个 DatagramPacket 对象，并从该数据报中读取内容。

DatagramSocket 类的 3 个常用构造器如下：

（1）DatagramSocket( )：创建一个 DatagramSocket 对象，并将该对象绑定到本机默认 IP 地址，且从本机所有可用端口中随机选择某个端口。

（2）DatagramSocket(int prot)：创建一个 DatagramSocket 对象，并将该对象绑定到本机默认 IP 地址和指定端口 port。

（3）DatagramSocket(int port,InetAddress laddr)：创建一个 DatagramSocket 对象，并将该对象绑定到指定 IP 地址 laddr 和指定端口 port。

通过 DatagramSocket 的构造器构造其对象后，即可使用该对象的如下 2 个方法来接收和发送 UDP 数据报。

（1）receive(DatagramPacket p)：从该 DatagramSocket 中接收数据报。

（2）send(DatagramPacket p)：通过该 DatagramSocket 对象向外发送数据报。

从上述 2 个方法可以看出，使用 DatagramSocket 发送数据报时，DatagramSocket 并不知道该数据报将发送到哪里，而是由 DatagramPacket 数据报本身决定其目的地。在 Java 的 UDP 通信中，DatagramSocket 如同停靠船舶的码头，DatagramPacket 如同装满数据的船只，DatagramSocket 只负责船只的发出，并不知道每个船只的目的地，其目的地由船只自身决定。

DatagramPacket 类的 4 个常用构造器如下：

（1）DatagramPacket(byte[] buf,int length)：使用一个空数组来创建 DatagramPacket 对象，该对象的作用是接收 DatagramSocket 中的数据。

（2）DatagramPacket(byte[] buf,int length,InetAddress addr,int port)：使用一个包含数据的数组来创建 DatagramPacket 对象，创建该 DatagramPacket 对象时指定了 IP 地址和端口，由此决定了该数据报的目的地。

（3）DatagramPacket(byte[] buf,into ffset,int length)：使用一个空数组来创建 Datagram- Packet 对象，并指定接收到的数据放入 buf 数组中时从 offset 开始，最多放 length 个字节。

（4）DatagramPacket(byte[] buf,int offset,int length,InetAddress address,int port)：创建一个用于发送的 DatagramPacket 对象，指定发送 buf 数组中从 offset 开始，总共 length 个字节，并指定数据报绑定的 IP 地址和端口号。

当 Client/Server 程序使用 UDP 协议时，实际上并没有明显的服务器端和客户端，因为通信双方都需要建立 DatagramSocket 对象，用来接收和发送数据报，并使用 DatagramPacket 对象作为传输数据的载体。通常固定 IP 地址、固定端口的 DatagramSocket 对象所在的程序被称为服务器，因为该 DatagramSocket 可以主动接收客户端数据。

在接收数据之前，应该采用上面的第（1）或第（3）个构造器生成一个 DatagramPacket 对象，设置接收数据的字节数组及其长度，再调用 DatagramSocket 的 receive( )方法等待数据报的到来，receive( )将一直等待（阻塞线程），直到接收到一个数据报为止。如下程序展示了 UDP 数据报的发送。

```
DatagramPacket packet=new DatagramPacket(buf,256);
UDPsocket.receive(packet);
```

在发送数据之前，调用第（2）或第（4）个构造器创建 DatagramPacket 对象，其字节数组里存放了待发送的数据。另外，还需指定目的地的 IP 地址和端口号。发送数据是通过 DatagramSocket 的 send( )方法实现的，send( )方法根据数据报的目的地址来传送该数据报。如下程序展示了 UDP 数据报的接收。

```
DatagramPacket packet=new DatagramPacket(buf,length,address,port);
UDPsocket.send(packet);
```

当 UDP 通信的某一方接收到 DatagramPacket 对象后，需要向该数据报的发送者回送数据，但由于 UDP 协议是面向非连接的，所以该接收者并不知道每个数据报由谁发送过来，但程序可以调用 DatagramPacket 的如下 3 个方法来获取发送者的 IP 地址和端口。

（1）InetAddress getAddress( )：当程序准备发送此数据报时，该方法返回此数据报的目标机器的 IP 地址；当程序刚接收到一个数据报时，该方法返回该数据报的发送主机的 IP 地址。

（2）int getPort( )：当程序准备发送此数据报时，该方法返回此数据报的目标机器的端口号；当程序刚接收到一个数据报时，该方法返回该数据报的发送主机的端口号。

（3）SocketAddress getSocketAddress( )：当程序准备发送此数据报时，该方法返回此数据报的目标 SocketAddress；当程序刚接收到一个数据报时，该方法返回该数据报的发送主机的 SocketAddress。

getSocketAddress( )方法的返回值是一个 SocketAddress 对象，该对象实际上就是一个 IP 地址和一个端口号。也就是说，SocketAddress 对象封装了一个 InetAddress 对象和一个代表端口的整数，所以使用 SocketAddress 对象可以同时代表 IP 地址和端口。

13.4.2　使用 DatagramSocket 通信

在 UDP 数据报通信中，客户端和服务器均使用 DatagramPacket 类来封装数据报，使用 DatagramSocket 类来发送和接收数据。

1．UDP 服务器端

典型的 UDP 服务器主要执行 3 个步骤：

（1）创建指定了本地端口的 DatagramSocket 实例；

（2)使用 DatagramSocket 的 receive( )方法接收来自客户端的 DatagramPacket 对象，而这个 DatagramPacket 对象在客户端创建时就包含了客户端的地址。服务器可通过该地址信息查询数据报的来源。

（3)使用 DatagramSocket 类的 send( )和 receive( )方法来发送和接收 DatagramPacket 对象。

如下的程序展示了 UDP 服务器的工作过程：

```
import java.io.*;
import java.net.*;
public class UDPEchoServer{
private static final int ECHOMAX=255;       //发送或接收的信息最大字节数
public static void main(String[]args)throws IOException{
if(args.length!=1){
    throw new IllegalArgumentException("Parameter(s):<Port>");
}
int servPort=Integer.parseInt(args[0]);
DatagramSocket socket=new DatagramSocket(servPort);
DatagramPacket packet=new DatagramPacket(new byte[ECHOMAX],ECHOMAX);
while(true){         //不断接收客户端的数据报并做出回应
socket.receive(packet);
```

```
System.out.println("clientIP: "+packet.getAddress().getHostAddress()+
"port: "+packet.getPort());
socket.send(packet);
packet.setLength(ECHOMAX);
}
}
}
```

在上述程序中，服务器只是简单地将客户端发送过来的信息再回复给客户端，服务器端会不断地接收来自客户端的信息，如果接收不到任何客户端请求，则将会进入阻塞状态，直到接收到有客户端请求为止。需要注意的是，在上述清单中的最后一行代码中，使用 setLength( ) 方法重置 packet 的内部长度，因为处理了接收到的信息后，数据包的内部长度将被设置为刚处理过的信息的长度，而这个长度可能比缓冲区的原始长度还要短。如果不重置，而且接收到的新信息长于这个内部长度，则超出长度的部分将会被截断。

2. UDP 客户端

UDP 客户端也是主要执行 3 个步骤：

（1）创建 DatagramSocket 对象。

（2）使用 DatagramSocket 对象的 send( ) 和 receive( ) 方法发送和接收 UDP 数据报（DatagramPacket 对象）。

（3）最后使用 DatagramSocket 类的 close( ) 方法销毁该套接字。

如下的程序展示了 UDP 客户端的工作过程。

```
import java.net.*;
import java.io.*;
public class UDPEchoClientTimeout{
    private static final int TIMEOUT=3000;      //设置超时为 3s
    private static final int MAXTRIES=5;        //最大重发次数 5 次
    public static void main(String[]args)throws IOException{
    if((args.length<2)||(args.length>3)){
        throw new IllegalArgumentException("Parameter(s):<Server><Word>[<Port>]");
}
InetAddress serverAddress=InetAddress.getByName(args[0]);
byte[]bytesToSend=args[1].getBytes();
int servPort=(args.length==3)?Integer.parseInt(args[2]):7;
DatagramSocket socket=new DatagramSocket();
socket.setSoTimeout(TIMEOUT);//设置阻塞时间
DatagramPacket sendPacket=new DatagramPacket(bytesToSend,bytesToSend.
length,serverAddress,servPort);
DatagramPacket receivePacket=new DatagramPacket(new byte[bytesToSend.
length],bytesToSend.length);
int tries=0;
boolean receivedResponse=false;
do{
    socket.send(sendPacket);                    //发送信息
try{
```

```
    socket.receive(receivePacket);      //接收信息
    if(!receivePacket.getAddress().equals(serverAddress)){
    throw new IOException("unknownsource");
}
receivedResponse=true;
}catch(InterruptedIOException e){
    //当 receive 不到信息或者 receive 时间超过 3s 时，就向服务器重发请求
    tries+=1;
    System.out.println("TimeOut,"+(MAXTRIES-tries)+"moretries...");
}
}while((!receivedResponse)&&(tries<MAXTRIES));
if(receivedResponse){
    System.out.println("Received:"+newString(receivePacket.getData()));
}else{
    System.out.println("Noresponse--givingup.");
}
socket.close();
}
}
```

在上述程序中，UDP 客户端主要执行 3 个步骤：（1）向服务器发送信息；（2）在 receive( )方法上最多阻塞等待 3s，在超时前若没有收到响应，则重发请求（最多重发 5 次）；（3）关闭客户端。

从上述 UDP 服务器和客户端的程序可见，服务器和客户端均使用 DatagramSocket 发送和接收 DatagramPacket 数据报。但客户端与服务器的区别在于：服务器的 IP 地址和端口是固定的，所以客户端可以直接将该数据报发送给服务器，而服务器向客户端回送数据则需要根据接收到的数据报来决定回送数据报的目的地。另外，使用 DatagramSocket 进行 UDP 通信时，服务器端无须也无法保存每个客户端的状态，客户端把数据报发送到服务器端后，即可退出，并且服务器无法知道客户端的状态。

13.5　综合案例

综合网络编程的基础知识，实现如下的网络版五子棋游戏程序。该游戏系统包括服务器和客户端两个角色，两者之间通过 TCP 方式进行网络通信，用来相互传递对方的下棋动作，实现具有网络通信功能的控制台方式五子棋游戏。

具体实现代码如下。

```
/*-----------------服务器端的程序如下: Server.java------------------*/
import java.io.*;
import java.net.*;
class Server{
private static int BOARD_SIZE=15;
private String[][] board=null;
public void initBoard(){
    board=new String[BOARD_SIZE][BOARD_SIZE];
    for (int i=0; i<BOARD_SIZE; i++){
```

```
            for ( int j=0; j<BOARD_SIZE; j++){
                board[i][j]="十";
            }
        }
    }
    public void printBoard(){
        System.out.println("123456789ABCDEF");
        for (int i=0; i<BOARD_SIZE; i++){
            System.out.print(Integer.toHexString(i+1).toUpperCase());
            for ( int j=0; j<BOARD_SIZE; j++){
                System.out.print(board[i][j]);
            }
            System.out.print("\n");
        }
    }
    public static void main(String[] args) throws IOException{
        Server gb=new Server();
        gb.initBoard();
        gb.printBoard();
        String recStr=null;
        String sedStr;
        ServerSocket ss=new ServerSocket(30000);
        BufferedReader brkey=new BufferedReader(new InputStreamReader
(System.in));
        System.out.println("正在等待客户端连接...");
        while(true){
            Socket s=ss.accept();
            PrintStream ps=new PrintStream(s.getOutputStream());
            BufferedReader brin=new BufferedReader(new InputStreamReader
(s.getInputStream()));
            System.out.println("已接收到客户端连接。\n 正在等待客户端下棋...");
            while((recStr=brin.readLine())!=null){
                //显示客户端的下棋
                String[] posStrArr=recStr.split(" ");
                int xPos=Integer.parseInt(posStrArr[0]);
                int yPos=Integer.parseInt(posStrArr[1]);
                gb.board[yPos - 1][xPos-1]="●";
                gb.printBoard();
                System.out.print("请输入棋子坐标(如"2 3"): ");
                sedStr=brkey.readLine();
                //显示服务器端的下棋
                try{
                    posStrArr=sedStr.split(" ");
                    xPos=Integer.parseInt(posStrArr[0]);
                    yPos=Integer.parseInt(posStrArr[1]);
                    if(gb.board[yPos - 1][xPos - 1].compareToIgnoreCase("
十")!=0){

                        System.out.print("该位置已有棋子，请重新输入: ");
                        continue;
                    }
```

```
                        gb.board[yPos-1][xPos-1]="〇";
                        gb.printBoard();
                        ps.println(sedStr);
                    }catch(Exception ex){
                        System.out.println("输入的棋子坐标格式不正确！");
                    }
                    System.out.println("正在等待客户端下棋。");
                }
                ps.close();
                s.close();
            }
        }
    }
/*------------------客户端的程序如下：Client.java--------------------*/
import java.io.*;
import java.net.*;
class Client{
    private static int BOARD_SIZE=15;
    private String[][] board;
    public void initBoard(){
        board=new String[BOARD_SIZE][BOARD_SIZE];
        for (int i=0; i<BOARD_SIZE; i++){
            for ( int j=0; j<BOARD_SIZE; j++){
                board[i][j]="＋";
            }
        }
    }
    public void printBoard(){
        System.out.println("123456789ABCDEF");
        for (int i=0; i<BOARD_SIZE; i++){
            System.out.print(Integer.toHexString(i+1).toUpperCase());
            for ( int j=0; j<BOARD_SIZE; j++){
                System.out.print(board[i][j]);
            }
            System.out.print("\n");
        }
    }
    public static void main(String[] args) throws IOException{
        Socket socket=new Socket("192.168.0.101",30000);
        BufferedReader brin=new BufferedReader(new InputStreamReader
(socket.getInputStream()));
        BufferedReader brkey=new BufferedReader(new InputStreamReader
(System.in));
        String line;
    Client gb=new Client();
        gb.initBoard();
        gb.printBoard();
        String inputStr,str;
        String[] posStrArr;
        int xPos,yPos;
```

```
PrintStream ps=new PrintStream(socket.getOutputStream());
System.out.print("请输入棋子坐标(如"2 3"): ");
str=brkey.readLine();
ps.println(str);
//显示客户端的下棋
posStrArr=str.split(" ");
xPos=Integer.parseInt(posStrArr[0]);
yPos=Integer.parseInt(posStrArr[1]);
if(gb.board[yPos-1][xPos-1].compareToIgnoreCase("十") != 0){
    System.out.print("该位置已有棋子，请重新输入: ");
}
gb.board[yPos-1][xPos-1]="●";
gb.printBoard();
System.out.println("正在等待服务器端下棋。");
while((line=brin.readLine())!=null){
    //显示服务器端的下棋
    posStrArr=line.split(" ");
    xPos=Integer.parseInt(posStrArr[0]);
    yPos=Integer.parseInt(posStrArr[1]);
    gb.board[yPos-1][xPos-1]="○";
    gb.printBoard();

    System.out.print("请输入棋子坐标(如"2 3"): ");
    str=brkey.readLine();
    //显示客户端的下棋
    try{
        posStrArr=str.split(" ");
        xPos=Integer.parseInt(posStrArr[0]);
        yPos=Integer.parseInt(posStrArr[1]);
        if(gb.board[yPos-1][xPos-1].compareToIgnoreCase("十")!=0){
            System.out.print("该位置已有棋子，请重新输入: ");
            continue;
        }
        gb.board[yPos-1][xPos-1]="●";
        gb.printBoard();
        ps.println(str);
    }catch(Exception ex){
        System.out.println("输入的棋子坐标格式不正确！");
    }
    System.out.println("正在等待服务器端下棋。");
}
brin.close();
socket.close();
}
}
```

上述五子棋游戏程序使用 TCP 方式进行网络通信，服务器程序运行后即开始监听客户端的连接，当客户端程序运行后，服务器端显示"客户端已连接"，并且等待客户端进行棋子坐标输入（下棋）。当客户端输入棋子坐标后，服务器显示已经被客户端下棋后的棋盘状态，并提示服务器端开始输入棋子坐标（下棋）。当服务器端下棋后，客户端显示已经被服务器端下棋后的棋盘状态，并提示客户器端开始输入棋子坐标（下棋），如此循环进行下棋操作。服务器端的下棋界面如图 13-2 所示，客户端的下棋界面如图 13-3 所示。

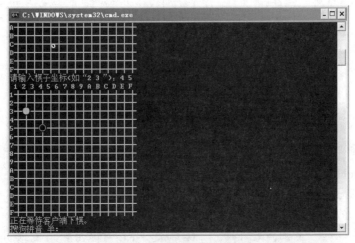

图 13-2　服务器端下棋界面

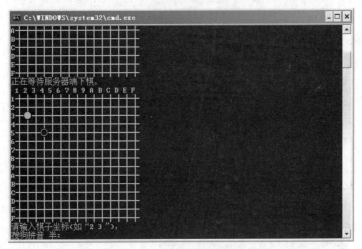

图 13-3　客户器端下棋界面

另外，上述五子棋案例中没有处理下棋格式错误、下棋位置以及具有棋子等情况，而且也没有实现下棋结束判断（五子连线），请读者正确运行上述网络五子棋程序并完善相关功能。

小　结

本章主要介绍了 Java 网络编程中相关基础概念、基础类及常用的网络编程技术，包括 InetAddress 类、URL 类和 UrlConnection 类等基础类的介绍，TCP 通信中服务端 ServerSocket 类的创建、服务监听及数据收发处理，客户端 Socket 连接创建及数据收发处理，UDP 数据包通信中 DatagramPacket 类和 DatagramSocket 类的使用。

Java 程序设计（慕课版）

（1）InetAddress 类是 Java 对 IP 地址的封装，是 Java 网络编程的基础类。

（2）URL 类用来定位网络资源，并可以获取网络资源，通过 URLConnection 类可实现双向通信。

（3）在 TCP 通信中，使用 ServerSocket 创建服务器端的套接字，进行服务监听及数据的收发，使用 Socket 创建客户端套接字。

（4）在 UDP 通信中，没有明确的服务端、客户端套接字的区别，均使用 DatagramSocket 来进行数据通信，并使用 DatagramPacket 类进行数据报的封装。

习　题

一、选择题

1. Java Socket 通过（　　）如何获取本地 IP 地址。
  A. getInetAddress( )　　　　　　B. getLocalAddress( )
  C. getReuseAddress( )　　　　　　D. getLocalPort( )

2. 为了获取远程主机的文件内容，当创建 URL 对象后，需要使用（　　）获取信息。
  A. getPort( )　　　　　　　　　B. getHost( )
  C. openStream( )　　　　　　　　D. openConnection( )

3. Java 程序中，使用 TCP 套接字编写服务端程序的套接字类是（　　）。
  A. Socket　　　　　　　　　　　B. ServerSocket
  C. DatagramSocket　　　　　　　D. DatagramPacket

4. ServerSocket 的监听方法 accept( )的返回值类型是（　　）。
  A. void　　　　　　　　　　　　B. Object
  C. Socket　　　　　　　　　　　D. DatagramSocket

5. ServerSocket 的 getInetAddress( )的返回值类型是（　　）。
  A. Socket　　　　　　　　　　　B. ServerSocket
  C. InetAddress　　　　　　　　　D. URL

6. 当使用客户端套接字 Socket 创建对象时，需要指定（　　）。
  A. 服务器主机名称和端口
  B. 服务器端口和文件
  C. 服务器名称和文件
  D. 服务器地址和文件

7. 使用流式套接字编程时，为了向对方发送数据，则需要使用（　　）。
  A. getInetAddress( )
  B. getLocalPort( )
  C. getOutputStream( )
  D. getInputStream( )

二、简答题

1. 网络通信协议是什么？

2. TCP 协议和 UDP 协议有什么区别？

3. Socket 类和 ServerSocket 类各有什么作用？

三、编程题

1. 编程实现：客户端向服务器写字符串（键盘录入），服务器（多线程）将字符串反转后写回，客户端再次读取到的是反转后的字符串。

2. 编程实现：客户端向服务器上传文件。

参 考 文 献

[1] 霍斯特曼, 科内尔. Java 核心技术(卷 1)[M]. 杜永萍,邝劲筠,叶乃文,译. 北京:机械工业出版社,2007.

[2] 埃克尔. Java 编程思想[M]. 陈昊鹏,译. 北京:机械工业出版社,2007.

[3] 李芝兴. Java 程序设计之网络编程[M].北京:清华大学出版社,2009.

[4] 明日科技. Java 从入门到精通[M]. 4 版. 北京:清华大学出版社,2016.

[5] 厄马. Java8 实战[M]. 陆明刚,劳佳,译. 北京:人民邮电出版社,2016.

[6] 朱庆生. Java 语言程序设计[M]. 2 版. 北京:清华大学出版社, 2017.

[7] 耿详义,张跃平. Java 2 实用教程[M]. 5 版. 北京:清华大学出版社,2017.